U0142261

實用IC封裝

IC Packaging Fundamental

蕭献賦 著

五南圖書出版公司 印行

推薦序

　　臺灣 IC 產業產值排名全球第二，僅次於美國，其中 IC 設計排名全球第二，而晶圓代工與 IC 封測產值都是全球第一。依工研院經資中心公布資料顯示，2013 年臺灣 IC 產業產值達新台幣 1.89 兆元，為國內製造業總產值 13.4%，占我整體出口產值 20% 以上，這個產值也超過全球半導體市場五分之一，半導體產業可謂是「臺灣之光」，也是臺灣經濟命脈。書中提及的 IC 封裝是半導體產業鏈必要且重要的一環，臺灣的 IC 封測產業產值占全球比重逾 50%，也穩居全球專業委外 IC 封測（OSAT）龍頭地位。這些產業出色的表現，主要繫因於產業善用人才及不斷創新而獲致的結果，也是國內產業先進共同努力的成績。

　　本書作者蕭献賦博士數年前加入穩懋半導體的行列，協助公司在現有晶圓廠內增加晶圓凸塊製造技術及建立 IC 封裝之基礎能力。有感於 IC 產業對臺灣經濟的重要性，然而國內大學校院鮮少開設相關課程，系統性介紹 IC 封裝知識及培育人才，坊間亦少有相關領域中文參考書籍，將他在業界十餘年累積的實務經驗及工作心得，以深入淺出方式撰寫本書，希望能幫助新進從業人員儘快獲得 IC 封裝相關知識，解決工作上所遭遇的問題。蕭博士以其所學所知分享有志於此的青年朋友，吸引更多優秀人才投入 IC 產業，為產業貢獻一己之力，同為國內半導體產業的一分子，本人特別為序以表支持及鼓勵。

王郁琦　博士

穩懋半導體股份有限公司 總經理

序

　　2013 年臺灣的半導體封裝測試產業產值已達新臺幣 3,666 億元，約占全球比重 55.2%，居於領先地位，並占我國當年度 GDP 2.5% 以上，爲國內具有競爭力產業之一，直接或間接從業人員爲數不少。研究發現，實務上除直接參與封裝測試製程人員外，IC 產業內其他從業人員包括 IC 設計工程師、QA 工程師及可靠度工程師等非直接參與者，亦經常需要運用 IC 封裝知識處理產品品質異常問題，然而礙於缺乏封裝廠實務經驗，或對製程僅有局部瞭解，常無法掌握關鍵訊息，造成無法迅速有效解決工作上問題的窘境。

　　然而，半導體封測產業雖然是國內重要並已在全球居領先地位的產業，由於並非屬基礎科學範疇，國內大學校院在缺乏具有實務經驗師資的情形下，少有開設課程系統介紹相關知識，部分企業雖和大學校院合作開設短期訓練課程，希望快速培訓人才及提供實務經驗，惟受限於必須在工作之餘安排時間，參與人數亦有限。此外，目前坊間少見相關領域的中文參考書籍，也讓 IC 產業新進或相關從業人員常有「不得其門而入」之嘆。

　　我有幸在職涯中曾經進入在封裝領域居於翹楚的公司，在許多先進益友幫助之下，快速累積相關領域的知識，並從日常工作中汲取許多實務經驗。因此本書除提供 IC 封裝基礎知識及實用經驗外，也分享初入這個行業曾經遭遇的困難、竭力思考的問題，希能對初學入門的朋友們有

所啓發，進而找到解決工作困境的方向，或未來研究創新的靈感。

　　本書內容涵蓋 IC 封裝的介紹、實務應用中常見的產品設計及對應製程等，也試圖由基礎科學觀點初探及分析封裝產品設計背景。書中蒐彙內容係以我多年職場累積之經驗及心得為主軸，並非學院派觀點，倘有疏漏未盡周全之處，恐在所難免，尚祈先進不吝指教。

　　有感於 IC 相關從業人員對封裝基礎知識及實務經驗的需求，多年前我即動念並著手撰寫本書，然因工作繁忙，數度停筆。本書能完成付梓要特別感謝穩懋半導體王總經理郁琦的指導及支持，以及部門夥伴們提供意見與分享心得，謹在此表達我的誠摯謝意。

目錄

第一章

簡介：IC 封裝和半導體

1. IC封裝在國內的產值

臺灣土地面積及人口數雖然小而無法與大多數的已開發國家相比，不過，在這塊土地上有爲數不少的產業曾經或一直居世界領導地位，值得我們感到自豪及驕傲，半導體產業就是一個很好的例子。例如：台積電單一公司掌握全世界45%以上的晶圓代工市場；穩懋半導體生產的III-V族晶圓，則占有全世界60%以上的砷化鎵晶圓代工市場。此外，全球50%以上的IC封裝代工服務來自臺灣的公司。2006年，臺灣IC封測產值約新臺幣2,700億，這個天文數字對一般人而言或許沒有太大感覺，如果拿來和2006年臺灣全年國民生產毛額（GDP）11.5兆相比，可以發現這項產業產值高達GDP的2.3%，也就是說，2006年臺灣人均收入中，每100元就有2.3元直接來自封裝代工產業，由此可見，IC封測產業對臺灣的重要性。

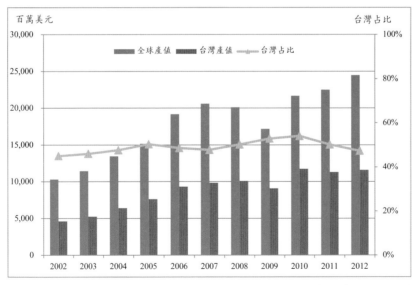

圖1　2002至2012之間全球封測代工市場產值和臺灣封測業的產值，期間全球封測代工市場產值穩定成長，10年間成長約150%。臺灣封測產業在此期間的占有率一直都維持在全球代工市場產值的50%左右。

　　近幾十年，IC 封裝代工產業和其他半導體工業一樣，各家公司生產規模依循「大者恆大」的自然法則，少有劇烈變化。2000 年至今全世界前四大 IC 封測公司排名很少出現變化，2003 年日月光集團（ASE Group）以 15% 的市占率，成為全球最大 IC 封測公司，年營業額為 17 億美元。到了 2012 年日月光集團仍以 43 億美元的營業額達到 18% 市占率，並穩居龍頭地位。不過，若從 2006 和 2011 兩個年度的 IC 封測代工產業市場分析，可以看出已有許多二線（second tier）的中型公司嶄露頭角。

　　隨著半導體產業成長以及整合元件製造商 IDM（Integrated Device Manufacturier）增加封測業務委外代工比例，我們可以預期全球 IC 封測代工市場產值將持續增加，成長率更可望高於全球經濟成長率。以 2011 年臺灣 IC 封測產業為例，產值約新臺幣 3,700 億，占當年度國民生產毛額 2.7%，和 2006 年相比，臺灣 IC 封測產業成長速度，高過整體國民生產毛額成長率。

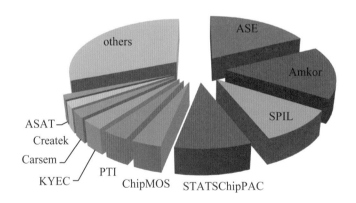

圖 2　2006 年全球前 10 大封測代工廠市占分布圖，其中 ASE（日月光集團），SPIL（矽品精密），ChipMOS（南茂科技），Powertech（力成科技），KingYuan（晶元電子），Greatek（超豐電子）等公司皆為國人成立，並將公司總部設立在臺灣的封測廠。

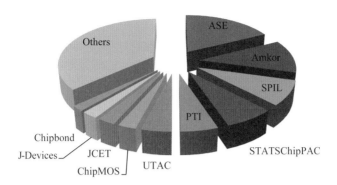

圖 3 2011 年全球前 10 大封測代工廠市占分布圖，其中 ASE（日月光集
團），SPIL（矽品精密），PTI（力成科技），ChipMOS（南茂科技），
Chipbond（頎邦科技）等公司皆為國人成立，並將公司總部設立在臺灣的
封測廠。

　　早期電子零件裡的晶片成本和封裝成本屬於不同等級的數字，晶片占
據絕大部分的成本，封裝只占很小的一部分，所以半導體製造業下游的封
裝在幾十年前並未受到太多的重視。不過如果觀察長期的趨勢可以發現，
晶圓尺寸持續在增大當中，同時單位面積裡電晶體密度也一直增加，這讓
單一晶片的尺寸縮小也讓每一片晶圓上的晶片數目呈現級數倍增，所以縱
使每片晶圓成本稍微上升，仍然能讓單一晶片的成本下降。雖然長期的趨
勢顯示封裝成本也持續下降，但由於單一晶圓上的晶片數目增加得更為顯
著，這讓每片晶圓所對應的封裝成本在長期趨勢線上持續上升，加上全球
的晶圓產出數目每年都在增加，這印證我們看到的市場規模成長。IC 封
裝除了有持續增加的市場規模之外，它在電子零件裡的成本占比也持續增
加，有些體積小的 IC 零件花費在封裝的成本已經和花費在晶圓製造的成
本相當，甚至某些特殊應用的電子零件花費在封裝上的成本高過於內部晶
片的成本。

2. 電子產品與 IC

在日常生活中使用的電子產品，大都有一個或數個由半導體元件構成的核心零件。以常見的數位相機為例，其內含一微處理器，可依使用者指示處理各項動作，外部的光學鏡頭則將所要擷取的影像聚焦投影至 CMOS 感光元件，然後再由相機裡的影像處理器或是圖像處理器 GPU（graphic processing unit）過濾影像雜訊，將其轉化成數位影像，最後再依使用者指定的格式，把數位影像存入記憶體。除了光學鏡頭外，數位相機裡的微處理器晶片、CMOS 感光元件、影像處理器和記憶體等，都是利用半導體材料製成的核心零件，也是半導體工業的典型產品。手機（mobil phone）裡也有許多經由半導體材料製作的核心零件，包括整合各項功能的微處理器，處理圖像的影像處理器、處理音訊的晶片、記憶體和無線通訊模組（RF module）。除了數位相機和手機之外，生活中使用的其他電子產品所需的核心零件，也都會包含半導體材料製作的零件。

IC 就是「積體電路」，是 integrated circuit 的縮寫，也稱作「集成電路」，它是各類半導體主動元件和被動元件如電晶體、二極體、電阻、電容、電感等單元，依功能需要及特性組合而構成一有特定功能的電路。一般利用類似版畫製作的平版印刷技術（lithography）將 IC 製作在半導體晶圓表面上。IC 特點在於，一片小小晶片上可以擁有由許多電晶體、電阻、電容等元件所組成的龐大電路系統，除了可以大量複製生產外，也能確保品質一致，單位生產成本更遠低於等效的傳統電路。

時序拉回到六十多年前，1946 年夏克萊（W. Schockley）等人在貝爾實驗室（Bell Lab）發明電晶體（transistor），取代真空管（vacuum tube）進行訊號放大功能。電晶體可以說是近代歷史最偉大發明之一，它打開現代電子產品發展的大門，其重要性和對現代生活的影響不亞於印刷術、電話和汽車的發明。電晶體也是所有現代電子產品的關鍵元件，可以

用來控制電流或做爲訊號的開關，或提供放大、穩壓、過濾及調整等功能。夏克萊發明電晶體時，正好遇上計算機（電腦）發展的時代，拿電晶體來構築計算機正好提供電晶體一個龐大的市場，也吸引龐大資源投入電晶體研究。從另一個角度看，電晶體出現後也加快了計算機工業的成長，電晶體和計算機兩者可說是相輔相成。

1945 年第一部以眞空管爲主要零件的計算機被製造出來時，它的長度約 15 公尺，寬度約 10 公尺，重量約 30 噸，總計使用一萬八千個眞空管。這個第一代計算機不但體積大，耗電量高，據說穩定性也不好。然而，不到 10 年，1954 年第一個以電晶體代替眞空管的計算機被製造出來，體積約爲第一代計算機的二十分之一左右，耗電量及散熱量也都少了很多。IC 具有大量複製生產、品質穩定及成本低廉等優勢，相較於手工組裝離散電晶體所構成的電路，將更有利導入各種應用。除了前述的優勢之外，IC 更具有體積小的優勢，到了 1970 年代，摩托羅拉生產的微處理器 Motorola 68000 已經可以放在手掌中。事實上，現在讀者手上的智慧型手機，其運算效能已遠勝於 50 年前幫助阿波羅太空船登陸月球所使用的那些占據幾個房間的大電腦。

IC 在大量生產情況下仍能保有穩定一致的品質，而使用 IC 製作的電子元件在功能、尺寸及應用上，亦能兼顧標準化特性。可以被 IC 取代的各類零件，不管是從成本或效能角度來看，幾乎都已面臨挑戰，而絕大多數的等效傳統電路也已被市場淘汰。不過幾十年光景，IC 幾乎已經無所不在，現在眞空管或傳統電晶體只出現在特殊應用方面，日常生活使用的電器中要找到不使用 IC 的產品，似乎已不是容易的事。

現代 IC 是由一個分工非常細密的工業群組生產，依上下游及分工特性，大致可以分成四個主要階段：(1) IC 設計（integrated circuit design），(2) 晶圓製造（wafer manufacturing），(3) IC 封裝（IC packaging）以及 (4)

測試（Testing）。在 IC 設計階段，工程師在晶圓製造技術所及範圍內，把半導體主動元件和被動元件整合在電路中，以便達到特定功能，這個電路就是 IC。從空間上來看，IC 是一個 3D 的立體結構，IC 設計工程師把主動元件和被動元件的基本結構分解，並且分別放置在幾個不同的 x-y 平面上，同時在各平面之間加入垂直方向的聯結電路，接著把各個平面的結構分解成製造過程中的各種構造，依尺寸比例刻畫在光罩（mask）上，然後交給晶圓廠（foundry）進行生產。光罩把產品構造實現在晶圓上的過程很類似傳統照相機的使用經驗，在洗黑白相片時，我們在暗房中把底片的影像聚焦投影在相紙上，經過顯影等步驟就可以把底片中的影像複製到相紙上。光罩好比傳統照相機的底片，晶圓廠把光罩上的電路圖形聚焦投影在半導體基板（substrate）上的顯影材料，然後再利用各種物理和化學反應，把光罩上的電路設計建構在半導體基板上。

　　IC 的電路設計在 z 方向上被分解成許多層，所以一個產品有許多對應的光罩，各層電路被對應的光罩準確堆疊在半導體基板上。把光罩上的電路設計實現在半導體基板上，就好比版畫製作具有重覆性，製作時，把圖形一層一層的印在半導體基板上，因此能重覆的大量生產相同的產品。常用的半導體基板如矽或砷化鎵，都屬於易碎材料，而 IC 的構造非常細微且精密，有時 IC 產品會被放置在惡劣環境中使用，若沒有適當保護，IC 很難維持功能，所以我們必須使用適當材料來包覆和保護 IC，這個包覆和保護過程就是「IC 封裝」。IC 製造過程中難免會出現瑕疵品，在送達客戶前或送到下游生產線前，我們可以利用適當的電性量測方法篩除不良品，半導體工業把這個電性量測的步驟稱做「測試」。測試又分成「針測」（wafer probing）和「終測」（final testing），針測在 IC 封裝前實施，可確定晶圓上每一個晶片的品質，終測則是在封裝後作業，用來確認每一個完成封裝的 IC 零件是否具有達到設計預期的品質。IC 封裝

和測試工作雖可各自獨立進行，不過爲節省交通成本、時間以及可能衍生的關稅或貨物稅等，「封裝」及「測試」這兩個工作流程往往被安排在同一個廠區以提高服務效率，所以我們常常聽到「封測」這個名稱。有些規模夠大的公司可同時具備 IC 設計，晶圓製造，IC 封裝及測試等四個階段的能力，我們稱它們爲「整合元件製造商（IDM, integrated device manufacturer）」，例如：韓國三星電子與美國英特爾公司（Intel）。

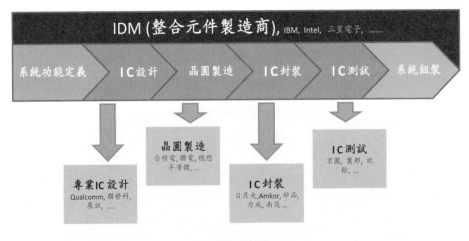

圖 4　半導體產業分工示意圖。IDM 係具有能力獨自產出 IC 的公司，即不必藉助其他友廠之力便能完成 IC 設計、晶圓製造、封裝、和測試各個階段工作的公司，直接供應 IC 給電子系統業者，例如 Intel 能直接供應 CPU 給 PC 市場。有的公司沒有工廠，但具有 IC 設計能力，完成 IC 設計之後，將晶圓製造、封裝、和測試之類的工作外包給代工市場，例如高通（Qualcomm）即依此商業分工模式供應 CPU 至手機市場。規劃電子產品時，設計者根據產品所需執行工作，定義 IC 的功能和規格，市場上可能剛好存在符合規格的 IC，也可能需要客製化 IC 以符合需求。

3. 什麼是 IC 封裝

　　IC 的結構非常細微且精密，導線或元件間距離可能是幾個微米，也有可能是比微米（μm, 10^{-6}m）還要小的長度，因此只要有些許粉塵或水分出現，都可能改變整個 IC 的性能，甚至造成短路。IC 被製作在易碎的半導體基板上，例如矽（Si, silicon）或是砷化鎵（GaAs, gallium arsenide）等，剛完成晶圓製造階段時，IC 表面通常只有一層很薄的玻璃狀材料和外界隔絕。若缺乏適當保護，IC 很難在實驗室外發揮功能，因此我們把 IC 固定在載板上，再利用適當材料包覆達到保護並方便使用的目的，這個過程就是我們所說「IC 封裝」的概念。經過幾十年發展，現在的 IC 封裝已不僅僅是保護 IC，更被要求須具有幫助散熱或其他功能，甚至被期待來幫助延續「莫爾定律」的有效期限。

　　「封裝」可說是替 IC 量身訂做一個外殼，這個外殼不僅要保護晶片不受外力傷害，還需固定晶片，以便後續應用。這個外殼需提供適當密封和防水能力，以及滿足 IC 散熱需求，還需有固定的外形方便進行自動化組裝。在精確安排下，IC 內部元件可透過這個外殼上的接腳和外部的其他 IC 進行訊號或電力的往返交流。如果從不同的觀點出發，我們可以對 IC 封裝做出不同定義。例如我們可以看到這個定義：

1. 狹義的「封裝」是指利用晶片固著及細維連接技術，將半導體元件（指的是晶片）和其他構成要素在載板上佈置、固定及連接，引出接腳，並利用可塑性絕緣高分子材料予以包覆固定。

圖 5　IC 封裝之定義，以 QFP 為例

讀者可以發現，這個定義是描述導線架（leadframe）塑膠封裝，根據定義晶片是固定在載板（導線架）上，訊號或電流是藉由細維（指的是金線或是銅線）和導線架的接腳來傳遞，然後以塑性絕緣高分子材料（指的是 epoxy molding compound）保護和固定。我們也可以看到這樣的定義：

2.「封裝」建立 IC 和系統（主機板）間橋樑，讓這個 IC 和其他 IC 能有效聯結協力達到電子產品所預期發揮的功能。（"Packaging" is defined as the bridge that interconnects the ICs and other components into a system-level board to form electronic products.）

這個定義並沒有從結構或功能說明 IC 封裝，但指出封裝是 IC 和電子系統裡其他 IC 間的橋樑。我們也可以從維基百科上看到這樣的定義：

3.「IC 封裝」是在 IC 測試之前的步驟，也是半導體製造的最後一個加工步驟。在半導體製造產業中就叫它「封裝」（packaging），也稱為「半導體元件組裝」（semiconductor device assembly）或是「組裝」（assembly），有時也叫做「密封」（encapsulation or seal）。

（Integrated circuit packaging is the final stage of semiconductor device fabrication, followed by IC testing. In the integrated circuit industry it is called simply packaging and sometimes semiconductor device assembly, or simply assembly. Also, sometimes it is called encapsulation or seal, by the name of its last step, which might lead to confusion, because the term packaging generally comprises the steps or the technology of mounting and interconnecting of devices.）

　　維基百科的這個定義就好像在替我們描述圖 4 裡「IC 封裝」在半導體製造產業鏈中的位置，但是並沒有具體對「封裝」進行描述，不過由被它帶出的各種 IC 封裝的別名裡，我們隱約能看到 IC 封裝的各種面向。

　　上述的幾個定義雖然都符合我們現在看到的「封裝」，但卻有「瞎子摸象」的味道。這幾個描述都沒錯，但是都僅作局部描述，未能完整說明什麼是 IC 封裝。第 1 個定義講的是利用導線架做出的塑膠封裝，像是 QFP（quad flat package）或 SOIC（small outline integrated circuit）之類的封裝。第 2 個和第 3 個定義分別說明「封裝」在一個電子系統的電路板上，或半導體產業鏈中的一個相對位置，似乎忽略進行封裝的主要目的是為了保護 IC，也沒有說明進行 IC 封裝時的加工過程。不過 IC 封裝的確很難定義，隨著時間演進，IC 封裝應用也一直演變，以前封裝是先將晶圓分割成一個個單獨的晶粒，然後才把單獨的晶粒放在保護構造中。現在「晶圓級封裝」（wafer level packaging）已是現在進行式，晶圓級封裝不必先將晶粒從晶圓中取出，直接對整片晶圓進行加工，使得第 1 個定義明顯不適用。或許我們可以參考第 2 個和第 3 個描述，將 IC 封裝定義為在完成晶圓廠標準製程後，為了要保護積體電路，同時要產生引腳，而對積體電路進行的加工，都叫做「IC 封裝」。

4. IC 封裝的目的和功能

　　早期 IC 封裝被用來保護和固定晶片不受粉塵、水分或外力撞擊的影響，讓 IC 能在各種環境中使用。隨著經驗累積及產業演變，IC 封裝已漸漸被期待具備其他功能，例如幾何尺寸的橋接、減緩晶片承受的熱應力、輔助散熱及標準化等。以下是幾個常見的 IC 封裝功能或目的：

4.1　保護 IC

　　IC 製作於易脆的矽基板或砷化鎵基板上，些許衝擊就足以導致基板脆裂，而組成 IC 的基本構造例如電晶體和金屬線路等，只被一些大約微米（μm, $10^{-6}m$）厚的介電材料隔絕或包覆，所以適當的保護是絕對必要的。通常一片晶圓上有數千，甚或數萬個相同且獨立的 IC，經切割後，每個獨立的 IC 被稱作「晶粒」（die，dice）或是「晶片」。封裝時將晶片固定在封裝載板上，藉由成型塑膠（epoxy molding compound）或其他材料進行包覆及保護，原本質地易脆的晶片即可承受後續製程中會經歷的自動化設備夾取及放置，同時也可避免灰塵或異物造成的短路，並減緩甚而杜絕水氣及化學物質對 IC 的侵蝕。此外，我們還可藉成型塑膠固定金屬線，避免在高速度運動時，相鄰金屬線相互接觸造成短路。

　　針對不同產品應用，各種 IC 封裝要達到的保護等級不同，有的產品會被放置在日夜溫差很大的太空中工作，有的可能要放置在溫差更大的機油中監測引擎工作狀況，有的被放置在不宜人居的地方進行環境監測，有的須放置在水中工作，有的則放置在電腦或手機裡工作，也有的會放置在溫溼度控制良好的伺服器機房內。所以不同的應用情況下，IC 受到週遭環境影響的程度不同，需要的保護等級也不盡相同。

4.2 緩衝應力

　　從力學的角度來看，產品遭遇的碰撞或振動等機械性外力對晶片的影響，都可轉換成施加在晶片的等效應力，當碰撞或振動程度夠劇烈，對應的等效應力就足以破壞晶片及內部的 IC，如果採用適當的封裝設計和適當的材料便能有效降低此類外加應力對晶片的衝擊。此外，在某些情況下，如果直接將晶片組裝在系統電路板上，熱應力足以扯斷晶片讓 IC 的結構受到破壞，在此先對這個熱應力的現象作一簡單說明。材料在溫度變化時會隨著溫度起伏展現冷縮熱脹的變形，由於晶片和電路板具有不同的熱膨脹係數 CTE（coefficient of thermal expansion），因此能期待不同程度的長度增減。矽晶片的 CTE 大約為 $3 \times 10^{-6}/℃$，而以 FR4 為材料的電路板在 x-y 平面上的 CTE 約是矽材料的 5 倍左右，當溫度升高時，FR4 電路板的伸長量會比同尺寸的矽晶片多 4 倍。但是如果直接將晶片組裝在電路板上，由於晶片和電路板被相互固定住，二者在接觸面上會有一致的長度變化量，也就是說相互固定後，接觸面上的不同材料不會因為溫度變化而有不同長度。如果進一步檢視可以發現，溫度上升時，矽晶片被 FR4 電路板拉長，它的伸長量大於沒有被固定在電路板時應有的伸長量。同時我們也可以發現，和矽晶片相互固定的電路板其伸長量小於尚未和矽晶片互相固定前應有的伸長量。也就是說，如果將矽晶片固定在電路板上，當溫度上升，電路板傾向把矽晶片拉長，而矽晶片卻傾向阻止電路板伸長。若從應力角度看，矽晶片受到張應力，而電路板在相對應的區域受到壓應力，這些應力的成因和溫度升降有關所以被稱做熱應力（thermal stress）。如果矽晶片尺寸夠大，或是溫度起伏的幅度夠劇烈時，熱應力常將脆性的矽晶片拉斷。為避免這類熱應力破壞，一般電子產品可透過調整封裝設計和選擇適當的封裝材料來降低熱應力衝擊，也可透過搭配不同厚度比例的載板，降低晶片因熱應力而產生崩裂的危險。

4.3 輔助散熱

　　工作中的晶片持續產生熱量，若缺乏適當設計將晶片產生之熱量疏導到電子系統以外，系統溫度將隨著工作時間上升，晶片在高溫環境中工作除了會降低效能，同時也縮短元件使用壽命。一般我們認為，積體電路製造過程被植入的原子在溫度上升時具備較高擴散速度，由於原子擴散具有等向性，長期處在高溫情況下的元件其效能可能因此偏離原先之設計預期，如果將這些長期處於高溫環境下工作的零件和剛出廠時比較應能觀察到效能劣化的現象。此外，溫度上升時，金屬原子擴散速度也升高，這會加速介面金屬化合物生長，造成接點強度變異。根據經驗，電晶體的工作溫度每上升 10℃將使元件壽命縮短一半，所以主流設計通常讓 IC 工作溫度保持在 115℃以下，以維持產品壽命。為達這個目的，我們常根據不同應用環境選擇封裝結構以幫助晶片散熱，例如：讓導線架設計中的承晶墊下沉並外露在封裝塑膠表面，形成所謂 EP（exposed die attach paddle）型式的封裝設計以降低熱阻，這類產品可以讓晶片到電路板之間的熱阻降到最低。所以如果功率較高的 IC 必需選擇 QFP 封裝時，常採用 EP-QFP 封裝設計，讓電路中產生的熱能，能經由熱阻很低的路徑進入電路板。不過，要注意的是，在電路板上也需有相對應的設計才能有效的把工作溫度降低。另一個常見方法為在晶片正上方放置一個金屬塊（heat slug 或 heat spreader），這種構造除了能加速熱在水平方向移動外，同時增加封裝體表面有效散熱面積。不過如果要替功率高達幾十瓦特的 IC 產品散熱就需採用更有效率的封裝設計配合適當的系統冷卻能力。「覆晶封裝」在結構上屬於一個有利散熱的設計，許多高功率或高頻運算的元件以及電源管理元件利用覆晶封裝設計把熱快速導離晶片，讓晶片能在適當溫度下工作。覆晶封裝結構不但可以像 EP-QFP 一樣直接把晶片工作時產生的熱傳送到電路板上的導熱帶，也能利用矽的高導熱特性，把熱經由晶背方向

移出系統。例如：個人電腦裡功率高達幾十瓦特的 CPU，若沒有適當散熱設計將無法正常運作，目前 PC 裡看到的 CPU 都選用覆晶封裝設計。實務上在組裝電腦時將散熱器（heat sink）直接和 CPU 的晶背接觸，同時也利用散熱膏（thermal grease）降低散熱器和晶背間的接觸熱阻（contact resistance），並使用強制對流（forced convection）加強冷卻能力才能帶走幾十瓦特的熱能，這些都是電子系統冷卻設計中常用的手法。

4.4　供應電源與傳遞訊號

　　晶片表面有許多金屬墊（metal pad）或稱銲墊（bond pad），每個金屬墊各自向下延伸並導通至下方的電晶體及被動元件。這些金屬墊是晶片上的電路和電子系統裡其他 IC 之間的溝通窗口，訊號或是電流經由這些窗口傳遞才能讓電路發揮功能，所以我們也將金屬墊稱作 i/o（input and output terminals）。一個晶片上的 i/o 數目可以是個位數也可以多到上千個，每個晶片上的金屬墊透過金線、銅線或是金屬凸塊（bump）可以和 IC 載板（chip carrier）上對應的銲墊連通，再透過封裝後的引腳連接到電路板上，這樣便能協同其他零件讓電子產品發揮功能。

4.5　幾何尺寸的橋接

　　因為晶圓廠的作業特性，通常晶片成本和晶片尺寸成正向關係，所以從晶片成本角度出發會認為晶片面積越小越好，因此銲墊的尺寸和間距也是越小越好。但是一般電子系統組裝業者常用的表面黏著（surface mount）設備所能處理的精度大約是幾百個微米等級。高端表面黏著設備能達到幾十個微米的精度，然其成本較一般等級設備高出太多，並非所有系統組裝業者負擔得起，為了讓 IC 零件規格符合多數組裝業者的能力，封裝後的腳位多維持在數百個微米以上的間距，所以在封裝的階段順便進行幾何尺寸橋接，產生讓下游組裝業者能處理的銲墊間距。

4.6　標準化

蘋果電腦釋出作業系統軟體 iOS 時偶爾會作一些修改，目的除了新增功能之外，也讓作業系統能隨著版本演進，將錯誤修正以達到優化目的。通常 IC 設計也有類似情形，不過在修正或是優化電路的同時，通常需要改變晶片尺寸，也有可能改變銲墊位置，如果晶片尺寸沒太大變化，在進行封裝時仍然可以沿用和前一版相同的封裝外形，這樣可以讓不同版本的 IC 使用相同的封裝外觀。若再加上配置金屬線的彈性，可讓封裝外腳的功能配置和之前版本相同，這樣的概念可以讓不同版本的 IC 使用相同的系統電路版，不必因小小變動而重新設計其他的系統零件。進行 IC 設計時，也可以利用 IC 封裝這項特性，讓不同版本的 IC 設計共用相同電路板，並且可以在相同測試環境下進行比較；產品上市後，也可利用這項特性優化終端產品性能。另一方面，不同廠商間也可以針對同一種功能，設計出能相互替代的零件，這個特性能讓比較晚進入市場的晶片供應者提供相同腳位配置（pin-to-pin）的替代零件，降低電子系統客戶採用新供應商時所須負擔的成本和風險。

經過半世紀演變，IC 封裝在半導體供應鍊中的角色已越來越重要，除保護 IC 外，IC 封裝也可替一些尚未實現的積體電路概念提供暫時或低價替代方案。例如 SoC（system on chip）是一個很好的概念，但受限於智慧財產權整合、製程能力整合、產品開發時間與投資成本等因素，常讓人猶豫是否有足夠誘因讓新產品朝 SoC 這個概念開發，如果透過 SiP（system in package）的幫助，不但可避開上述幾項考量限制，並較短的開發時間與較低的成本窺視 SoC 的成效和市場的接受度，並能讓 SoC 產品的概念在尚未投入極多資源之前獲得確認及支持，以獲得更多資源投入 SoC 的產品開發。

5. 封裝的層次

　　製造業致力於把原料或零件加工變成更有價值的產品，若加工後的產出不是被一般消費者使用的終端產品，那麼便成為下一個生產階段的原料或零件。「組裝」在電子製造業是通用名詞，拿我們引以為傲的筆電工業為例，我們根據訂單把各種 IC、被動元件和其他零件銲在主機板上，然後再和硬碟、記憶體、CPU、鍵盤、螢幕等其他零件一起組裝在客製化機殼上，經過測試後，就能將成品交給客戶。如果預期 CPU、硬碟或記憶體等零件價格，在消費者拿到筆電前會有波動（通常是下降），筆電工廠通常將這些零件先拆卸下來留在工廠裡重複使用，等到終端通路商出貨給消費者前夕才另外裝上新購入的零件，以控制成本並提高毛利率。這樣的營運模式可看出筆電工廠的主要工作是組裝零件，並測試功能和相容性，至於組裝時所用到的零件都是由其他工廠供應，筆電工廠本身並不生產相關零件。上游 IC 封裝也類似，主要材料如 IC 載板、銀膠、金線、成型塑膠、錫球等，都是由更上游的專業供應商製作，然後 IC 封裝工廠負責把這些材料組裝起來，也就是把 IC 包裝或組裝在一個堅固的外殼之中，因此，在英文裡除了用 package 這個字來描述「封裝」，也常用 assembly 這個字來敘述。更廣義一點，有人把 package 又細分了幾個層次，下面是大家常用的封裝層次定義：

　　第零階封裝（level 0 package）—也就是「晶圓級封裝」，完成晶圓製造的基本步驟之後先不進行切割（singulation），在切割之前將適當的保護和引腳（凸塊）直接加在晶圓上，接著切割成獨立的IC即完成封裝。

　　第一階封裝（level 1 package）—也就是「IC 封裝」，把 IC 和其他材料組裝成一個可以利用一般自動化設備處理的電子零件。除了保護 IC 外，透過封裝塑膠和外引腳我們可以固定住裡面的 IC、提供電源、幫助散熱，以便讓裡面的 IC 和電子系統裡的其他 IC 共同工作。本書討論的範

圍以第一階封裝爲主。

圖 6　此為第一階封裝。第一階封裝即「IC封裝」，用各種方式保護積體電路，
　　　方便後續使用。圖中為一 28L 的 PDIP 封裝形式，PDIP 是一個歷史悠久
　　　的封裝設計，可以用銲接方式固定在電路板上，也可以插入電路板上的插
　　　座。圖中這個第一階封裝將出現在圖 7 的第二階封裝裡。

　　　第二階封裝（level 2 package）一把幾個不同功能的晶片和其他被動
元件組裝在電路板上，構成一個有特定功能的模組，也就是形成一個次系
統（sub-system），例如 PC 內的顯示卡，爲了提供較先進的繪圖與顯示

圖 7　第二階封裝把幾個不同功能的晶片和其他被動元件組裝在電路板上形成一
　　　個次系統，左圖為一典型第二階封裝，其應用為 PC 中的網路介面卡，負
　　　責 PC 和網路之間的資料傳輸作業。圖中這個網路介面卡將出現在圖 8 裡
　　　的 PC 系統中。有些封裝產品和右圖圖中的 PDIP 一樣，藉由插座固定在
　　　電路板上，這樣的組裝方式可以提供讓電子系統升級或選擇零件時的彈
　　　性。

功能，把相關的晶片和零件組裝成能優化顯示功能的次系統，並且讓許多設計者能很方便的把這個次系統納入其電子產品之中。常見的次系統還有記憶體模組、通訊模組等。在「短小輕薄」的目標驅使下，只要散熱問題解決，許多模組都會被重新整合成多晶片的第一階封裝。

　　第三階封裝（level 3 package）－把幾個次系統共同組合在主機板（motherboard）上形成一組功能完整的電子設備核心零件。

圖 8　第三階封裝把幾個次系統組裝在主機板上形成一個功能完整的設備。圖中藍色的電路板為 PC 主機板，幾個綠色的電路板為具有各種功能的次系統，這些次系統組裝在主機板上可以讓 PC 系統具備各項特定功能。

6. 半導體和電晶體

　　大家都知道金屬是導體，而橡皮和塑膠是不導電的非導體，那麼「半導體」導不導電呢？「半導體」這三個字常常出現在新聞或是媒體上，不管從英文或中文字面意義看，我們都很自然的認爲它應該介於「導體」和「非導體」之間，這種說法可以說「對」，也可以說「不對」。如果從電阻值來判斷，一般導體電阻值小於 $10^{-6}\Omega\text{-cm}$，非導體電阻值大於 $10^{7}\Omega\text{-cm}$，而半導體電阻值則介於兩者之間，不過上述這兩個電阻值之間的範圍，其實大到難以想像。純半導體材料（intrinsic semoconductor）電阻值接近 $10^{7}\Omega\text{-cm}$ 的那一端，雜質半導體（impurity semoconductor），也就是純半導體材料摻（doping）入微量導電雜質，它的導電性和純半導體材料截然不同，在圖 9 的電阻圖中雜質半導體會向 $10^{-6}\Omega\text{-cm}$ 靠攏，傾向於能讓電流通過。這個現象有點類似純鐵加入少量的碳或錳即能改變物理性質的情形，加入少量的碳或錳可以把很軟的鐵變成硬度極高的碳鋼，也就是藉著摻入極少量的雜質，可以大幅改變原有材料的某些性質。

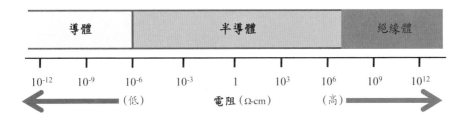

圖 9　從電阻的觀點來分辨導體、半導體、以及絕緣體。一般認為導體電阻值小於 $10^{-6}\Omega\text{-cm}$，而絕緣體電阻值大於 $10^{7}\Omega\text{-cm}$，半導體電阻值則介於兩者之間，半導體在適當情況下才呈現導電的特性。

　　從微觀的角度來看，在各物質內實際執行導電的介質是「電子」，若進一步觀察，物質內部的電子並非任意分布，而是依其位能分布於不同

能帶（energy band）內，在傳導帶（conduction band）內的電子可自由移動，所以具導電性，在價帶（valence band）裡的電子則不具導電性。若傳導帶內沒有電子活動，該物質將無法藉由電子傳導電流，此時若能給予適當能量把價帶內的電子提昇到傳導帶便能進行導電。一般常見金屬材料的傳導帶和價電帶間並無實質能隙，所以在室溫下只需極小能量就能激發電子跳躍至傳導帶而導電。絕緣材料因能隙很大，電子很難被提升至傳導帶，所以無法導電，例如晶圓上常見的二氧化矽，其材料能隙大約為 8 個電子伏特（eV），這樣的能隙無法讓電子導電，所以被用來當作絕緣材料。一般半導體材料的能隙介於導體和絕緣體之間，約 1 到 3 個電子伏特，例如純矽材料中矽原子的能隙為 1.12 電子伏特，若給予適當條件的能量激發，即成為導體，或者藉由摻入硼（B，Boron）等其他元素改變能隙，也能變成導電材料。

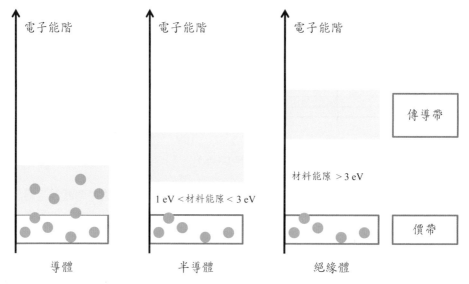

圖 10　從能隙的觀點來分辨導體、半導體、和絕緣體。金屬原子的外圍電子位能夠高，受到較小的束縛，隨時處於能夠導電的狀態。對半導體材料原子的外圍電子而言，只需再提升小量位能即可轉變成為能夠導電的電子。

　　矽為最常用的半導體材料。矽原子最外層有四個電子，相鄰矽原子間以共價方式共用電子而形成一相當穩定的狀態，然而傳導帶缺少自由電子，因此純矽的導電性不好。倘若在矽中摻入微量的砷（As，Arsenic）、磷（P，Phosphorus）或硼，便能改變矽的導電特性，分別形成 N 型或 P 型半導體。例如我們在純矽中摻入少許砷或磷，某些矽原子最外層便有五個電子，其中一個被排除在價帶外，也可以說是被擠到傳導帶而成為能導電的自由電子，因此被摻入微量砷或磷的矽就變成 N 型半導體。又例如我們在純矽中摻入少許硼，硼的最外層有三個電子，硼與矽的共價構造呈現少了一個電子的構造，也可以說是在共價構造上形成一個電洞，這樣便形成 P 型半導體。純矽摻入微量砷、磷或硼後，若在材料上兩個點加上電壓，就能使電子或是電洞在材料中自由移動。若把 N 型和 P 型半導體連接起來，則形成 PN 接面（PN junction），PN 接面是電晶體、二極體、太陽能電池、LED 等電子元件的基本構造。

圖 11　PN 二極體示意圖。

　　地殼中有高達 27% 的矽元素，所以矽原料來源可說是取之不盡用之不竭。純矽可以從二氧化矽中提煉，二氧化矽即常見的砂，經由電弧爐加熱熔解並用碳還原後，可提煉出純度約 98% 的冶煉級矽，再經研磨並溶入鹽酸，可氯化成無色液態的三氯化矽（$SiHCl_3$），三氯化矽經蒸餾純化後，便能得到高純度多晶矽，將高純度的多晶矽放在充滿氬氣（Ar）的石英熔爐中熔融，然後利用長條狀的晶種與熔液接觸，接著緩緩旋轉並升

起，此時單晶可在固體晶種與熔液界面上成長。目前單晶矽成長技術已相當成熟，用來製作 IC 的矽晶圓，純度達到每一千億個矽原子中僅有一個雜質原子，且晶體中幾無缺陷，也就是所謂 11N（99.999999999%）的高純度。製作 P 型矽基板時在石英熔爐中加入硼元素，若要製作 N 型矽基板，則加入磷元素。單晶矽晶棒經機械研磨、化學拋光及切片後，就成為半導體晶圓原料。拿矽和其他常用的半導體材料相比可以發現，矽晶圓有較好的機械強度，容易加工，也不容易碎裂，目前量產的矽晶圓最大直徑為 300 mm，至於直徑 450 mm 的矽晶圓相關設備則正在開發當中（目前砷化鎵晶圓的最大直徑只有 150 mm）。除了矽原料來源的方便性之外，用矽來生產半導體產品還有其他的原因，例如，可做為絕緣材料的二氧化矽為矽的自然氧化（native oxide）物，它和矽之間能有完美的結合，這是矽半導體產品在製造上的先天有利條件，讓矽半導體產品很容易達到適當的可靠度水準。此外，矽的電洞移動率（hole mobility）高達 600cm²/V-s，

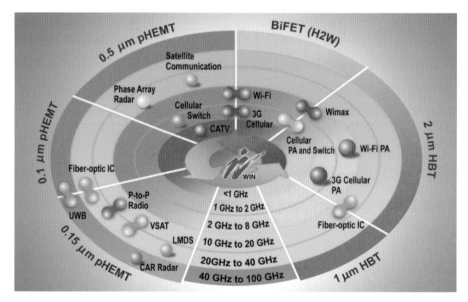

圖 12　利用砷化鎵半導體基板製作的 IC 在高頻無線通訊領域中的各類應用。

約為砷化鎵材料的 1.5 倍，這讓矽材料適合製作具有高速而低耗能的 P 通道場效應電晶體，使得 CMOS 在邏輯電路設計中占有絕對優勢，因此目前大部分的應用都採用矽半導體材料。

　　半導體材料可以是單一元素組成，例如矽，也可是兩種或多種元素組成的化合物。常見化合物半導體（compound semiconductor）有砷化鎵（GaAs，gallium arsenide）和氮化鎵（GaN，gallium nitride）等，二種以上元素組成的化合物半導體則有 AlGaAs 和 AlGaInAs 等。砷化鎵擁有比矽還高的飽和電子速率及電子移動率，所以砷化鎵比矽半導體更適合各種高頻應用。如果拿砷化鎵元件和矽元件進行相同功能的高頻應用時，砷化鎵晶片的雜訊較少、線性度也較高，所以高階產品內的高頻無線通訊元件一般以砷化鎵晶片為首選。此外，砷化鎵元件也擁有比矽元件更高的崩潰電壓，適合在高功率產品中工作，因此以砷化鎵製作的 IC，比矽製作的 IC 更適合使用在行動電話、基地台、衛星通訊、微波點對點連線及雷達系統等應用。

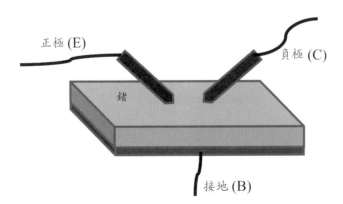

圖 13　最早被發現的點接觸型電晶體示意圖。

電晶體（transistor）這個字是由 transfer 和 resistor 組合而成，它是電子電路的核心單元，這個發明改變原本緩慢進步的電子工業技術，也取代了比它早四十幾年出現的真空管。1946 年夏克萊等人在貝爾實驗室讓兩支一正一負不同電壓的金屬探針和一塊接地的鍺（Ge, germanium）結晶相互接觸，他們發現通過負極的電流明顯比通過正極的電流多，也就是出現電流放大現象。這個發現演變出電晶體，也是史上最早的點接觸型電晶體，點接觸型電晶體可以被當成利用第三端點控制另外兩端點之間的可變電阻元件，不過點接觸型電晶體有一些無法克服的缺陷，所以少有成功的應用實例。

雖然點接觸型電晶體最早被發明，但真正開始被大量應用的電晶體是雙極性電晶體（BJT，bipolar junction transistor），它具有兩個極性，同時使用電子和電洞做為載體，但由於當時不存在其他實用的電晶體型式，所以當時只要提到電晶體，指的便是雙極性電晶體。圖 14 是雙極性電晶體的電路符號，它看起來就像是點接觸型電晶體的示意圖，顯然創造這個電路符號時打算讓這個幾十年前的發現留下紀錄，它就好像是電路學裡的象形文字。

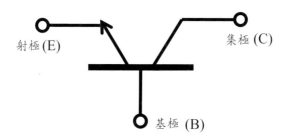

圖 14　雙極性電晶體的電路符號。

雙極性電晶體的構想被提出來之後很快被實現在電子系統中，並且被

導入軍事用途，當時利用接合的方式生產電晶體。接合型 NPN 電晶體在
1950 年代開始逐漸取代眞空管設計，至於現在普遍使用的電晶體多是擴
散型電晶體，圖 16 爲擴散型電晶體的基本製作流程示意圖及其構造。擴

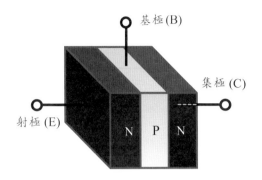

圖 15　NPN 接合型電晶體的基本構造。

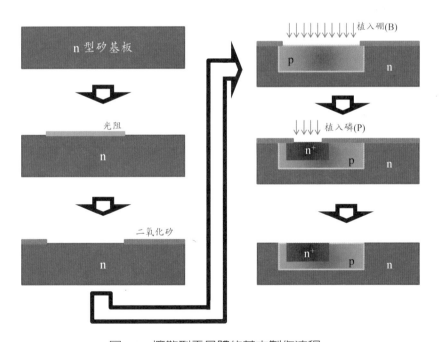

圖 16　擴散型電晶體的基本製作流程。

散型電晶體的基本製程，首先先在 N 型矽基板表面用二氧化矽薄膜定義
圖形，在即將注入 P 型雜質的位置開一二氧化矽薄膜窗口，用離子植入
的方式將 P 型雜質送到特定區域形成一個 P 型區域，或是將矽基板放進
石英爐管中、升高溫度、再把氣態的 P 型雜質注入石英爐管，讓雜質擴
散到指定區域形成一個 P 型區域，接著再用相同方法在甫形成的 P 型區
域裡再次擴散出一個 N 型區域。至此，基本 NPN 電晶體結構便完成，最
後再沉積金屬，形成電極即完成基本的 NPN 電晶體。

　　圖 17 是一個典型的平面型電晶體構造，有時為了讓電晶體和其他元
件分離，可以把電晶體做成像圖 18 示意圖中有個隆起台地一樣的形狀，
我們稱之為高台（mesa）型電晶體。

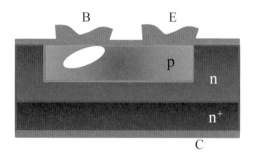

圖 17　平面型 NPN 電晶體基本構造。

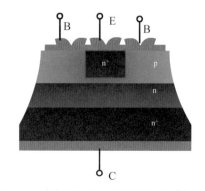

圖 18　高台型 NPN 電晶體基本構造。

　　經過幾十年的演進，電晶體已經是非常成熟的產品，我們可依工作原理將其分為雙極性電晶體和場效電晶體（FET，field effect transistor）兩大類。前面所提到的雙極性電晶體，以電流控制輸入、輸出間的關係，其構造上有兩個很接近的 PN 接面，電流分別控制注入載體及收集載體的接面，而載體形成的電流，遠比控制訊號的電流大，故產生所謂的「電流增益」（current gain），因有電子和電洞兩種載體，所以被稱為雙極性電晶體。在場效電晶體出現前，「電晶體」指的是「雙極性電晶體」。場效電晶體利用電壓（即電場）控制電流輸入和輸出之間的關係，此概念早在1950 年代之初就被提出，但直到 1960 年代才以金屬氧化半導體（MOS，metal oxide semiconductor）的構造實現，即所謂 MOSFET，它利用載體通道附近的電場改變，使通道特性發生變化，導致電流改變，具體而言它在半導體表面絕緣層上方施加電壓，控制絕緣層下方半導體表面的電流。MOS 電晶體構造簡易且易製作，是目前使用最廣泛的電晶體元件。

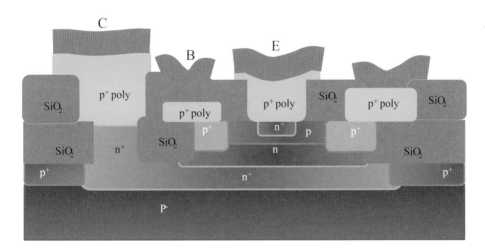

圖 19　BJT 電晶體構造。

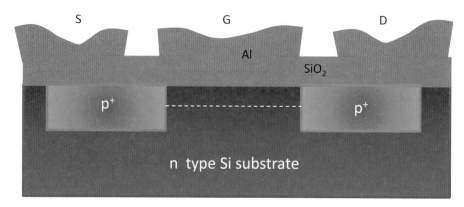

圖 20　P 型 MOSFET 電晶體構造。

在真空管收音機時代，電阻、電容線圈、二極體和電晶體等零件分別被銲接在電路板上，利用導線連接之後成為一個完整電路。類似的電子系統在 50 年代末期演進成能把電晶體和各種元件製作在同一個基板上，成為一個「固體電路」，也就是 Solid State Circuit 這個名稱的來源，60 年代初期 Solid State Circuit 和矽基板上的製作技術結合之後把積體電路的概念完整呈現出來之後將電子工程技術推向另一個境界。由於積體電路能讓上述所有元件在同一個半導體基板上實現，所以也稱作「單石積體電路」（monolithic IC），英文裡的「lithic」一般翻譯為「石」，這裡指製作 IC 的基板。

積體電路是繼電晶體之後的主流電子元件，而真空管則是電晶體之前的主要電子元件，因此可以說現在大家所處在的電子世紀是由真空管開啟，電子元件發展歷史中將真空管定義為第一代電子元件。真空管除了應用在一般電子設備之外，也參與過電腦和火箭的發展，現在我們仍然能在發燒級音響擴大機裡看到真空管零件。19 世紀末發明電燈的愛迪生也差一點發明真空管，愛迪生在燈泡內加入一塊金屬箔片，並引線到燈泡外，

通正電時，箔片並無反應；但通負電時，箔片隨即翻騰漂浮，進一步又發現，如果接上電流表指針也能移動。由於當時還沒有電子的概念，愛迪生百思不得其解，但爲紀念愛迪生的這項發現，將這樣的物理反應稱爲愛迪生現象。20 世紀初美國科學家 Lee deForest 利用愛迪生現象，以極小的電壓變化讓屏極產生較大的電流變化。利用這個特性收音機可以接收來自天線的微弱無線電性號，然後利用眞空管放大來驅動擴音器，藉此將電子信號轉換成能夠被聽見的聲響。因爲所有參與工作的電極都被封裝在一個眞空的玻璃管內，所以被稱爲眞空管。製造眞空管的挑戰在於如何讓內部成爲眞空並保持眞空，而燈泡內部即爲眞空或是充滿特殊氣體的狀態，所以有時人們戲稱可以做燈泡的工廠即能生產眞空管。眞空管有耗電量大、體積大、散熱不易、可靠性低、效能低而且價格昂貴等特性，所以當電晶體變得可行時大家傾向於使用電晶體。以前在電視機正要普及的時期曾帶來對眞空管極大的需求，讓臺灣也在 1960 年代加入眞空管生產行列，一直到 1970 年代眞空管被電晶體取代後這項產業很快的消失了。

　　1946 年夏克萊等人在貝爾實驗室發明電晶體，電晶體由半導體材料組成，被認爲是第二代電子元件，可以用於電路中進行放大、開關、穩壓、訊號調變等功能。和眞空管比起來，電晶體有體積小，耗電量少，散熱較佳，穩定性高等優點，貝爾實驗室在 1954 年完成一座以電晶體爲主的電腦，這座電腦的大小只有同時期眞空管電腦的二十分之一，加上前述諸多優點，所以能很快被市場接受。電晶體主要分爲兩大類：雙極性電晶體（BJT）和場效應電晶體（FET），現在絕大多數的電晶體和二極體、電阻、電容等元件放在一起形成積體電路，不過仍然有許多單體電晶體（discrete）還被用在各式應用之中。

　　被稱爲第三代電子元件的是積體電路，指的是將許多電晶體、電阻、電容、二極體等元件整合在單一個微小的半導體材料中。1950 年代，德

州儀器公司（Texas Instruments）Jack Kilby 和快捷半導體公司（Fairchild Semiconductor）Robert Noyce 所屬的兩個不同團隊分別發展自己的積體電路概念，Kilby 用鍺（germanium）當材料，Noyce 則用矽當材料，這便是積體電路的開始。1964 年，美國 IBM 公司利用積體電路組裝的 IBM360 型電腦為第三代電腦的開始，當時電腦處理器裡的電晶體數目大約只有幾十或幾百個，相對於現在 Intel 的 i7 處理器裡已經把 14 億個電晶體塞進一個 177mm^2（相當於 13mm×13.6mm）的晶片裡，積體電路裡電晶體的尺寸和密度在這幾十年間一直持續進步。英特爾創辦人 Gordon Moore 曾在 1965 年的某電子期刊中提到，「……未來 10 年……IC 裡的電晶體數……每年會倍增一次」，後來發現這句話還真準，所以被稱為「莫爾定律」。1975 年時，他又把「每年倍增」修改成「每兩年倍增」。其實這個敘述是當時 Gordon Moore 從成本和價格的角度對電晶體的發展趨勢所做的一個講法，但檢視近四、五十年半導體成長和發展史，若我們將 IC 裡電晶

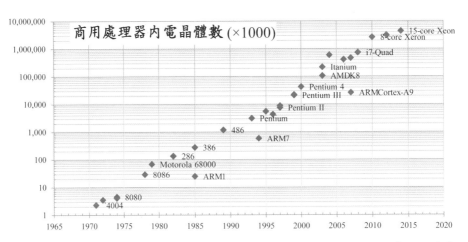

圖 21　商用處理器內電晶體數目的成長歷史。圖中的數據包括 Intel 處理器家族以及幾個其他常見的商用處理器，由長期統計數字可看出，處理器內電晶體數目成長的確遵循莫爾定律。

體數目倍增的週期值修正為 18 個月來觀察電晶體數量增加的變化，莫爾定律的確具預測性，其背後原因可能是各大半導體公司的研發團隊把莫爾定律當成共同的隱性年度目標。

第二章

IC 封裝的演變、種類和趨勢

　　電子零件封裝（electronic packaging）已有超過一個世紀的歷史，早期的真空管（vacuum tube）組裝，或是更早的其他真空電子零件封裝，因為需要維持真空度，各種密合封裝（hermetic packaging）相關技術隨之被開發出來。密合封裝主要使用的材料包括玻璃、陶瓷和金屬等，雖然早在 1949 年已有關於使用塑膠材料進行封裝的專利被核准，但是塑膠封裝一直不被受到重視，直到幾十年後，IC 開始被大量應用在民生用品時，塑膠封裝才得以普遍。1980 年代塑膠 IC 封裝應用開始迅速成長，在同一個時期臺灣晶圓代工業也快速成長，並建立良好基礎，在全球代工市場扮演重要的角色，此時臺灣業界開始熟悉塑膠封裝，並得到群聚效應的助益，切入塑膠封裝市場。塑膠封裝在成本、交期、標準化和設計上的彈性都優於密合封裝，所以目前主流 IC 產品幾乎都採用塑膠封裝。這裡的塑膠封裝泛指所有使用封裝塑膠（EMC，epoxy molding compound）隔絕 IC 和外界環境的封裝型式，與以陶瓷、金屬等密合性材料隔絕 IC 和四周環境的封裝型式不同。TO（transistor outline）是金屬罐頭形狀的電晶體封裝，有時也被稱為「TO Metal Can」或是「TO Can」，它是現在還能看到的原始封裝產品。現在還在市場上的 TO Can 產品仍然只有個位數的外腳，主要用來封裝構造簡單的積體電路或是單體電晶體（discrete），能提供最基本但非常耐用的封裝保護。繼 TO Can 之後被大量採用的封裝設計是使用表面黏著技術的「扁平封裝（flat pack）」，隨後用來取代扁平封裝的產品為採用插件式（through hole）銲接的「雙排直插封裝」（DIP，dual in line package）。DIP 曾經是標準的封裝型式，在市場上持續流行幾十年後，因引腳數不足和體積過大造成的限制才漸漸被其他封裝型式取代，其後為了要增加外引腳的數量和密度，引腳分布由左右兩排演變成沿著四周分布，之後又轉變成分布在產品的正下方，呈現一個陣列分布的高密度外引腳群。

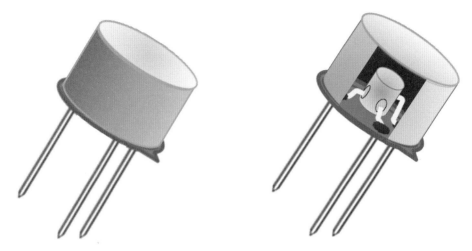

圖 22　圓型金屬罐頭形狀的電晶體封裝（TO Can）。

　　70 年代開發的 BGA 封裝經過 20 年演進後，在製造技術和工程材料方面的突破讓這種類型封裝產品幾乎可以被使用在所有的電子產品中。BGA 封裝開始流行時，人們一度認爲以金屬導線架爲載板的封裝型態即將會被淘汰，然而金屬導線架封裝仍然具有某些無法被取代的優點，所以金屬導線架封裝依舊保有部分市場，而讓 BGA 類型的封裝囊括大多數中高階 IC 應用。市面上常見 BGA 所使用的載板把金屬導線鑲埋入高分子材料爲主的介電材料中，因此被稱做塑膠載板，由於它可以產生許多金屬導線層，讓 BGA 在設計上更具彈性，也更適合高腳數的產品。除此之外，BGA 也能降低高腳數產品在後續組裝中發生橋接缺陷的機率。事實上，BGA 類型的封裝和以導線架爲載板的封裝都各有其優點，各自都仍在持續演進發展中。60 年代由 IBM 開發的 C4 技術本來只被限制在少數高端應用上，一直到 90 年代後期才因市場需求被應用在高電晶體密度、高資料處理頻率和高腳位數的產品，許多微處理器和繪圖晶片都由舊型的銲線設計轉換成覆晶封裝設計以補強電性和熱傳導方面的不足。多晶片封裝

如系統封裝（SiP，system in package）和多晶片模組（MCM，multi-chip module）出現之後，讓設計者注意到適當的 IC 封裝設計能帶給電子系統更多的設計彈性和產品優勢，也讓設計者在實現 SoC（system on chip）概念之前，提前看到整合系統晶片可帶來的好處。

商用 IC 封裝很早就接受 DIP（dual in-line package, 雙列直插封裝）的封裝型式，早期 DIP 使用陶瓷材料做為包覆的外殼，後來漸漸地採用塑膠材料以降低成本。主流 IC 封裝使用的載板由早期陶瓷材料開始，後來增加金屬導線架載板，然後又出現由以各類高分子介電材料為主所構成的塑膠基板，現在晶圓級封裝技術（WLP，wafer level packaging）也已成熟，晶圓級封裝技術不必使用額外的載板進行封裝。IC 封裝的產業位置在整個半導體製造業的下游，技術層次不像晶圓製造那麼關鍵，但隨著 IC 密度增加和封裝產品複雜程度增加，IC 封裝的重要性越來越顯著，畢竟如果 IC 元件無法得到適當的封裝保護，它將很難在商用市場上流通。

7. 早期開發的 IC 封裝

　　各種半導體技術的開發活動一直都分散在不同的機構裡獨自進行，基於商業利益考量僅有部分已經不影響競爭力的技術資訊能被公開分享。在半導體技術發展初期，當打算將半導體技術製作的電子零件拿到實驗室以外環境使用時，大家針對產品需要，各自發展不同策略，開發不同技術，使用不同的材料來保護 IC，故並沒有特定與共同的封裝型式。不過由於當時已經存在的其他電子零件封裝技術已經相當成熟，因此很快就被採用並且發展出現在還能在某些軍事用途產品中被看到的密合封裝（hermetic package）。由於陶瓷材料和金屬導線燒結成的封裝載板具有極佳的防水性，而且陶瓷材料的熱膨漲係數和半導體基板熱膨漲係數接近，可以降低晶片和載板接合後所要承受的熱應力，所以很快被拿來應用在 IC 封裝，再加上陶瓷材料導熱性相當好，因此陶瓷扁平封裝（ceramic flat package）成為最早被大量採用的 IC 封裝型式。後來隨著商用 IC 增加，漸漸開發出另一種主流封裝型式 DIP，DIP 是一種靈活且容易使用的封裝設計形式，持續在 IC 市場中占據主流地位達數十年，現在的電子產品裡都還能看到以塑膠材料包覆的 DIP 封裝，它的主流地位一直到 1990 年代前後才因引腳數不足，逐漸被 LCC、PLCC、PGA、或是 QFP 等能提供更多外腳的封裝形式取代，或因體積考量也被 SOIC 之類的產品取代。早期 DIP 使用陶瓷基板，由於使用陶瓷基板的 IC 封裝有其優異的可靠度，軍用零件和高端 IC 產品直到現在仍優先選用陶瓷基板組裝，它們可以讓 IC 長期待在各種惡劣環境下還能保有完整功能。陶瓷基板一直維持它在 IC 封裝市場上的優勢，一直到 IC 的商業應用普遍得必須降低成本以維持競爭力時，才驅使 DIP 演進成以金屬導線架為載板的塑膠封裝，也就是現在還能在市場上看到的 PDIP（plastic dual in line package）。由於塑膠封裝擁有成本優勢和設計彈性，在商用市場上漸漸取代密合封裝而成為現在 IC 封裝的

主流，塑膠封裝所使用的載板也因為需要更多外腳而由金屬載板演進為塑膠載板。

7.1　陶瓷扁平封裝，Ceramic flat package

扁平封裝（Flatpack）是德州儀器（Texus Instruments）在 1960 年代初期發展出的封裝類型，它的引腳和晶片位於同一個平面上並且向外延伸，這個平面和包覆晶片的長方體外殼平行，屬於表面黏著元件。扁平封裝採用的材料包括陶瓷、玻璃和金屬，它可以達到密合（hermetic）要求，因此除了能保護 IC 不受外力衝擊，也具有抗水氣和抗腐蝕的功能。在扁平封裝出現之前使用的圓型金屬罐封裝，最多只有 10 個引腳，隨著電晶體密度增加，扁平封裝能夠提供較多數量的外引腳，所以能夠取代圓形金屬罐封裝成為最早被大量採用的封裝型式。當時 IC 被使用在比較高端的應用上，所以在選擇封裝結構保護 IC 時，製作的方便性和成本並非主要考量，因此當時已經成熟的陶瓷封裝技術自然成為最佳選擇。時至今日，利用陶瓷材料構築的密合封裝（hermetic package）仍然是某些高端電子元件的首選。

7.2　雙排直插封裝，DIP（dual in-line package）

如果要把零件組裝在電路板上，最直接且簡易的方法就是把零件引腳插入電路板上的銲接孔內，然後用銲錫固定。DIP（Dual in line package）封裝型式就屬於這類型的零件，它在外觀上有兩排平行的引腳，DIP 在 1960 年代出現後一直使用到今天，引腳數通常少於 64，如果和扁平封裝比較，DIP 是一種外型固定的封裝，很適合利用自動化設備組裝，而且可以和其他各種零件一起先插在電路板上後，再用波銲（wave soldering）方式進行銲接固定，提高生產效率，所以在上個世紀的 70 年代和 80 年代期間 DIP 一直是主流的封裝型式。DIP 除了可以把引腳插入電路板上的

孔內再以銲接方式固定，也可以插入電路板上的插座（socket）內固定。
許多早期的微處理器都採用 DIP 封裝型式，例如 Intel 的 8088 微處理器
和 Motorola 的 68K 系列微處理器，都採用陶瓷雙排直插封裝（CERDIP，
Ceramic Dual Inline Package）。隨著電晶體密度增加，微處理器的引腳數
變得愈來愈多，但是當 DIP 的引腳數增加時，內引腳長度也同時增加，
由於變長的內引腳不適合比較高頻率的元件應用，這成為 DIP 在微處理
器封裝市場的天然限制，所以主要微處理器供應商在提供 20MHz 以上的
產品時都改採用其他的封裝型式。

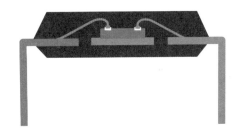

圖 23　DIP 封裝型式從 1960 年代就被開發出來並且一直使用至今，可以陶瓷
　　　或是塑膠做為主要結構材料。上圖為現在還能在市場中看到的 PDIP
　　　（plastic dual in line package），右邊為其斷面構造的示意圖。

圖 24　採用 PDID 封裝的零件可以直接銲接在電路板上，也可以藉由電路板上
　　　的插座固定。上圖為放置在電路板插座裡的 PDIP 零件。

7.3　單排直插封裝，SIP（Single In-line Package）

相對於有兩排插腳的 DIP，單排直插封裝（SIP，single in-line package）在外型上只有一排引腳，引腳數通常少於 24。SIP 常被使用在記憶體 RAM（random access memory）的封裝，可以把引腳插入系統板上的孔內，然後用銲接方式固定，也可以利用電路板上的插座固定。除了成本較低外，當 PCB 上沒有剩餘夠寬的投影面積時，也能讓 SIP 發揮它外型特性上的優勢。

圖 25　SIP 只有一排引腳，如果產品沒有太多的引腳數需求，或是設備上沒有
　　　　足夠的平面空間來擺放這個元件，SIP 的單排引腳反而成為其優勢，現
　　　　在仍然能看到這類封裝產品。

7.4　四面引腳封裝，PLCC 和 CLCC

隨著 IC 裡的電晶體數目增加，IC 的功能和對外的引腳數（pin count）也同時成長，當引腳數等於 80 時，如果使用引腳間距 0.05 英吋（1.27mm）的 DIP，封裝後外觀尺寸大於 2 英吋，這讓某些內引腳長度加上金線長度的總和大於 2 公分以上，使得高頻率元件應用受到限制。如果把引腳同時分布在產品四邊可以解決這個問題，用陶瓷包覆材料的 CLCC（ceramic leaded chip carrier）和用塑膠包覆材料的 PLCC（plastic leaded chip carrier）都是因應這樣的現象而開發的產品。這兩種四面引腳封裝和許多其他的封裝型式一樣，先有陶瓷材料設計的 CLCC，然後才有低價版本的塑膠 PLCC。如果同樣用 0.05 英吋的引腳間距，大約 1 平方英吋的

PLCC 封裝，就能提供 80 個引腳數，這時內引腳長度加上金線長度的總和應能小於 1 公分以下。在實務應用上，PLCC 常被用來取代大於 40 個引腳數的 PDIP。PLCC 和 DIP 兩者都可直接銲接在電路板上，也都可放置在電路板上的插座內，不過 PLCC 和 CLCC 的引腳在斷面上是丁字形，或是說長的像向內彎的英文字母 J，並不是插件式銲接零件（through hole component），而是適用表面黏著技術（SMT，surface mount technology）進行銲接組裝的零件。使用表面黏著技術組裝的電路板兩面都可以放置零件，可以減少終端電子產品的體積，不像插件式銲接零件只能銲接在電路板的單側。

7.5　無引腳封裝，LCC（Leadless Chip Carriers）

　　這類封裝型式的名稱乍看像是與 PLCC 有關連，但其實存在很大的差異。LCC 雖然也是一種引腳在四邊的封裝形式，但是沒有伸展出來的金屬外引腳，而是在四邊各有一排凹進去的半圓金屬孔，讓它非常適合使用插座。LCC 零件剛好可以藉由這些凹進去的半圓金屬孔被固定在電路板上的插座，包覆材料則可以是陶瓷或是塑膠。這種封裝體四邊都有引腳，所以總引腳數很容易多過對應的 DIP 設計。

圖 26　利用陶瓷材料製作的 LCC。

7.6 針陣列封裝，PGA（Pin Grid Array）

當放在四邊的引腳不敷使用時，為了增加引腳數只能把引腳從封裝體的四周移到下方，讓引腳的數量從分布在封裝體的「周邊」改為布滿在封裝體的整個投影「面積」上，也就是數目的規模從「長度」變成「長度的平方」，針陣列封裝（PGA，pin grid array）正是這個解決方案。PGA 是繼 DIP 之後，被 Intel 用在微處理器的封裝設計。從 PC/XT 的 80286 到 P5 Pentium 使用的微處理器都採用 PGA 型式封裝，組裝時把 PGA 固定在主機板上的插座內。從外型演變來看，PGA 沿襲 DIP 的方式，讓腳位和 IC 的投影面垂直，而且仍然用 0.1inch（2.54mm）當作相鄰腳位的中心距離（pitch）。為了增加腳位數目，把腳位從原來的左右兩排增加成一個佈滿或是部分佈滿投影面的陣列，也就是腳位數目可以從 2N 個增加到最多為 N^2 個，這裡的 N 代表封裝體每一個邊上最多能放置的腳位數。PGA 雖然外觀上看起來像是插件式銲接的零件，但在組裝時，一般將 PGA 固定在電路板上的插座內，而不是直接銲接在電路板上，這種設計可以大大降低生產者和通路商的成本負擔，進而提高產品競爭力。例如在製造電腦時，CPU 的成本可能占整台電腦總成本的 20-35%，進行生產製造時，生產者只需把承載 CPU 的 ZIF 插座銲接在電路板上，然後通路商在即將把產品送達終端消費者手中前，才把 CPU 組裝在插座上。如果從開始生產到把電腦送達消費者手上需歷時五個月，如果這五個月內 CPU 價格調降，便可透過差價獲得成本上的競爭力。在面對產品生命週期愈來愈短的市場特性，以及一些核心零組件價格變化劇烈的情況，這種優勢顯得非常重要。此外，系統設計者和電腦玩家也能利用這個特性，將各種相容零件放在不同系統中，達到產品升級或是測試產品效能的目的。

7.7　密合封裝（Hermetic package）

　　密合封裝（hermetic package）大致上沿用眞空管時代即已成熟的電子零件封裝（electronic packaging）技術，它讓外部空氣無法進出產品腔體，藉此避免外部水氣侵蝕 IC。積體電路剛開始發展時採用的密合封裝材料主要包括玻璃、陶瓷和金屬，這些材料都具有和晶片相近的熱膨脹係數，可以降低在封裝之後因爲溫度變化而造成的熱應力。由於選用的材料本身具有防水且不透氣的特徵，只要密封作業品質能夠通過測漏檢驗（leaking test），產品即具有長期維持良好水密性及氣密性的特性。現在的密合封裝主要使用陶瓷材料，廣泛應用在軍事、太空和一些高端的高頻商業產品。

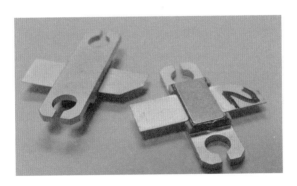

圖 27　常見使用在高功率應用的氣腔式封裝，這類設計利用陶瓷和金屬材料共同構築的氣腔達到防水氣侵蝕的目的並展現高散熱能力，也能讓電路表面和空氣接觸，空氣是介電係數最低的物質，所以這類氣腔式封裝設計非常適合使用在高頻和高功率產品。

8. 導線架封裝

　　最早在商用市場成功取代密合封裝的塑膠封裝是以金屬導線架爲載板的封裝型式，這一類塑膠封裝產品裡，除了 QFN（quad flat no-leads package）之外，其他的導線架封裝都能輕易達到 MSL-1 濕敏（moisture sensitivity level）水準，如今能讓 QFN 達到 MSL-1 的封裝塑膠也已經被開發出來且逐漸使用在許多產品裡。QFP（quad flat package）是一種從 70 年代就可以在日本產品中看到的塑膠封裝型式，它的引腳數可以高達 304，所以可應用範圍相當廣泛，這種塑膠封裝可以使用表面黏著技術進行組裝。QFP 在外觀上有些類似 PLCC，不過在斷面上看到的引腳爲向外彎形成像海鷗翅膀（gull wings）的形狀，而不是向內彎的丁（J）字形。引腳向外彎雖然比較浪費電路板面積，但在完成銲接作業之後比較容易進行銲點品質檢驗，可利用一般光學檢驗方法對銲接品質進行篩檢。向內彎的丁（J）字形外引腳除了可以節省電路板面積外，從自動化生產角度來看，它的構造比較不會讓外引腳在作業中被碰撞而變形。由於日本的精密工業向來比較成熟且普遍，QFP 引腳間距多落在 0.4mm 到 1.0mm 之間，而不是像其他導線架塑膠封裝用的 1.27mm（1/20 英吋）。

圖 28　QFP 封裝將外引腳放在外殼的四個邊上，海鷗翅膀形狀的外引腳讓它適用於 SMT 製程。使用導線架的封裝類型中，QFP 外引腳數目最多，可以高達 3 百個以上。

　　QFN 也是適用表面黏著技術的塑膠封裝型式，其外引腳分布在產品正下方四周，但不延伸至產品投影面之外，所以也能減少在電路板上占用的面積，當晶粒尺寸比較大時，使用 QFN 封裝型式容易滿足 CSP（chip scale package）的設計標準，同時也能避免封裝外引腳生成的電感（lead inductance）。另外，由於承載 IC 的晶粒座和外引腳位於同一個平面上，所以晶粒座可以和外引腳一樣直接和電路板表面接觸，這樣的設計讓封裝熱阻降到非常低的水準，可以很有效的把熱從 IC 傳導到電路板上。如果能採用高導熱係數黏晶膠，QFN 能將晶片到電路板之間的熱阻降到可以被忽略的水準，如果有適當的方法量測 Θ_{jb}，應該可以觀察到常見封裝產品中最小的 Θ_{jb}，有關 Θ_{jb} 的定義可以在第五章內看到。熱阻、尺寸、重量和引腳的電感都是 QFN 的設計優勢，因此許多高頻元件、電源管理 IC 或功率放大器產品都以 QFN 做為標準封裝方式。不過也因為 QFN 和電路板之間的熱阻很小，當組裝在電路板上後，如果需要重工，用來熔融晶粒座下方銲錫所使用的熱量，往往同時破壞附近電路板結構，成為重工的障礙。早期的 QFN 在封裝體四周各只有一排外引腳，為了增加外引腳數目，現在有高達 2 排或是 2 排以上外引腳的 QFN 設計。DFN（dual flat no-leads package）的設計和應用與 QFN 類似，都常見於需要高導熱能力但只需要低引腳數的應用。DFN 和 QFN 的主要差異在於引腳只排列在產品下方的兩側而不是在四周。

　　其他的導線架封裝為了要具備和 QFN 一樣的導熱能力，也發展出外露承晶墊（EP，exposed pad）設計形式，例如圖 28 裡的 QFP-EP。EP 設計改變導線架構造，利用下沉的晶粒座讓產品完成封裝之後和 QFN 一樣，將晶粒座外露在封裝體的正下方，使得封裝產品的主要熱傳導路徑和 QFN 相同，能將晶片到電路板之間的熱阻降到幾乎可以被忽略的水準，可用來處理高密度 IC 的散熱問題。

圖 29　QFN 與 DFN 類型產品中，固定晶片的金屬墊外露在產品下方，這樣的
設計可以讓 IC 在工作時產生的熱有效率的傳導到電路板上，讓這類型封
裝有極低的熱阻，所以許多和電源供應或是放大功率有關的產品都使用
這些類型封裝。

　　SOIC（small outline integrated circuit）是另一種被用來取代 PDIP 的產
品，SOIC 和 DIP 一樣把引腳放在封裝的兩側，引腳數通常小於 20，標準
外引腳間距是 1.27mm。不過和 DIP 相比，SOIC 的體積小了許多，如果
和相同外引腳數目的 PDIP 相比，SOIC 在電路板上的投影面積大約比 DIP
小 30-50%，厚度大約少 70%。除了體積外，SOIC 還有一個很大的改變，
也就是不沿用 PDIP 把引腳插入電路板鉛接孔的鉛接方式，SOIC 改成利
用表面黏著技術鉛接，把引腳做成和 QFP 一樣的海鷗翼形狀，這樣可以
讓電路板兩面都放 IC，增加 IC 在電路板上的密度。值得注意的是 SOIC
在 JEDEC 和 EIAJ 兩個組織提供的文件內都被定義，但是它們定義的外
觀尺寸稍有不同，JEDEC 的 SOIC 寬度（不含引腳）為 3.8mm，而 EIAJ
的 SOIC 寬度為 5.3mm，因此有寬版和窄版兩種形式。有時 SOIC 又被簡
稱為 SO（small outline）。隨著 SMT 的技術演進，SOIC 也演化出一個稱
作 mini-SOIC 的版本，把原來 1.27mm 的間距縮小成 0.5mm，不過 mini-
SOIC 只有 8 個 i/o 和 10 個 i/o 兩種選擇。

　　繼 SOIC 之後，為了增加引腳密度，又發展出外型特徵幾乎相同的 SOP（small outline package）。SOP 和 SOIC 一樣有個保護 IC 的長方體，再配上兩排適合 SMT 的海鷗翼金屬引腳。不過 SOP 的外引腳間距和外觀限制就少了許多，它有好幾個不同規格的長和寬，兩排引腳的位置不限位於長邊或短邊，常見的外引腳間距有 0.8mm，0.635mm，0.5mm，所以 SOP 家族的引腳數可以高達 64。

圖 30　SOP 和 SOIC 一樣有一個保護 IC 的長方體，兩側為適合 SMT 的海鷗翼金屬引腳，除了引腳數目不同之外，這類設計也擁有幾個不同版本，兩排引腳位置不限位於長邊或短邊，同時也可以在長方體的寬度和厚度上針對不同應用進行變化。

　　SOIC 另有一個變形，把海鷗翼引腳換成向內彎的 J 字形引腳，我們稱之為 SOJ（small outline J-leaded package），因其引腳向內彎曲，所以在 PCB 上的投影面積又比同腳數 SOIC 要小。將外引腳變成向內彎的 J 字形之後，SOJ 除可利用表面黏著技術固定之外，也可以利用 SOJ 插槽讓電子零件成為系統裡的一個選擇性升級配置，例如用來進行電子設備的記憶體升級。

9. 塑膠載板封裝

塑膠載板又稱爲有機載板（organic substrate）或是 laminate substrate。因爲它中間兩層銅箔由軋延方式和玻纖層壓合而成，所以被稱爲 laminate substrate，又因爲壓合用的玻纖以及載板中其他介電材料主要以碳氫化合物（hydrocarbons）或其他碳化合物組合而成，這些材料在化學上的分類屬於有機化合物（organic compound），所以塑膠載板有時也稱作有機載板，這和密合封裝所用的載板材料（氧化鋁或是氮化鋁）或是導線架封裝所用的金屬載板有所區別。製造塑膠載板時，完成中間兩層銅箔上的電路之後，可利用堆疊方式在載板外側再增加一層又一層的電路，因此塑膠載板可以提供很多層金屬導線，並可製作密度很高的電路，理論上引腳數可以無限增加，極具設計彈性。由於塑膠載板裡的有機材料具有吸水性，因此一般塑膠載板封裝在可靠度測試的表現通常只達到 MSL-3 的儲存條件，此外，有機材料的導熱能力也不如陶瓷或金屬，所以應用在高功率元件時，須要針對散熱能力進行設計。大部分使用塑膠載板封裝的 IC 都是永久型零件，利用表面黏著技術組裝後，就不再離開電路板，只有部分的 Intel 微處理器，使用 LGA 封裝之後又再搭配特殊插座，讓個人電腦系統在選用 CPU 時有較大彈性。

球陣列封裝（BGA，ball grid array）是最典型的塑膠載板封裝，它由 PGA 演變而來，蛻變後外引腳位置和排列方式雖然不變，但 BGA 外引腳型式由針狀的金屬換成球狀金屬，和電路板間接合的方式也由利用磨擦力固定改爲由銲接方式固定。BGA 和 SOIC 或 QFP 相比，它的外引腳已由封裝體兩側或四周移到正下方，並且排列成一個陣列圖案，藉此增加引腳數。BGA 的外引腳是球狀的錫金屬，當外引腳排列成一個陣列圖案時，假設每邊可以容納 N 個腳位，則陣列最多可以有 N^2 個錫球，使得這個設計很適合應用在高引腳數產品；又因爲引腳在晶片正下方，內外引腳總

長度可以比 SOIC 或 QFP 短，因此也很適合應用在高頻產品，例如微處理器，或是 RF 通訊模組。如果把 QFP 或 SOIC 引腳間距縮小進而增加引腳數，迴銲時的錫量控制變得非常重要，錫量太少造成空銲，錫量太多則可能引起橋接或是短路，這些問題對下游 SMT 組裝廠而言是個挑戰。BGA 可以避免這樣的問題，它的外引腳呈陣列排列，就算需要比較多的引腳數目，也不必讓引腳間距和高腳數的 QFP 一樣密，而且 BGA 的外引腳本身就是一個預先控制錫量的銲點，能避免錫量太多而造成的橋接，也能避免錫量不足所帶來的困擾。不過 BGA 在銲接作業之後，無法用一般光學方法或是以目檢方式進行銲點品質檢驗，通常只能用 X 光觀察或用電測方式篩檢銲點的缺陷。塑膠載板使用的有機材料導熱能力不如金屬或陶瓷材料，直覺上 BGA 的散熱能力理應不如一般以銅金屬爲載板的導線架封裝，但是在設計上塑膠載板具有極大彈性，如果能針對晶片特性量身設計，例如，讓載板在對應晶片熱源位置設置高密度的實心填銅通孔，並讓主要導熱路徑以高導熱銀膠和金屬材料構成，藉此降低電晶體和電路板之間的有效熱阻，便可以達到高效率冷卻的目的。一般導線架封裝如不具加強散熱的 EP 設計，由於晶片和晶粒座外圍都被一層導熱能力較差的封裝塑膠包覆，因此主要熱傳遞路徑上仍存在低熱傳導係數材料所構成的散熱瓶頸。如果設計塑膠載板時能增加晶片下方的實心填銅密度，其主要熱傳遞路徑所對應的有效熱阻可以比某些導線架封裝低，如果再加上導熱片（heat slug）的設計又能進一步強化冷卻能力。

　　塑膠封裝尚未成熟之前就已經存在 BGA 設計型態，當時將錫球植布在單獨的陶瓷基板之下，所以當塑膠封裝版本的 BGA 出現時被稱作 PBGA（plastic ball grid array），以便和使用陶瓷基板的 CBGA（ceramic ball grid array）有所區別。爲增加對塑膠載板的使用效率，也同時提高生產效率，後來開發的 BGA 設計大都把許多相同晶片同時放在同一個較大

的塑膠載板表面，在壓模成型時用同一個模穴把所有晶片封在同一個膠塊中，之後再用切割的方式把不同晶片分開，依此製程設計可以得到投影面積更小的 BGA，由於其生產效率較高，已成現在塑膠載板封裝的主流，圖 31 裡右側的 LFBGA（low-profile fine-pitch ball grid array package）即為此類設計之一。

(a) PBGA   (b) BGA

圖 31   PBGA（plastic ball grid array）由 CBGA（ceramic ball grid array）演化而來，它在壓模製程設計上讓每個晶片對應一個專用的注膠口，所以封裝載板邊緣露在封裝塑膠之外，如果產品尺寸較小，這樣的設計會突顯其浪費封裝載板的缺點。為增加封裝載板的有效使用率，也降低壓模製具設計的困難度，可以讓許多晶片共用一個大的封裝載板，壓模時讓所有晶片共用一個模穴，待膠體熟成之後再用鑽石刀將每一個產品單元分離成個別的個體，這樣除了能增加封裝載板的有效使用率外也能提高生產效率，這就是我們現在最常看到的 BGA 型式。PBGA 和 BGA 的外觀和產品構造相當類似，都使用塑膠載板和封裝塑膠當作產品外殼，但從 BGA 的上方只看得到黑色膠體，不像 PBGA 一樣能在產品四周看到外露的塑膠載板。

從結構和外觀看，LGA 相當於尚未植球的 BGA，它所有對外的引腳都座落在封裝的正下方。不過，LGA 除了能直接銲接在電路板表面之外，還能利用插座和電路板連結。LGA 在電路板上有非常低的外觀高度

（standoff），很適合使用在高度被限制的產品中，例如越來越薄的手機內部空間就很適合 LGA 的存在。如果將 LGA 直接銲接在電路板表面，由於銲點高度較低，LGA 和電路板之間因爲冷縮熱脹變形而施加在銲點的熱應力會比對應的 BGA 來得高，因此 LGA 在上板後的可靠度（board level reliability）表現略遜於 BGA。雖然如此，仍然能看到有些 Intel 和 AMD 的微處理器採用 LGA 的封裝形式，這些微處理器雖然採用 LGA 的封裝形式但不直接銲接在主機板上，而是將微處理器放在主機板上的插座內。因爲不使用銲接方法將 CPU 和電路板接合，可以避免上述因外觀高度較低而損及上板後可靠度的問題。

10. 覆晶封裝與凸塊

覆晶（flipchip）封裝是 IBM 在 1960 年代開發大型電腦（mainframe）時使用的封裝技術，當時稱為 C4（controlled collapse chip connection）technology，意指使用這種封裝技術時，晶片上的凸塊（bump）除了可作為傳遞信號的連接，也可以控制組裝後晶片和載板間的距離。覆晶封裝雖然是一個已經有 50 年歷史的老技術，但隨著時代演進，覆晶封裝仍不斷蛻變，甚至發展出新型微凸塊封裝方式，可支援 2.5D 及 3DIC 等最先進技術。覆晶封裝這個名稱源自它採用有別於一般封裝之黏晶（die bonding）方式。一般封裝製程將晶片上有積體電路的面朝上，晶片背面用黏晶膠固定於載板上，然後在積體電路和載板之間藉由金屬線進行電流和訊號的傳遞。但覆晶封裝產品卻把晶片上有積體電路的面朝下，讓位於積體電路表面的金屬凸塊成為晶片和載板之間機械上以及電性上的連結。當選擇使用覆晶封裝時，大部分的情況下積體電路設計不必有太大的改變，只要把原先用來銲接金線的銲墊修改成適合放上錫凸塊的金屬墊即可。進行封裝作業時，先把助銲劑塗在晶片表面的錫凸塊上，然後讓錫凸塊和載板上相對應的銅墊接觸，加熱之後便形成銲點並成為 IC 和載板之

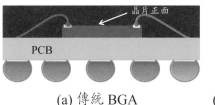 

(a) 傳統 BGA　　　　　(b) 採覆晶封裝的 BGA（flipchip BGA）

圖 32　覆晶封裝和傳統 BGA 的比較。在結構上採覆晶封裝的產品讓晶片正面面向載板，晶片和載板之間的電路連接係經由錫球接點而不是金線，這兩項是結構上最明顯的差異。另外，覆晶封裝產品常因為散熱模式不同，或是保護晶片及銲點的機制不同而採取不同的結構設計。

間的橋樑。這些銲點除固定晶片位置之外，同時也具備等同於一般封裝裡金屬線所提供的導電或傳遞訊號之類的功能，此外，當應用在需要散熱能力的產品時，覆晶封裝裡的錫銲點也提供熱阻很低的熱傳遞路徑。

　　和一般封裝型式相比，覆晶封裝產品內的電子訊號由晶片進入載板之前所經過的路徑不是細而長的金線，而是外型粗而短的錫凸塊，所以在電性表現上，覆晶封裝能降低傳統封裝中銲線伴隨的電感（inductance）和插入損耗（insertion loss）等。如果從散熱設計的角度來觀察，IC 在工作時產生的熱能，可以直接經由金屬凸塊傳導至載板，所以能夠大大降低晶片和載板之間的熱阻。從產品體積的角度來看，由於覆晶封裝的接點就在晶片正下方，不像傳統封裝的金屬引線需要連接到和晶片有段距離的載板銲墊，所以覆晶封裝在電路板上占用的面積比傳統封裝小了許多。在 90 年代當 IBM 的 C4 專利失效時，覆晶封裝相關技術正好成熟，所以許多高端應用或手持裝置產品，紛紛開始採用覆晶封裝設計。目前覆晶封裝技術最常被使用在微處理器、繪圖晶片和晶片模組等產品之中；許多先進的多晶片封裝技術（包括開發中的 3DIC），都捨棄使用原有的銲線（wire-bonding）技術進行晶片間的連接，改用和覆晶封裝類似的微凸塊銲點連接。不過，覆晶封裝也有一般封裝所沒有的缺陷，例如晶片和載板之間的熱膨脹係數差異除了可能直接造成晶片破裂外，也有機會讓銲點斷裂，又有時因為先進製程的晶片表面介電材料過於脆弱，也可能會在凸塊附近因應力集中而破壞凸塊下層構造，幸好這些問題都能藉由適當結構設計，以及選擇適當的材料和製程參數解決。

　　IBM 的 C4 在 60 年代並沒有成功，但是這個製程概念後來卻漸漸開花結果。獲得授權的 Delco Electronics 是最早成功讓 C4 技術商業化的公司，它把 C4 技術應用在許多汽車零件中。為克服晶片和載板間因溫度變化造成的熱應力衝擊，80 年代以前的 C4 產品都採用陶瓷基板。C4 現已

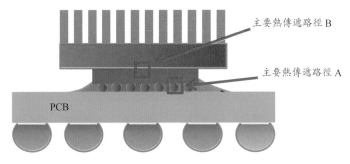

(a) 覆晶封裝產品主要熱傳遞路徑。

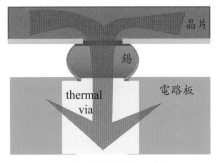

(b) 主要熱傳遞路徑 A。

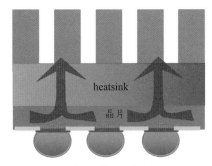

(c) 主要熱傳遞路徑 B。

圖 33　典型覆晶封裝產品中主要熱傳遞路徑示意圖。根據經驗，只利用自然對流的方式冷卻而沒有外加 heatsink 的情況下，超過 50% 以上的熱經由電路板傳送到空氣中。上圖路徑 A 經過錫接點把熱傳遞到電路板中，在到達電路板之前，主要的熱傳遞路徑上幾乎沒有可以視為導熱瓶頸的構造，在這個路徑中熱傳導能力最低的位置為錫接點，但將錫接點和其所對應的傳統封裝中熱會經過的銀膠及其他介電材料比起來，錫仍有相對高許多的熱傳導效率，因此覆晶封裝產品能在散熱表現上取得優勢。當產品功率提高，自然對流無法滿足散熱需求時，可以在晶背外加一散熱器（heatsink），這時可以產生另一個更有效率的熱傳遞路徑 B，PC 裡的 CPU 就是一個常見的例子。

是相當成熟的技術，利用塑膠載板進行封裝已不成問題，也已衍生出許多不同版本的覆晶封裝製程，進行覆晶封裝時，先讓晶片上的錫凸塊沾上助

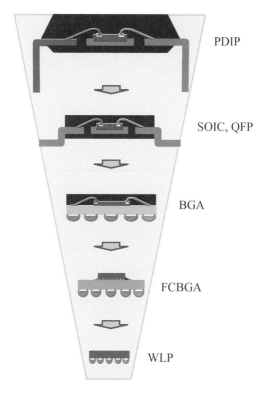

PDIP

SOIC, QFP

BGA

FCBGA

WLP

圖 34　隨產品演進，封裝尺寸持續縮小。

銲劑，利用助銲劑的黏稠性將錫凸塊和載板上相對應的銅墊暫時固定，再經過迴銲爐讓晶片和載板之間形成永久性接合。進行覆晶封裝前，須先在晶片金屬墊上沉積錫凸塊，早期使用蒸鍍方式沉積含鉛成分很高的錫凸塊，後來發展出以電鍍方法或類似網版印刷方式形成錫凸塊。錫凸塊的成份最早爲高鉛銲錫，後來爲了降低迴銲溫度，有一段時間錫鉛共晶（Sn63Pb37）成爲錫銲接的主流材料，Sn63Pb37 的合金熔點只有 183℃，遠低於先前使用的高鉛錫合金，而且 Sn63Pb37 的可靠度表現也優於大多數的錫合金，不過後來在歐盟提出 RoHS 規範之後，轉變成以適合電鍍的錫銀合金爲主流，但如果是用在印刷凸塊製程或晶圓植球（ball drop process），則大都採用錫銀銅（SAC）合金。為了配合產品提升功率，Intel 在 2005 年左右開始採用銅凸塊構造來匹配系統冷卻設計，銅凸塊的上端仍保有一塊錫合金，這樣能讓產品沿用原有的覆晶封裝製程設計。除了追求更好的導熱效果外，銅凸塊也能應用在凸塊間距（bump pitch）更小的產品設計，或是要製作出不同形狀的凸塊，這讓銅凸塊相關技術在最近幾年發展得相當迅速，現在已有不少量產產品採用銅凸塊設計。

典型凸塊製作流程和傳統封裝不同，一般凸塊製作流程包含薄膜、黃光、電鍍、蝕刻及迴銲等步驟，部分流程和晶圓製作過程中的某些製程步驟相似，也使用相同或相近設備。事實上，凸塊和重布線的製作可視為晶圓製造裡金屬層的延伸，只是尺寸和形狀異於一般晶圓製造時所處理的金屬層設計。生產晶圓凸塊的設備相較於傳統封裝設備需要較高的資本支出，所以在錫凸塊還尚未普遍的時期，有些公司嘗試開發比較適合小量生產的金塊（gold stud）覆晶封裝製程，他們利用封裝廠常用的銲線機，修改原有銲線參數，讓銲線機在晶片金屬墊上完成第一銲點（first bond）後迅速截段斷金線，產生一截類似鐵釘頭部形狀的金塊，稱之為 gold stud bump。Gold stud bump 上方沒有銲錫，所以適用不同於一般常見的覆晶封裝技術，利用 gold stud bump 實施覆晶封裝時，通常先在載板上放置一層名為 ACF（anisotropic conductive film）的異向導電膜，然後把帶有 gold stud bump 的晶片和載板壓合在一起，然後烘烤即完成覆晶封裝。ACF 膜為導電粒子和樹脂的混合物，這些導電粒子為直徑介於 3 到 $5\mu m$ 之間的顆粒，顆粒表面鍍有鎳和金讓它們能導電而且不氧化，然後在表面塗佈一層絕緣高分子材料。製造時讓 ACF 膜裡的導電粒子依特殊排列方式分布，避免導電粒子在 x-y 方向和其他導電粒子接觸，壓合時，絕緣高分子材料被擠開，使得 gold stud bump 和載板上的銲墊間能透過這些導電粒子形成有效電路，經過烘烤即可固定晶片。

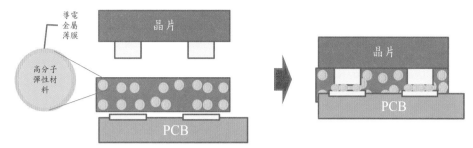

圖 35　利用 ACF 進行覆晶封裝之示意圖，先將 ACF 膜放置在封裝載板上方，晶片下壓時，ACF 膜內的導電顆粒可以在凸塊和封裝載板銲墊之間建立有效的導電路徑，待樹脂固化後即完成覆晶封裝。

常見的凸塊包括錫凸塊（solder bump）、銅凸塊（Cu-pillar bump）和金凸塊（gold bump）。通常金凸塊被用在顯示器的控制 IC 裡，錫凸塊和銅凸塊則被使用在一般應用中，在大部分的情況下錫凸塊和銅凸塊可以相互取代，銅凸塊出現在市場上雖然已經超過 10 年，但銅凸塊應用仍不及錫凸塊廣泛。除 Intel 微處理器外，大部分的銅凸塊應用都發生在 2012 年以後，如果期待有最佳化的導熱及導電效果，或需要在同一晶片上同時構築不同形狀的凸塊，或需要控制封裝後晶片和載板之間的距離，或需要有較小的凸塊間距，銅凸塊會是比較好的選擇。在沒有上述需求驅使的情況下，成本和方便性可能是決定選擇錫凸塊或銅凸塊的關鍵。這些常見凸塊在製程中使用的幾個主要核心技術是共通的，包括薄膜、黃光、及蝕刻等製程，他們主要差異在於沉積金屬的步驟。銅凸塊及金凸塊必須用電鍍方式沉積金屬，錫凸塊的製作除可利用電鍍方式外，也可用類似網版印刷方式或是植球方式完成。隨著電子產業演進，覆晶封裝應用領域應該會從目前微處理器和繪圖晶片等產品，延伸至新一代的 DDR 記憶體、系統級封裝和使用微凸塊技術的 2.5D/3D-IC 應用。

11. WLP 與 WLCSP

在大部分情況下，晶片面積遠比封裝體面積小，若以在電路板上投影面積為 25mm^2 的 QFN5×5 為例，它能接受的最大晶片尺寸大約是 3.5mm×3.5mm，所以晶片面積占封裝體面積 50% 以下。若以 QFN3×3 為例，晶片面積占封裝體面積則降到 25% 以下。當消費者漸漸重視終端產品體積時，這個「晶片 - 封裝體面積比」就變成一重要因子。大部分的設計中，「晶片 - 封裝體面積比」很難達到 80%，為了要突顯封裝後尺寸接近晶片尺寸的產品設計，IPC/ J-STD-012 定義封裝體面積小於晶片面積的 120% 時，可稱為「晶片尺寸封裝」（CSP，chip scale package），但限定必須是單晶片封裝，不適用於數個晶片疊層（stack die）的封裝設計，類似 BGA、PGA、QFP、QFN 和 TSOP 的封裝形式都有可能達到符合這個定義的 CSP。CSP 的晶片面積和封裝後的產品面積差不了多少，所以能節省電路板上的空間，但是若真要讓封裝體面積和晶片面積一樣，就只能採用「晶圓級封裝」（WLP，wafer level package）。

「晶圓級封裝」泛指那些晶片在尚未從晶圓上取出的情況下進行的封裝程序，待完成其他主要封裝工序，達到保護晶片的機制之後才進行切割，將完成封裝的晶片從晶圓上分離出來；反觀，傳統封裝先對晶圓進行切割，把晶片從晶圓上取出後再對個別晶片進行封裝。晶圓級封裝先對整片晶圓進行加工，完成封裝後才進行切割的動作，所以有機會在切割前對整個晶圓進行針測（wafer probing），因此可以省去終測（final testing）步驟。WLP 的尺寸就是晶片的尺寸，所以也有許多人用「real CSP」來形容它，WLP 在電路板上占用的投影面積比所有其他封裝方式都來得小。由於切割後就能直接組裝在電路板上，許多晶圓級封裝不再使用金屬線當作對外溝通的橋梁，而採用金屬凸塊當作晶圓級封裝的 i/o。如果良率能達到適當水準，晶圓級封裝更能凸顯它整合晶圓製造、封裝和終測的優

勢，因為晶圓級封裝不但能縮小封裝尺寸，還能大幅提高產能、降低整體成本，尤其是後段的封測成本。

　　WLCSP 是最常見也最簡單的 WLP，除了 WLCSP 之外，其他晶圓級封裝並沒有標準的封裝方式和流程，而且大部分晶圓級封裝都有一些相對應的專利以便保護開發出來的產品，常見的 WLP 包括 Encapsulated Copper Post、Encapsulated Wire Bond、Encapsulated Beam 和 Microcap 等。許多 WLP 可視為晶圓製程延伸，它們大都是再增加一層或是數層的金屬或是介電層。例如 Encapsulated Copper Post，它常被應用在日本卡西歐、富仕通、東芝等公司的產品裡，構造很像使用銅凸塊的 WLCSP，但是 Encapsulated Copper Post 在銅柱周圍又以低楊氏模數（Young's Modulus）樹脂材料填充，只露出銅柱的頂端和錫球連接，這樣的構造可讓樹脂材料充當矽基板和電路板間的熱應力緩衝層。

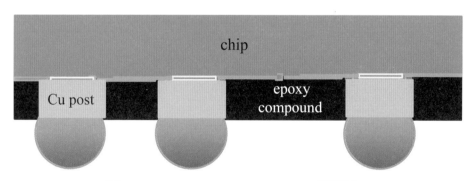

圖 36　WLP, Encapsulated Copper Post 示意圖。

　　日本公司 Shinko 和韓國 Hyundai 所使用的 Encapsulated Wire Bond 在構造上相當於 RDL 加上 gold stud bump 的設計，由於它使用銲線機產生 gold stud bump，產能應該會受到限制，不適合規模經濟。Encapsulated Beam technology 有幾個不同的變型，其中以色列公司 Shellcase 擁有專利的 ShellOP ™最適合應用在光學元件，它的構造特徵是在晶圓的正面貼上

一層玻璃以保護光學元件，這層玻璃在製程中也作爲晶圓的載具。貼上玻璃後從晶背沿切割道切出 V 字形的邊坡，並讓部分晶圓正面金屬層裸露在 V 字形邊坡底部，以便和晶背的 RDL 層進行連接，形成晶背 RDL 之後又在晶背植球。切割後便可得到一個受到保護的光學零件，此光學零件可以直接銲接組裝在電路板上，讓晶片正面有 CMOS 感光元件的部位朝上，有利於各類需要擷取影像的電子系統設計。

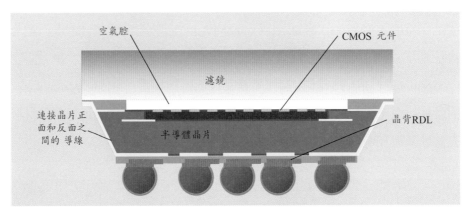

圖 37 WLP, ShellOP 示意圖。

繼 ShellOP ™之後，Shellcase 又進一步開發的 WLP 專利在原先的保護玻璃上方再外加數層玻璃構造，同時把鏡片和濾鏡直接組裝在這幾層玻璃結構中，這樣的設計可以在晶圓上完成一整個相機模組。和一般製作相機模組的方法相比，這個新的鏡片模組可省去許多後續的工序，也能確保灰塵等異物不會影響鏡片組裝的良率。更重要的是，這樣的鏡片模組可同時減少成本和縮小體積。通訊元件中的濾波器封裝，也常使用 WLP 的技術，例如 Microcap 封裝可產生一個密閉腔體，讓壓電薄膜能自由的在封裝腔體內產生振動，利用其自然頻率（nature frequency）達到過濾特定電磁波頻段的目的。

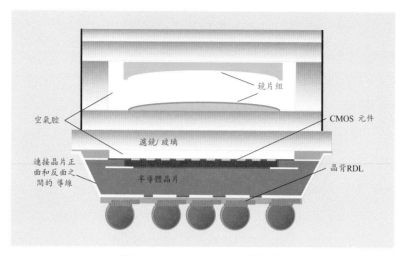

圖 38　WLP, ShellOP2 示意圖

　　WLCSP 和一般封裝產品在設計和製程上都不相同，它在整個晶圓上直接對所有的晶片進行封裝，在原有的結構上方先進行重布線（RDL，re-distribution layer）工序，然後再進行凸塊製作，接著把晶圓厚度依規格磨薄並切成單晶片即完成 WLCSP 封裝程序。其中 RDL 利用再增加的金屬層，讓晶圓上原有銲墊重新排列成適合放置凸塊的佈局。有時候設計者也能利用這個特性，讓同一個積體電路透過 RDL 把原來採用銲線技術的晶片設計，轉變成適合覆晶封裝的型式。利用這個特性可以透過 RDL 將相同產品修改成不同 i/o 的版本，讓一個成功的積體電路產品放在不同的電子系統內使用。另外，也有設計者將被動元件放置在 RDL 層中，讓電子產品設計更具彈性。WLCSP 上的凸塊常採用植球方式製作，植球可讓產品在凸塊合金成分和凸塊高度上有不同的選擇。相對的，如果使用電鍍製程製作凸塊，例如銅凸塊和錫凸塊，凸塊的間距比較有彈性，可以設計高密度凸塊或是用銅凸塊構築不同的凸塊形狀，也可以省下製作植球網版的費用。採用 WLCSP 的產品和許多其他封裝產品一樣，可以用 SMT 技

術將產品銲接固定在電路板上，但通常 WLCSP 在電路板上並不另外再利用其他材料保護晶背，而是直接讓晶背裸露在空氣中，所以晶片本身需要具備適當的防潮能力，或者，也可以安排晶片在具有適當保護的環境下工作，例如硬碟內部或是手機內部。晶片和電路板之間的熱膨脹係數差異可帶來不可忽略的熱應力，所以實務上若晶片邊長大於 5mm 時，通常需要藉助底膠（underfill）分攤熱應力，避免熱應力的拉扯導致晶裂（chip cracking）或銲點斷裂（solder joint cracking）之類的破壞。許多 WLCSP 製程中使用的技術與設備和一般凸塊製程或是晶圓製程類似，從構造上來看，RDL 和晶圓內的金屬線相似，所以可說 WLCSP 是廣義晶圓製程的延伸，因此一般人直覺認為 WLCSP 屬於高單價產品，但是因為採用 WLCSP 的產品能省去載板、銀膠、金線和封裝塑膠等材料，而且當晶片面積比較小的時候，每一顆晶片分攤的 WLCSP 製作成本就少，由此可知，當晶片面積夠小時，選用 WLCSP 封裝方式所需成本反而比採用其他封裝方式來得低。

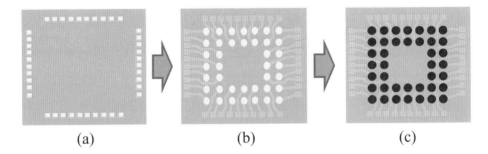

(a)　　　　　　　　(b)　　　　　　　　(c)

圖 39　WLCSP 可以將原來採用傳統封裝的晶片設計改造成適合覆晶封裝製程的結構。圖 (a) 所示，採用傳統銲線封裝的晶片設計大多將銲墊放在晶片四周以縮短銲線長度，銲墊間距也無法和一般覆晶封裝使用的載板搭配。圖 (b) 顯示，經過 RDL 製程之後除了重新排列銲墊位置，同時增加銲墊的間距。圖 (c) 裡 WLCSP 的凸塊可以使用一般晶圓凸塊製程製作，也能利用植球的方式製作。這類將銲墊重新排列的作為有另一種特殊名稱，由於將銲墊由晶片外圍移向內部，圖中的製程也被稱作 fan-in process。

12. 3DIC 與 SiP

　　3DIC 是近幾年來很夯的新興技術項目，被認為是可以幫助半導體工業延續莫爾定律有效性的一個具體方法，這個方法異於近半世紀以來慣用增加電晶體密度的方式。近半世紀以來每個晶片只有一層電晶體，必須縮小特徵尺寸才能增加單位面積內的電晶體數量，過去幾十年的發展中，半導體業者一直利用提高曝光機精度的方式增加電晶體密度以提高產品效能，所以電晶體密度的增加速度大致上和曝光製程解析度的演進同步。當光學鏡頭或曝光波長極限已經無法讓電晶體的特徵尺寸再縮小時，莫爾定律應該很快面臨失效命運，這是因為電晶體都還是放在同一個基板（substrate）平面上，單位面積上的電晶體總數受到電晶體尺寸控制。如果能讓電晶體在垂直方向立體堆疊，單位面積內的電晶體數量自然能倍增，這就好像允許本來只能蓋平房（一層樓）的地方興建高樓大廈，單位土地面積上可以容納的人口數馬上增加許多倍。但是要把不同電晶體在同一個投影面上垂直堆疊，還有許多障礙有待克服。3DIC 的概念是把不同元件先在個別半導體基板上形成，然後將個別半導體基板垂直堆疊，並利用原先設計好的連接點讓元件在垂直方向互相連接，藉此增加單位投影面積內的電晶體總量，同時還能縮短不同元件間的距離，進而得到增高效能和降低耗電量的好處。一般我們的理解是，在半導體基板上形成積體電路是晶圓廠的工作，而之前晶圓廠提供的晶圓製造服務通常也僅止於此，後續的磨薄、晶片堆疊及銲接等工作都在封裝廠中進行。但是理想的 3DIC 製造過程中，全程都以整片晶圓為處理的對象，而非對單顆晶片作業，因此在 3DIC 這個構想被提出來時，晶圓廠和封裝廠之間的分工似乎變得不明確。晶圓廠和封裝廠兩個產業族群在某些領域的製程技術開發發生重疊，但如果細看整個 3DIC 的製作流程可以發現兩個產業族群還是各有擅場。

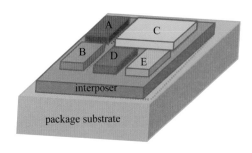 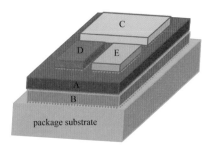

(a) 2.5D 概念，利用 interposer 整合各晶片。　　(b) 理想 3DIC 利用 TSV 整合不同製程的積體電路。

圖 40　3DIC 示意圖。

　　半世紀以來半導體產業一直希望能在有限晶片尺寸中容納更多功能，近幾十年的發展過程中，主要資源及關注被放在縮小尺寸以提高電晶體密度，3DIC 則使用不同的方式增加單位投影面積內的電晶體數量，3DIC 藉由垂直矽穿孔（TSV，through silicone via）做為各層晶片間內連結（interconnection）以整合不同晶片，讓各層積體電路堆疊在一起成為一個新的「積體電路」。不過 3DIC 並非第一個未採縮小尺寸概念者，前一個著名例子是系統單晶片 SoC（system on chip）。SoC 和 3DIC 一樣將不同積體電路整合在一起，但當時沒有打算挑戰類似 TSV 的高難度製程技術，而是將幾個原來藉由不同製程產生的積體電路整合在同一個晶片內，也就是要將不同的半導體製程技術實施在同一片晶圓基板上，然而這一點也是 SoC 在製程上的最大挑戰。除此之外，SoC 也面臨其他障礙，例如不同製程技術 IP 整合的困難以及自動化設計軟體 EDA 尚未支援等，所以 SoC 這個概念被提出的同時，其可行性和開發產品所需時間（time to market）都成為大家關心的重點，這些可能的障礙剛好變成系統級封裝（SiP，system in package）概念的推手。SoC 晶片將原本放在不同晶片裡的電路放在一起，縮短不同晶片之間的訊號傳遞路徑，傳統設計中兩個晶

片間的溝通訊號由第一個晶片出發，經過封裝體裡的金線、外腳、電路板上的電路，然後才進入第二個封裝體的外腳、金線，最後才進入第二個晶片。當不同晶片裡的電路整合在同一個 SoC 晶片之後，這麼長的訊號漫遊路徑轉變成晶片內部訊號，不但縮短傳輸距離，亦可大大避免訊號通過金線和電路板時的潛在損耗、干擾或是延遲，也能降低功耗並且縮小產品體積。但是由於不容易掌握開發 SoC 產品所需時間和相關智權問題，再加上資金門檻的限制，使得 SiP 變成一個退而求其次的選項。SiP 封裝需克服的技術門檻比較明確，又不必處理不同晶片智慧財產權的整合問題，一旦克服相對較低的封裝技術門檻之後即可獲得部分 SoC 所期待的優點，因此當 SoC 還未普及應用在各種電子產品內時，SiP 已經是一、二線（tier one and tier two）封裝廠的必備產品。

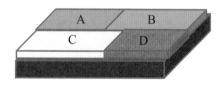

(a) SoC 將不同製程技術之積體電路整合在同一半導體基板上。

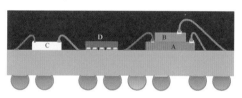

(b) SiP 將不同功能之晶片放在同一封裝設計中。

圖 41　SoC 及 SiP 示意圖。

SiP 和 SoC 一樣都能將 2 種或 2 種以上的積體電路整合在同一個產品裡。SiP 將幾個不同的晶片放在同一個封裝體內，讓不同晶片之間相互傳遞的訊號不必行經冗長的路徑，藉此達到近似 SoC 的效能。由於開發 SoC 晶片需要比較龐大的資金和資源，開發產品所需時間也較長，通常只有生命週期較長且具有相當市場規模的產品才能採用 SoC 晶片設計，例如現在在商用市場上常見的 CMOS 影像感測器和數位訊號處理（DSP， digital signal processor）的整合、處理器內建 DSP、處理器內建記憶體、DVD 播放晶片和 MPEG 晶片的整合、以及蘋果電腦（Apple Inc.）放在 iPhone 裡的 Ax 處理器（整合 CPU 和 GPU）等，都有足夠的市場規模作後盾而能克服各項障礙，然而大多數的其他應用整合仍然被前述各項因素限制而採用門檻較低且可行性較高的 SiP 封裝方案。除上述市場限制外，有些 SoC 概念還存在一些實質上不可能的整合，例如對異質晶片的整合，SoC 無法將 CMOS 製成的控制晶片（矽晶片）和砷化鎵上的功率放大器（PA，power amplifier）整合在同一晶片設計中，所以功率放大模組（PA module）雖然具有足夠的市場規模和產品週期，也只能以 SiP 形式進入市場。SiP 封裝設計有極大的彈性，SiP 對異質晶片進行整合的方式端視系統設計需求和封裝製程能力，例如晶片可以垂直堆疊（stack-up），也能併排（side by side）在載板上。在使用 SiP 這個名稱之前，類似封裝產品也使用像 MCM（multi-chip module）之類的名稱，這些產品之間並無明顯界線，在手持裝置盛行的市場中主要被用來幫助產品縮小體積及減輕重量，適當的設計還能提高產品效能。不過 SiP 在產品效能上的斬獲終究還是不能和 SoC 或 3DIC 比，所以還是有股力量驅動 3DIC 的技術開發。表 1 是 3DIC 和 SoC 以及 SiP 在各個方面的比較。

表 1　由產品競爭力以及開發產品所需的資源等角度比較 3DIC、SoC 和 SiP。

	SoC	SiP	3DIC
體積／尺寸	佳	佳	優
電晶體密度	佳	佳	優
產品效能	優	佳	優
電力效率	佳	—	優
產品單價	✕	優	✕

	SoC	SiP	3DIC
技術成熟度	—	優	✕
產品成熟度	—	佳	✕
熱阻	—	—	✕
供應鏈成熟度	佳	優	✕
智慧財產整合難度	✕	優	✕
額外投資成本	—	優	✕
開發產品所需時間	✕	優	✕

　　從上表的比較可以發現 3DIC 並非在各方面都占優勢，到目前為止市場上尚未出現應用 3DIC 技術而被大量生產的產品，主要由於仍存在一些關鍵門檻有待突破，才能讓 3DIC 在市場上被普遍應用。以 3DIC 版本的動態隨機存取記憶體（DRAM）為例，直覺上它在設計上和製作上最單純簡單，但如果無法在散熱能力上有明顯突破，或是製作成本未達到市場能接受的水準之前，3DIC 版本的記憶體仍然很難被大量應用在民生用品上。在公開的市場資訊中我們可以注意到，爾必達（Elipda）和三星電子（Samsung Electronics）經過多年努力在 2007 年左右先後展現 DRAM 在 3DIC 領域的發展成果，利用 TSV 技術堆疊許多層 DRAM，成功實現在垂直方向增加電晶體密度的構想，但直到現在（2015 年）商業市場上仍未出現類似的產品，很明顯應存在某些環節有待克服，也許是良率、也許是散熱技術、也許是成本。2009 年精材（Xintec）等公司率先將矽穿孔（TSV，through silicon via）技術使用在 CMOS 影像感測器封裝，並且進入量產階段，成為第一個具有 TSV 結構的商業化產品。但比較接近 3DIC 構想的商業實現直到 2012 年才發生，TSMC 提供的 CoWoS（chip on wafer on substrate）服務將幾個處理器並排在矽中介層（silicon interposer）

上，形成數個不同晶片間的有效整合，雖然它還沒有實現不同晶片在垂直方向的整合，但已充分利用 3DIC 產品構想中所預期使用的各項製程技術，也展現對 3DIC 進行測試的能力，所以 CoWoS 被視為 3DIC 的 2.5D版本。CoWoS 服務雖然只展現 2.5D 版本的 3DIC 技術，但它已經建立的技術和服務模式可以讓我們從中檢視先前預見的困難點和被遺漏的障礙。原先大家預見的設計障礙包括可能遇到 IP 整合的困難，自動化設計軟體 EDA 無法支援，以及高密度電晶體聚集在一起所造成的產品散熱問題。在製程技術上預見的困難則包括高良率的 TSV 實現和檢驗，製作過程中在每一個步驟之間的檢驗手法，進行晶圓／晶片間的堆疊和對接時如何克服材料脹縮和變形帶來的困擾，如何輸送、傳遞、取放磨薄後的晶圓，如何將本來已經很成熟的製程技術使用在薄晶圓上，以及如何整合不同資源以提出測試計畫（test plan）對完成堆疊之後的 3DIC 產品實施電測。目前 3DIC 的開發並無統一規格，雖然極高端應用對產品效能提升的期待以及可攜式電子產品市場蓬勃發展都成為驅使資源整合的重要力量，但可以看到的是其背後隱藏的商機讓 3DIC 的開發呈現百家爭鳴的現象。值得一提的是，開發 3DIC 所需的市場和技術不是靠單一業者可以掌握的，必須整個半導體產業共同推動方有可為。

第三章

封裝材料與製程

　　當積體電路從學術或是科學領域走進實際應用的階段時，「封裝」扮演非主流但又不可或缺的角色。在實驗室裡，積體電路可以在被控制得很好的環境下工作，不過在實驗室外的實際情況中，積體電路常在許多無法預期的環境下工作。在實現積體電路概念的階段，實驗室裡的大部分資源都被用來開發或驗證積體電路效能，但是若要把積體電路應用在現實環境中，IC 需要經歷並且克服不同於實驗室裡的環境情況，通常會遭受到溫度、濕度、應力和環境中的酸鹼等環境因子帶來的侵襲，所以「封裝」須能幫助積體電路克服這些環境因子帶來的衝擊，並方便下游組裝作業處理 IC 零件，這時封裝技術才漸漸展現它的重要性。由於產出數量龐大，商業應用產品通常使用自動化設備進行後續的組裝作業，所以 IC 零件必須適合被自動化設備辨認、夾取或放置。起初大家對 IC 封裝都沒有經驗，自然僅能求助對一般電子產品封裝有經驗的專家，所以當時 IC 封裝使用的技術和其他電子零件使用的技術非常類似。IC 和當時很夯的真空管產品一樣，都希望在受保護的環境下使用，專家們自然而然的把當時已廣泛使用，而且成熟的技術和材料拿來使用，例如玻璃、陶瓷和金屬等材料很直覺的被運用在電晶體封裝和 IC 封裝，造就早期密合封裝（hermetic package）的流行。後來 IC 價格下降到相對較不昂貴後，應用範圍逐漸擴大至各種民生產品或消費性產品，另一方面，在市場上封裝製程的彈性和產品成本的重要性逐漸勝過使用者對可靠度的極度要求；隨著材料科學進展，各式有機材料或塑膠材料逐漸被開發出來，他們可以取代密合封裝使用的高價材料，被使用在非軍事產品或是非太空科技相關的一般民生產品之中，這些產品不須具備和衛星上的零件一樣高的可靠度，也不被期待一定要能維持幾十年正常運作，因此進一步促使民生用品使用的 IC 採用價格較低的塑膠封裝。另外，使用在民生用品上的技術資訊不像被使用在國防工業的技術一樣被嚴格管制，相關技術資訊的流通更加速了塑膠封裝的

發展。

　　製造真空管採用的密合封裝設計具有極好的可靠度，因此有些人直覺認為製造真空管具有很高的技術門檻，但因為類似的製造技術已有一百多年的歷史，不但成熟而且也普遍得連電燈泡工業都利用相同的氣密技術生產，因此早期有些人甚至戲稱，若會製作電燈泡就能生產真空管。不過如果是量少樣多的產品，採用密合封裝技術所需的製造成本相對較高，也缺乏製造上的彈性，所以為了迎合市場需求，大量資源相繼投入以開發具有製造彈性的塑膠封裝技術。早期塑膠封裝使用的材料原本不適合在高溫高濕環境下使用，經過數十年的努力改良，已讓塑膠封裝的可靠度水準符合大部分應用，加上它原來具有的低成本優勢和製造上的彈性，已讓塑膠封裝成為主流封裝方式。為開發更高效能的封裝產品，許多原本和傳統封裝沒有關聯的材料和設備，例如使用在晶圓製造或是電路板製造過程中的光阻材料和黃光設備，漸漸被挪用在封裝領域，因此也促進各式各樣更高效率的晶圓級封裝發展。

13. 封裝製程主要材料

　　在製作半導體零件或是其他產品的過程中，除了在零件上可以被看到的直接材料（direct materials）之外，我們也在製造過程中使用間接材料（non-direct materials）。直接材料指的是製程結束後仍留在產品上的材料，或是說我們可以藉由逆向工程（reversed engineering）在產品上看到的材料。如果材料只在製作過程中被使用，但不會留在最終產品上，則稱作間接材料，例如助銲劑，在製作的過程中可以用來幫助形成銲點，完成焊點之後又必須被清洗乾淨，所以助銲劑是間接材料。又如光阻，在製作的過程中，光阻形成一些臨時構造，可以用來定義形狀或是圖形，我們利用這些光阻形成的圖形將直接材料沉積在晶圓表面之後才移除光阻，所以光阻也是間接材料，它無法在逆向工程中被看到。這個單元先針對常用的直接材料做簡單說明，後面幾個單元再針對幾種封裝製程進一步描述。一個典型的塑膠封裝產品裡，主要的直接材料包括占最大體積的封裝塑膠（EMC，epoxy molding compound）、承載晶片的載板（chip carrier）、把晶片固定在載板上的黏晶膠（die attach glue）、在晶片和載板間傳遞訊號和輸送電流的金屬線、以及在 BGA 封裝裡當做外引腳的錫球。傳統封裝製程中主要的間接材料則為能幫助錫球附著在銲墊上的助銲劑及研磨晶圓時使用的膠膜等。

13.1　封裝塑膠

　　封裝塑膠是一種熱固性（thermal set）混合材料，除一般塑膠應有的機械性質、化學性質和工作性外，封裝塑膠裡摻有許多不同添加物，以修改材料特性使之適用於封裝產品，同時也讓生產過程順利進行。環氧樹脂是封裝塑膠的一項主要成分，利用環氧樹脂的黏性可以把晶片、金線和載板相互固定住，同時包覆晶片和金線等材料以隔絕外界的化學物質、粉塵

和水氣等，避免 IC 受到這些物質影響，同時能固定金線形狀，避免高速
運動狀態下相鄰金線間發生短路。如果從體積或重量角度看，封裝塑膠
裡的主要材料是二氧化矽（silica）顆粒，它的重量比高達 70%，二氧化
矽可用來調整環氧樹脂的物理性質。環氧樹脂熱膨脹係數比矽晶片高許
多，矽晶片熱膨脹係數大約在 $3\times10^{-6}/℃$ 左右，而環氧樹脂熱膨脹係數介
於 $15\times10^{-6}/℃$ 和 $100\times10^{-6}/℃$ 之間，兩者差異太大，溫度起伏時會在介面
上產生明顯的熱應力。為降低封裝塑膠作用在晶片上的熱應力以及隨之而
來的翹曲變形，標準的作法是把二氧化矽顆粒摻入環氧樹脂，因為二氧化
矽能有極低的熱膨脹係數，可以降低整體封裝塑膠混合物的平均熱膨脹係
數，除此之外，二氧化矽也能改善整體硬度，同時改善封裝塑膠的導熱能
力。自然界裡二氧化矽可以結晶或是非結晶形式存在，封裝塑膠採用的是
非結晶二氧化矽顆粒，製作時先把不同尺寸的二氧化矽碎片融熔，急速冷
卻後形成非結晶顆粒，非結晶的二氧化矽（fused silica）顆粒熱膨脹係數
極低，大約在 $0.55\times10^{-6}/℃$ 附近，比較這幾個熱膨脹係數數字我們不難理
解為何需要摻入大量二氧化矽來調整封裝塑膠的性質。此外，材料中也加

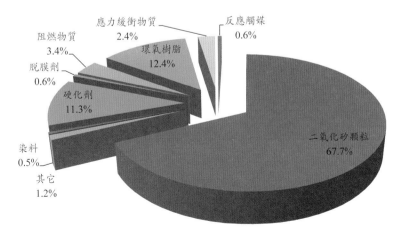

圖 42　典型封裝塑膠的內含物。

入硬化劑讓封裝塑膠具有足以抵抗一般機械撞擊的強度，同時也能維持固定形狀和尺寸，方便讓自動化設備處理。以前常在封裝塑膠裡摻入一些含鹵素物質，這些鹵素物質能讓封裝塑膠具有防燃或延遲燃燒作用，但後來隨著環保意識提高，含鹵素物質已被其他添加物取代。

另外，封裝塑膠材料裡還需有適當觸媒，觸媒能在溫度升高時誘發環氧樹脂的鍵結，待熟成後達到固定和包覆目的，同時為了要讓環氧樹脂和二氧化矽或晶片等材料間有良好接合能力，通常又摻入助長黏性的添加物，不過為了讓壓模後能順利脫模，也在材料裡加入脫膜劑，所以封裝塑膠是一個非常複雜的混合物，裡面包含許多各家供應商特有的研發結果。雖然供應商也在封閉塑膠中加入幫助晶片抵禦水氣攻擊的添加劑，以期達到較佳的濕敏等級（MSL，moisture sensitivity level），但由於吸收水分是環氧樹脂材料的特性，所以以環氧樹脂為基礎材料的塑膠封裝理論上無法達到 hermetic 等級。

13.2　封裝載板（chip carrier）

晶片和系統電路板之間的電路連結主要以封裝載板做為橋樑，封裝載板同時也被用來固定晶片，塑膠封裝通常使用金屬導線架（leadframe）或有機載板作為封裝載板，再由載板伸出引腳和電路板連結。早期塑膠封裝技術無法有效克服不同材料間因熱膨脹係數差異（CTE mismatch）造成的熱應力，只能積極尋找和晶片熱膨脹係數接近的材料作為封裝載板。例如 Kovar（一種鐵鈷鎳合金）和 Alloy42 合金（42%Ni，58%Fe）都很適合作為封裝載板，他們的 CTE 分別落在 $5.5×10^{-6}/℃$ 和 $4.5×10^{-6}/℃$ 附近，非常接近常用半導體晶片的熱膨脹係數，所以在密合封裝盛行的時代即被採用並且成為封裝載板首選。當 Kovar 和 Alloy42 被選來和矽晶片或是砷化鎵晶片搭配使用時，因為熱膨脹係數差異低，載板和晶片間的熱應力非常不

明顯，所以產品不會因為經歷反覆溫度循環而發生疲勞破壞，或是由於處在極端溫度環境下，熱應力施載讓晶片和載板之間發生脫層甚至碎裂等現象。在開發塑膠封裝技術的初期，這個低熱應力特徵讓 Kovar 和 Alloy42 這類材料受到信任和採用。雖然銅和晶片之間存在的熱膨脹係數差異能導致不小的熱應力，但是 Kovar 和 Alloy42 的導電和導熱性質遠遜於銅，為了追求更高的產品性能，許多資源被投入以便克服熱膨脹係數差異帶來的障礙，經過多年的研發，以目前的封裝技術和使用的封裝材料已能克服銅載板和矽晶片之間的熱應力，讓銅成為目前的主流導線架材料。

在設計上導線架只能有一層電路，當 i/o 數目比較多時，可以把外引腳放在零件四周以增加 i/o 的數目，因此 i/o 的數目大約和產品周長成正比，例如當相鄰外引腳的中心距離是 0.4mm 時，304 個 i/o 的 QFP 其對應的尺寸大約是 4cm×4cm，這樣的導線架材料規格和精密程度幾已達到傳統機械加工方法的極限，所以很少看到比這樣的設計還要精密的導線架產品。如果可以把 i/o 排列移到封裝正下方，便可讓 i/o 數目大致和封裝面積成正比，成為和長度平方成正比的數字。為了達到這個目的，需有一層以上的金屬電路層設計，因此印刷電路板的構造被修改成為晶片載板（chip carrier），這就是前述有機載板的由來，有機載板有時也稱做封裝基板（substrate）。目前主流封裝基板中間的介電材料由 BT 樹脂構成，BT 樹脂是日本三菱瓦斯化成公司（Mitsubishi Gas Chemical Corp.）在 1980 年代開發的產品，BT 樹脂由 Bismaleimide 及 Triazine resin 聚合而成，它和 FR4 一樣是熱固型樹脂，耐熱性非常好且 T_g 點高達 180℃。此外，BT 的介電常數低，非常適用於高頻及高速傳輸的產品，且能避免其他板材在塑膠封裝結構裡常會發生的漏電或爆米花現象，所以 BT 樹脂幾乎是現在塑膠封裝載板的標準材料。當基板製造商拿到片狀的 BT 材料時，兩側已各有一層銅箔，這些銅箔厚度可依應用需求選擇，製造電路板時先在選定位

置鑽開通孔（through hole via），接著用電鍍方式讓銅原子沉積在這些通孔內，利用沉積在通孔內的銅將 BT 兩側銅箔導通，然後再利用蝕刻方式把電路實現在這兩層銅箔上，接著鋪上防銲層，便成爲一個基本的兩層封裝基板。現在 BT substrate 的製造技術已經精進到能在 0.1mm 或更薄的厚度內實現兩層線路。如果在兩層基本電路結構上繼續用黃光、電鍍、蝕刻等製程方法，把其他的銅線和介電材料實現在基本電路結構之上，便能把更多層的銅線電路累加在基本的兩層封裝基板上，成爲目前常見的 4 層、6 層或 8 層封裝基板。

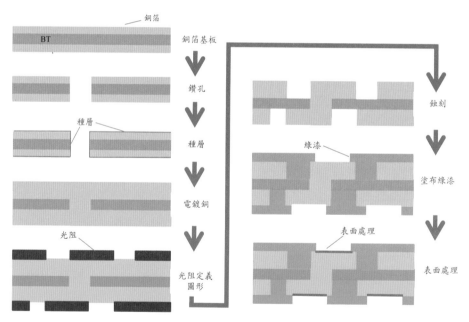

圖 43　具兩層電路之封裝基板的製作流程。

塑膠載板有複數層的線路，在電路設計上具有很大的彈性，電路密度也因此比金屬載板高，所以常可輕易做出具有數百個外引腳的封裝，如果再搭配覆晶技術，可讓封裝產品具備一千個以上的外引腳。覆晶封裝和其

他封裝型式最大不同，在於它讓晶片翻轉後才固定在載板上，直接把 IC 上的 i/o 銲接在載板上對應的銲墊，而不是使用黏晶膠固定。要同時成功完成幾百個或上千個銲接接點是個具有挑戰性的工作，尤其這些銲點間的間距已小到 0.1mm 或更小尺寸。有關製程技術上的障礙將留在後面的單元說明，這裡先針對載板上需用錫進行銲接的銲墊來說明。

錫合金和銅之間的銲接接合是歷史悠久且非常成熟的技術，在歐盟推動危害性物質限制指令（RoHS，Restriction of Hazardous Substances）之前，Sn63/Pb37 是公認最好的銲錫之一，它不但有足夠的結合強度和韌性，也因為具有共晶構造，讓它的熔點低於錫或是鉛，只有 183℃，使得 Sn63/Pb37 具有極好的工作性。由於鉛金屬屬於 RoHS 規範裡的限用金屬之一，業者只得改用其他的錫合金，像是植球時常用的錫銀銅合金，如 SAC304、SAC305 等，或是電鍍凸塊常用的錫銀合金。銅和錫之間有非常好的銲接性質，剛經化學藥劑清洗的純銅則是最容易銲接的材料之一，然純銅容易被氧化且失去原有光澤，同時也會讓可銲性下降。如果銅表面累積太多氧化層或汙染物，將導致銲接作業變得困難並且讓銲接品質急劇下降。為了要達到一致的銲接品質，通常會對銅墊進行表面處理，藉由避免或延緩銅銲墊表面發生氧化，或是提供更適合銲接的表面，以便讓參與銲接的銅墊有一致的品質。經過多年演變，工業界開發出許多載板銲墊表面處理方法，這裡將針對幾種比較常用的方法介紹。

電鍍鎳金是一個非常穩定且具彈性的表面處理方式，它在銅墊上依序先鍍上一層鎳，再鍍一層金。鎳在迴銲時可和錫共同形成介面金屬化合物（IMC）以提供足夠接合強度，金鍍在鎳層表面上可防止氧化，也可以在銲接過程中，讓銲墊表面有比較好的沾錫性（wetting），使製程參數更具彈性。電鍍鎳金除可用來保護迴銲銲接的銲墊之外，也可以用在線銲銲墊的表面，是一具有彈性的表面處理方式。不過電鍍鎳金製程的成本偏高，

而且採用電鍍鎳金的電路板上需要加入專供電鍍電流通過的臨時導線，這些臨時導線在完成電鍍鎳金製程之後便不具其他功能，但在設計上仍占用電路板面積使成本又被墊高，所以現在以成本為主要考量的產品已經很少採用電鍍鎳金作為表面處理方式。

OSP 是有機可銲性保護層（organic solderability preservative）的縮寫，它是一種有機材料，被塗在銅表面以防止銅墊在迴銲前氧化，也就是讓銲墊的可銲性不受破壞。完成銲接作業後，OSP 會隨助銲劑一起被洗淨，不留在銲點上，所以算是間接材料。目前廣泛使用的兩種 OSP 都屬於含氮有機化合物，外觀上是透明薄膜，所以電路板在 OSP 製程後無法藉由目檢的方式確認塗佈品質。OSP 銅墊在進行銲接作業時需要使用比較強勁的助銲劑消除 OSP 膜，讓 OSP 被熔進助銲劑裡，這時便騰出清潔的表銅和銲錫進行反應，形成銅和錫的介面金屬化合物。因此在儲存過程中，OSP 表面不能接觸酸性物質，否則 OSP 會失效，溫度也不能太高，一般採用 OSP 處理的銲墊保存期限只有 6 個月，但是由於 OSP 是相對較便宜的製程，所以常在消費性產品中被採用。

另一個常見的銲墊表面處理方式是 ENIG，ENIG 即化鎳浸金，又稱化學鎳金，是 Electroless Nickel Immersion Gold 的縮寫。它利用電化學理論裡不同金屬離子間的電位差，直接讓鎳離子還原沉積在銅表面。對鎳原子而言，這個還原過程和一般電鍍時的還原過程類似，只是不必外加電位差讓這個反應發生，所以被稱為無電電鍍（electropless plating），形成無電電鍍鎳之後，再讓金原子和鎳的鍍層表面原子進行置換反應，形成一層位於鎳表面的薄金。一般 ENIG 在銅表面鍍上一層約 $3\mu m$ 左右的鎳，表面的金層比較薄，依不同應用常有不同設計，厚度大約在 $0.05\mu m$ 到 $0.1\mu m$ 之間。迴銲後接點位於錫和鎳層之間，形成 Ni_3Sn_4 的介面金屬化合物以提供這個銲點的機械強度。ENIG 結構中金的功能類似於電鍍鎳

金產品，表面金薄膜的主要功用在於保護鎳，讓鎳不因直接接觸空氣而氧化。迴銲時，金會迅速溶解於液態錫之中，形成 AuSn、AuSn$_2$ 或 AuSn$_4$ 等 IMC，並迅速擴散進入銲錫之中，所以金層不必太厚，只要能隔絕空氣即可。金層太厚反而容易產生副作用，從經驗中發現，金薄膜如果超過銲錫重量的 3% 時常引起金脆（Gold Embrittlement）現象，讓銲點的錫合金成為偏脆材料。完成銲接之後，使用 ENIG 的銲點和使用電鍍鎳金的幾乎有一樣好的性質，由於使用 ENIG 製程成本比較低，加上採用 ENIG 的電路板設計不必像採用電鍍鎳金時需要犧牲部分電路板面積以提供電鍍用導線，所以 ENIG 剛被開發出來時，幾乎等於昭告天下電鍍鎳金已經過時。不過雖然 ENIG 比較便宜且方便，它的製程卻隱藏一嚴重的潛在危險，即 ENIG 使用的鍍液品質不容易維護，導致有偶發性的黑墊（black pad）出現。黑墊是使用 ENIG 進行銲墊表面處理的一個特有缺陷，它在表面的金層和鎳層間夾著的一層黑色被腐蝕的鎳，這層被腐蝕的鎳無法和銲錫反應，因此不能得到有效的銲點，會造成產品失效。由於黑墊上方被金覆蓋著，所以在電路板製造過程中無法藉由目視檢驗發現黑墊，而且這層黑墊屬偶發性瑕疵，很難找到適當的非破壞性方法篩檢。但雖然黑墊只是偶發性的瑕疵，這類缺陷如果流入 SMT 生產線，將可能導致成品大量報廢和後續巨額賠償，因此限制了 ENIG 的應用。導致黑墊原因有許多猜測，例如不適當的槽液管理、槽液含鎳過高、槽液受到汙染以及槽液老化等都曾被認定是造成黑墊的原因，不過似乎尚未有一個做法能完全杜絕黑墊，所以至今 ENIG 的應用範圍仍然有限。如果在 ENIG 的鎳和金之間再加上一層約 0.5μm 厚的鈀，這時就變成化學鎳鈀金（ENEPIG, electroless nickel electroless pladium immersion gold）表面處理，ENEPIG 不曾發生類似 ENIG 一樣的黑墊，加上 ENEPIG 也能提供同時適合銲線和迴銲製程的銲墊，所以應該能有相當廣泛的應用。不過因為 ENEPIG 製程複雜程度增

加，而鈀也是每天透過倫敦金屬交易中心報價的貴金屬，加上 ENIG 黑墊給人不良印象等等，讓和 ENIG 有些類似的 ENEPIG 在推廣時遇到不少阻礙。

13.3　黏晶膠（die attach glue）

黏晶膠主要功能是把晶片固定在載板上，以便進行後續銲線製程。黏晶膠的主要成分是環氧樹脂，所以導熱能力有限，如果希望加強黏晶膠層的導電或導熱能力，會在環氧樹脂裡摻入片狀的金屬銀屑，所以黏晶膠也常被稱作銀膠（silver glue），銀有很好的穩定性，不容易氧化也不易和其他物質產生化學變化，能夠長時間維持高導熱性，因此能增加整體黏晶膠的導熱能力。常見的導熱型黏晶膠大約有 1~2 W/mK 的熱傳導能力，但也有黏晶膠產品能將含銀量提高到 80%，可以達到 20 W/mK 的熱傳導能力。

13.4　金線、銅線和鋁線

金線、銅線和鋁線這些導電性良好的材料都可用來作為晶片和載板之間的導線。目前大部分的封裝產品仍使用純度 99.99% 以上的金線進行銲線作業，金線純度越高就越容易和銲墊表面進行接合。金有柔軟和延展性佳的特性，很適合用來進行像銲線作業這樣的精密工作，加上金具有不氧化的特性，讓金線成為最適合的銲線材料。不過純金太軟，很難固定形狀，也無法達到基本的拉力強度，所以會摻入微量的鈹（Be，beryllium）或銅調整金線的硬度。最近十幾年黃金的價格持續升高，除了驅使業者更積極開發其他可以替代使用的銲線材料之外，金線的直徑也有變小的趨勢，目前主流的金線尺寸是仍在直徑 0.5mil（千分之一英吋）以上，所以當應用在高電流或高頻產品時，常常需在同一個銲墊上銲接不只一條

金線以取代使用較粗的金線。銅的導電性雖然比金好，且對於相同的線徑而言，銅線有比較高的剛性，更能避免灌膠時的線偏移（wire sweep）現象，但是銅線的抗氧化性不足加上它的高硬度，使得它比金線或鋁線都晚出現在 IC 產品裡。持續攀升的黃金價格驅使大家努力讓銅線成為銲線材料，結果也證實可以使用比較細的銅線得到和金線相同的物理特性。根據統計，IC 封裝採用銅銲線的比例逐年增加，在 2012 年已經超過總量的 1/3。銅線硬度雖然較高，但因尚可利用退火（annealing）程序，反而讓粗銅線在高電流應用上能取代鋁線。鋁合金或高純度的鋁都可以用來作為銲線材料，但純鋁和純金一樣太軟反而影響工作性，所以使用細鋁線時，一般會在純鋁材料中加入微量的矽或鎂（Mg，magnesium）元素。另外，鋁線可以避免金線在金 - 鋁接合介面上的紫斑現象（purple plague），紫斑現象指的是金線銲在鋁墊上時，長期處在高溫環境下金 - 鋁接合介面會產生淡紫色的介面金屬化合物，這個淡紫色的介面金屬化合物是 $AuAl_2$，屬於比較脆的金屬化合物，它的出現影響產品可靠度。事實上金 - 鋁接合介面上在高溫環境下也產生白色介面金屬化合物 Au_5Al_2，它對產品影響更大，因為它的阻值能高得讓產品完全失效，所以有些晶片採用鋁線代替金線，以避免金和鋁的介面金屬化合物讓積體電路失效。

13.5　錫球

　　BGA 或 WLCSP 產品下方都有許多錫球，這些錫球事先在其他工廠依合金成分製作成固定尺寸，然後才送到封裝廠進行組裝。在歐盟尚未實施 RoHS 要求之前，Sn63/Pb37 錫合金是市場主流產品，其中 63 和 37 指的是錫和鉛的成分百分比。實施 RoHS 之後，無鉛錫合金成為市場主流，例如 SAC304 的錫球採用 Sn/Ag3/Cu0.4 的合金成分，以遵循歐盟對含鉛量管制的要求。

13.6　助銲劑

　　進行銲接作業時，如果金屬或銲料表面被氧化物覆蓋將會增加銲接作業的難度，可能讓銲點品質下降，甚至有可能導致銲點失效。為了避免這個現象，通常使用助銲劑讓銲接過程順利完成。有些封裝製程裡的銲接過程在迴銲爐內完成，進入迴銲爐之前先在金屬接點上塗佈助銲劑，藉著助銲劑的黏性暫時固定產品，避免在行進間產生相對位移，助銲劑內有類似異丙醇之類的溶劑、松香油、活性劑和其他添加物，在迴銲時這些成分可讓金屬氧化物還原，同時也能降低熔融錫的表面張力，以提升錫在銲墊上的覆蓋性，所以稱作助銲劑。完成銲接流程後，留在銲點表面的助銲劑殘留物可能影響封裝產品的可靠度，所以通常需要進一步清洗除去殘留助銲劑，目前雖然有一些號稱免洗或水洗的助銲劑，但是如果要達到令人滿意的潔淨度，常常還得需要借助些許溶劑幫忙。

14. 導線架封裝製程

　　主流封裝市場裡最具有歷史的塑膠封裝類型非導線架封裝莫屬，在 PBGA 和其他使用塑膠載板的封裝產品出現之前，導線架封裝等同於塑膠封裝，所以有的專業封裝廠內把導線架封裝產品稱做標準封裝。除 QFN 之外，各種常見導線架封裝的主要特徵，即是將許多細長的金屬外引腳從封裝膠體向外伸展，而 QFN 的外引腳則位於封裝膠體的正下方，以銲墊的形式平貼在封裝塑膠表面。這些外引腳除用來將產品銲接固定在電路板上外，也成為電流和訊號的橋梁，透過封裝外引腳可讓晶片內部元件與電路板上的其他晶片協同工作。

圖 44　常見導線架封裝產品。

　　由於不同導線架封裝產品具有不同的構造，加上各個機構開發製程時遭遇到的問題不同，所以有些導線架封裝產品採用的製造流程與圖 45 裡的參考流程並不完全相同，其差異來自不同的產品構造和經驗累積。半導體產業是一個分工明確的工業族群，晶圓廠完成晶圓製造和針測（wafer probing）工作後，將整片晶圓送到封裝廠，封裝廠在確認收到的晶圓和

訂單上產品類型、數量、交期相符之後，依據客戶提供的工作指示文件（build instruction）進行封裝。一般的導線架封裝採用類似下面的參考製造流程。

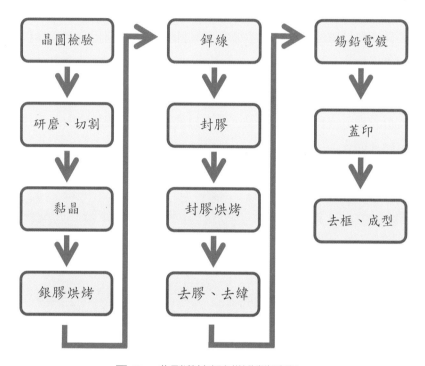

圖 45　典型導線架封裝製造流程。

14.1　晶圓進料檢驗（wafer incoming inspection）

這個步驟並非製程中的「製造」步驟，但是為了避免因為不必要的人為疏失而引起爭議，也為了確保出貨品質達到預期，以及能在發現問題後回溯原因，我們通常在加工製程之前先進行進料檢驗工作。首先要確認收到的晶圓數量和批號是否和訂單描述相符、是否有相同的晶圓刻號（wafer ID）等，以避免拿到批次或是品項錯誤的晶圓，造成品質或晶片

數量上落差，這個步驟是開始生產前的一個重要行政流程。雖然從良好的晶圓廠產出的晶圓在不同批次之間通常不存在太大的品質差異，但偶爾也有不良品發生，所以在確定晶圓批次及品項無誤後，需進一步檢視晶圓在送達工廠之前有無受到任何汙染、刮傷或撞擊痕跡，以及晶圓上的晶片有無任何異狀。雖然封裝廠無法得知 IC 設計和製作的詳細資料，無法依據設計圖找出晶圓上所有缺陷，但是理論上同一片量產晶圓裡所有的晶片在一般光學顯微鏡下應該看起來一模一樣，因此可以用相互比對的方法，藉由找出晶片間差異來發現晶圓上的缺陷。例如異物、破損、變形或色差等缺陷，都可以藉由不同晶片間相互比較來找出。晶圓進料檢驗雖非實際的製造步驟，但不論是製程中發現低良率或日後消費者發現產品品質異常，將有可能需要藉助晶圓進料檢驗資料協助釐清後續責任歸屬，而且若記錄下這些原物料的品質資訊，未來如果封裝後發現產品瑕疵，可在分析瑕疵和肇因時，先行排除進料時即存在的瑕疵，再進行肇因分析，才能有效找出提升生產線效率和品質的方法。

14.2　晶圓研磨與切割（wafer grinding & wafer saw）

在製造晶圓的過程中晶圓基板會經歷一些機械應力，這些機械應力可能來自塗佈光阻或蝕刻時的高速旋轉、製程設備的振動或材料收縮，所以晶圓基板需具備足夠強度承受這些應力。另外，為了要使用自動化設備作業，晶圓形狀必須是固定的，嚴格來說只允許很小的變形，這樣才能讓自動化設備進行精確的辨識；此外，晶圓必須保持平坦，或很接近平坦，這樣才不會在機械手臂取放晶圓時發生碰撞或是造成晶圓上的刮傷。另外，當利用真空托盤固定晶圓時，需要讓晶圓維持平坦的狀況，才能被真空托盤有效固定，也就是說，在製造過程中不能因各個薄膜層間的內應力而導致過大的翹曲變形。若要達到上述各項要求，最直覺而有效的方法就是使

用夠厚的晶圓基板以提供足夠的剛性，所以當晶圓尺寸越大時，它的標準厚度跟著變大，就是這個道理。表 2 列出各種晶圓尺寸對應的標準厚度，這些厚度和晶片在產品裡的最終厚度不相同，封裝時通常需要把晶片厚度減到 100 到 300μm 之間，方能符合產品設計的需求。在正常情況下，現有晶圓廠設備無法處理 100 到 300μm 之間的晶圓，所以磨薄程序在封裝廠進行比較適當。

表 2 矽晶圓基板的標準尺寸和重量

尺寸（inch）	直徑（mm）	厚度（μm）	面積（cm²）	重量（g）
2"	50.8	297	20.3	1.3
3"	76.2	381	45.6	4.1
4"	100	525	78.7	9.7
5"	125	625	112.7	17.9
6"	150	675	176.7	27.8
8"	200	725	314.2	53.0
12"	300	775	706.2	127.6

在封裝廠的第一個實質「加工」步驟是利用研磨方式把晶圓厚度減小至產品設計所需，達到這個厚度之後再用鑽石刀或雷射光束切割成為獨立的 IC 晶片。進行研磨時，通常先把晶圓的正面貼在保護膠膜上，然後固定在一個接有真空壓力的基座上，接著先用研磨輪把晶圓厚度減小到設計厚度附近，然後再進行拋光減小晶背粗度。如果要增加研磨後的晶片強度，可再用化學拋光或化學微蝕的方式消除研磨時所造成的晶背微裂縫（micro crack）。雖然微裂縫無法完全被化學拋光消除，然而化學拋光能縮短微裂縫的有效長度，進而降低裂縫尖端的應力強度因子，這樣自然能提高晶片的破裂強度。研磨後晶圓的厚度常常小到讓晶圓看起來像紙張一

樣柔軟，此時無法直接利用機械手臂取放，必須要固定在膠膜上才方便進行後續處理。接著把晶圓轉貼在膠膜和鐵框（film frame）上進行切割，常用來切割晶片的工具有鑽石刀和雷射光束。

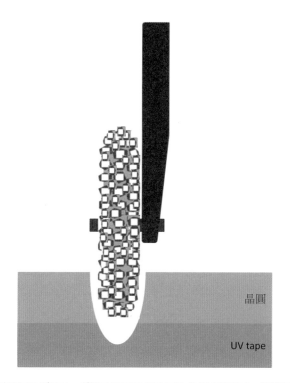

圖 46　鑽石刀切割示意圖。鑽石刀刀刃表面沾附高硬度合成鑽石微粒，高速旋轉下鑽石顆粒持續撞擊晶圓，在撞擊處產生微小碎屑並在晶圓上形成切割缺口，進而將晶片分開，因此使用這個切割方式產生的晶粒在晶粒邊緣發現崩裂（chipping）現象常是不可避免的，但必須控制崩裂程度以滿足產品可靠度要求。

　　利用鑽石刀進行切割仍是目前主要的晶圓切割方式，這個方法使用一個類似切披薩的圓型刀具，刀刃表面沾附高硬度合成鑽石微粒，切割時可以控制旋轉速度和刀具前進速度，在高速旋轉下讓刀具上黏附的鑽石顆

粒撞擊晶圓表面，在撞擊處產生微小碎屑，形成切割缺口，接著便能把晶片分開。使用這個切割方式常在晶粒邊緣發現崩裂（chipping）現象，有些崩裂甚至會影響產品後續的長期可靠度表現。通常我們可以藉由控制刀具轉速和行進速度調整切割品質，藉此能滿足大部分應用，但是如果遇到比較容易發生崩裂的晶圓材質，或是要切割質地特殊的介電材料時，還須配合控制切割深度，讓同一個位置經過兩刀才分開以獲得較佳品質。雷射切割方式並沒有像鑽石刀切割那麼長的歷史，但是，它可以提供比較高的產能，也適合用在切割比較堅硬的材料或是容易脆裂的材料。雷射切割方式沒有像鑽石刀一樣的機械碰撞，所以可以避免因撞擊引起的崩裂缺陷，也比較容易控制切割面的品質。雷射切割另一個好處是可以在比較窄的切割道（saw street）上進行加工，因此也可以利用縮減切割道寬度的方式增加每片晶圓上的晶片數量，客戶可藉此降低成本，尤其是當晶片面積較小時，這個效益更明顯，可以達到數個百分點。例如，假設鑽石刀所需切割道寬度是 $70\mu m$，而雷射切割所需切割道寬度是 $30\mu m$，當積體電路所占的面積大小是 10mm×10mm，兩種切割方式對應的設計在晶圓上所占用的面積分別是 $101.405mm^2$ 和 $100.601mm^2$，他們的成本差異和產出差異為 0.8% 左右；但是當積體電路所占的面積是 1mm×1mm 時，兩種切割方式需要在晶圓上占用的面積分別是 $1.145mm^2$ 和 $1.061mm^2$，他們的成本或是產出差異達到約 7.4% 左右，對競爭激烈的製造業而言，7.4% 的毛利率差異可以決定盈虧。

　　雷射光具有單波長特性，這個特性讓雷射光在空氣中傳遞時有極小的發散（divergence）角，所以能量不易損失。一個普通燈泡產生的光在傳遞時是向 360° 傳播（從任何一個經過燈泡的空間切面上看），但一般雷射光的擴散角大約只有 1 毫弳左右，相當於 0.057°。也就是說，雷射光源照射投影在一公里之外時，大約是呈現一個直徑 6 公尺的大圓點，發散的

程度相當低，因此雷射光在空間中的能量損耗是非常小的。如果把雷射光聚焦在物體上，雷射光裡的能量被材料吸收之後，可以讓聚焦點附近的溫度急速升高而發生熔化或汽化，達到切割的目的。

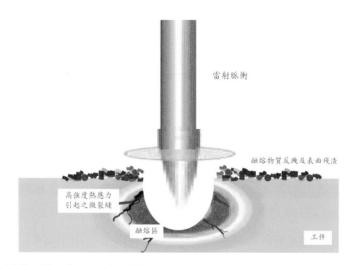

雷射脈衝

融熔物質反濺及表面殘渣

高強度熱應力
引起之微裂縫

融熔區

工件

圖 47　雷射切割示意圖。在雷射光聚焦的位置上，材料因高溫被汽化或熔化，部分融熔材料及殘渣被反濺至切口附近表面。有時由溫度梯度帶來的熱應力也能導致切口附近發生局部崩裂。

　　當被切割的材料熱傳導係數不高，材料吸收的熱量無法迅速擴散到周圍，這時雷射能量很容易直接將局部的材料汽化，因此可以沿著雷射光的軌跡把工件分開，常見利用奈秒脈衝雷射以這種汽化切割方式對木材、紙、和塑膠等材料加工。金屬材料的熱傳導係數較高，對金屬材料加工時，常在切割的同時沿著雷射光軌跡吹以含氧的輔助氣體，讓被加工的金屬材料發生氧化放熱反應，這樣能結合雷射能量和化學能量共同熔化金屬，稱之為氧助熔化切割。如果要避免切口留下氧化痕跡，可用惰性氣體當輔助氣體把被熔化的材料帶走，以避免熔融材料與空氣中的氧氣接觸，稱為無氧熔化切割。雷射切割過程中沒有切割道和刀具互相撞擊的現象，

所以能避免撞擊產生的崩裂，切出來的刀口比較平整。不過雷射光能讓切割道附近的溫度急遽上升，切割道附近的溫度梯度過大時也有可能因熱應力產生裂縫，所以雷射光也能讓某些工件在切割道附近形成一些微小的裂縫，儘管如此，雷射切割技術還是能讓晶片有相對較平整的切口。

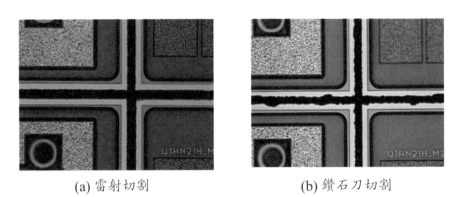

(a) 雷射切割　　　　　　　　　(b) 鑽石刀切割

圖 48　常見半導體基板材料都屬於脆性材料，利用鑽石刀切割時，刀面上的鑽石顆粒和半導體基板材料碰撞因而產生不平整的切割痕跡。利用雷射能量切割可以避免這類機械性碰撞，讓產品有較為平整的輪廓。

14.3　黏晶（D/B，die bond）

　　黏晶指的是把晶片固定在封裝載板上。切割後的晶片雖然已經有一個完整的電路，只要有適當的電源輸入和訊號輸入就能驅動這個電路並得到響應（response），但是一般情形下，很難在這麼小的空間上進行電源和訊號的輸出入，通常讓電源或訊號經由電路板和封裝的引腳進入晶片。為了要達到這個目的，標準的方法是把切割後的晶片固定在封裝載板上，也就是這裡所說的黏晶。完成晶圓切割後，在黏晶之前晶片仍然黏在切割用的膠膜並固定在金屬框上，如果使用的是 UV 硬化型切割膠膜（UV tape），則還需要先用 UV 光讓切割膠膜硬化，藉此降低膠膜的黏

性以便進行挑取晶片的動作。為了避免在挑取晶片過程中造成晶片破損，一般會參考晶片尺寸，並依據晶片表面是否已有適當保護構造來選用不同吸嘴，然後搭配不同的頂針設定把晶片從膠膜上取下，放在封裝載板的晶粒座上。在放置晶片之前需先在晶粒座內塗上適當的黏晶膠，塗佈黏晶膠的量和塗佈圖形則依據晶片的尺寸和形狀決定，同時配合放置晶片時的下壓力量，讓黏晶膠在烘烤之後均勻佈滿於晶片正下方，但要避免晶片正下方包覆明顯的孔洞。此外，也需控制黏晶膠在晶片側壁的高度，避免讓黏晶膠爬上晶片正面影響銲線品質。黏晶膠經過烘烤便能有效固定晶片，藉由烘烤的高溫可以讓黏晶膠裡的溶劑揮發逸出，同時加速環氧樹脂的鍵結反應。通常烘烤的溫度在 170℃ 左右，烘烤後黏晶膠因體積收縮和溫度變化常因內應力讓載板發生翹曲，不過通常這個階段的翹曲情況不嚴重，所以不會造成問題。黏晶膠的厚度在烘烤之後若能達到 $15\mu m$ 以上的均勻厚度，就能夠滿足一般塑膠封裝的可靠度要求。為了確保後續銲線作業能順利進行，黏晶製程除了要確保晶片位置的準確性之外，也要維持晶片的水平度，同時要避免晶片和載板之間有過大的旋轉角度，通常晶片的旋轉角

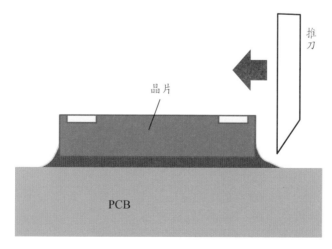

圖 49　黏晶推力測試（die shear test）示意圖。

度要控制在 10° 之內以方便銲線機的自動化作業。黏晶之後可以用晶片推力測試（die shear test）確認黏晶作業品質，如果晶片推力讀值不足則顯示黏晶製程品質不良，有可能影響長期可靠度表現。

14.4 銲線（W/B，wire bonding）

在非覆晶封裝產品裡，銲線製程可說是整個生產過程裡最重要的一個步驟。銲線接續於黏晶製程之後，為了維持銲墊上的潔淨度，通常在銲線作業之前利用電漿清潔的方式去除銲墊表面汙染物。接著依據銲線圖（wire bond diagram），用細金屬線當導線，以銲接方式連接晶片上的金屬墊和電路板上的對應金屬墊，形成產品內的電路。矽晶片上金屬墊的材質是鋁或銅，砷化鎵晶片上的金屬墊則是金，電路板上金屬墊的材質則為銅，細金屬線可以是金線、銅線或是鋁線，其中金線為目前市場上的主流。銅除有極佳的導電性外，其他的物理性質也優於金或鋁，且價格遠比金便宜許多，但由於使用銅線的製程技術直到最近才被成功開發，所以目前最常被拿來用在塑膠封裝的金屬線仍然以金線為主，不過可以預期，未來採用銅線作為銲線製程材料的比例會隨著技術成熟和成本優勢而逐漸增加，用量終究會高過金線。晶圓製造領域也有類似例子，因銅金屬原子在矽晶格之間具有擴散能力，為避免銅原子擴散後影響矽基板的導電性進而改變整個積體電路效能，早期開發的晶圓製造技術都避免利用銅作為晶片內部導線，而採用物理性質比銅略遜一籌的鋁或金，直到上個世紀末，隨著技術提升，生產者有把握能夠阻絕銅原子的擴散之後，才開始銅製程晶圓製造。

細金屬線和晶片上的金屬墊連接，或是細金屬線和電路板上的金屬墊連接，都屬於銲接過程。印象中銲接（welding）是一個會產生火花的工藝，藉由高溫讓金屬熔化然後將不同物件結合在一起的工法，不過前述金

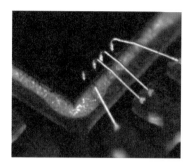

(a) IC 封裝製程裡的標準銲線方式。主流銲線製程使用圓形斷面的金線，並且先在晶片上形成球形銲點，然後在封裝載板上形成楔型銲點。

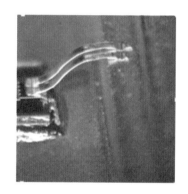

(b) 有些特殊應用使用扁平斷面金線並且在金線兩端都採用楔型銲接的特殊銲線方式。兩端都採用楔型銲接的銲線方式可以產生比較平緩的線形（wire loop profile），對應的金屬回彈（spring back）量比較小，所以這樣的銲接方式適合用於對斷面積比較大的金屬線進行銲接，為更進一步提升工作性，也常配合採用扁平斷面金屬線以降低斷面上的轉動慣量（moment of inertia），藉此能更進一步降低金屬回彈量。但由於楔型銲接的作業方式具有方向性，其產出速度無法和標準球銲機器相比。

圖 50　常見 IC 封裝利用金線連接晶片和封裝載板上的銲墊，先在晶片上形成球形銲接接合然後在封裝載板上產生楔型銲接接合，這樣能達到最佳化的產出速度，圖 (a) 為標準銲線型式。當銲墊間距離相同時，圖 (b) 的楔型銲線方式可以縮短銲線長度，也能避免銲線裡存在過大的轉折角度，又能增加銲線斷面積，這些都是高頻產品設計追求的銲線特性，所以在數十 GHz 的應用中常見這類型銲線。

屬線和金屬墊之間的結合也是銲接。銲接也可寫成焊接，又稱為熔接，可以定義為透過升溫方式接合相鄰工件的技術，被接合的工件可以是金屬，也可以是塑膠。由於封裝時用到的銲接手法看不到火花，因此在 IC 封裝的領域裡，我們通常用「銲接」二字而不用「焊接」。進行銲接時，當工件接觸位置的溫度升高到熔點以上，可讓局部工件熔化，待冷卻後自然能相互接合。如果不想把溫度升高到工件的熔點之上，也可以利用熔點較低的金屬例如錫，來幫助接合，常見的作法是在兩個金屬工件接合點之間填充熔融的錫，讓錫在工件結合點表面形成介面金屬化合物，待冷卻之後利用錫的機械強度固定被結合的工件。還有一種方式是升溫後讓工件表面的金屬原子擴散到被接觸的工件表面，這樣也能在兩個工件接觸面上形成介面金屬化合物，達到接合目的。已有幾個世紀歷史的銲接技術仍然在演進中，現代銲接技術不但能在水中銲接，也能在太空中進行，國外甚至有知名大學開設銲接工程學程，繼續開發銲接相關的理論和工程技術。

金屬線和晶片上的銲墊連接時，其工作原理和其他銲接方法類似，靠著位於結合面的介面金屬化合物將相鄰物件接合在一起。在 IC 封裝的領域裡曾經有三種成熟的銲線技術可用來進行金屬線和金屬墊間的銲接，包括超音波結合（ultrasonic bonding）、熱壓結合（thermo-compression bonding）和熱音波結合（thermosonic bonding）。事實上在這些方法成熟之前，人們也曾嘗試用銲錫把導線銲接在晶片表面的金屬墊上，但是當時使用銲錫的銲接方式無法滿足產品在可靠度和電性上的要求，讓這個直覺最簡單的方法沒能成為傳統封裝產品的設計元素之一。

超音波銲接的做法是讓兩個不同物件相互接觸並維持一定壓力，然後再施以超音波頻率的振動讓兩個物件在接觸面相互磨擦而產生接合的一種接合方式，很適合應用在物件太小或物件非常精密以致於無法使用其他接合方式的情況。1950 年代起超音波銲接就常被用在塑膠之間的接合，現

在仍然是一個常用的工業技術，例如常見的廉價打火機也利用超音波銲接進行組裝。1960 年代 Fairchild 和摩托羅拉兩家公司開始把超音波銲接技術應用在封裝銲線製程，也就是我們現在看到的超音波結合，這個技術利用高頻的往復磨擦把金屬表面的「非純金屬雜質」推擠開，讓原本分開的兩個金屬面直接接觸產生鍵結。

　　熱壓結合也是 1950 年代發展出來的技術，現在仍有研究機構嘗試把熱壓結合技術延伸到晶圓和晶圓之間的對接，幫助實現 3DIC，不過目前仍存在需要克服的障礙才能達到適合量產的階段。熱壓結合的方式是讓兩個潔淨金屬表面互相接觸，進而讓表面金屬原子相互擴散到對面以產生有效鍵結。鋁原子、金原子和銅原子擴散速率夠快，所以常被當作熱壓結合界面，實務上常以提高溫度增加金屬原子的擴散速率，同時施加適當的壓應力，以促進工件接觸面上金屬原子間的實質接觸。在微觀上，施加壓應力可讓接觸面上實際直接觸點的應力強度被提高，通常能產生塑性變形，原子在塑性變形的晶格裡具有較高的位能，所以更接近原子擴散時所需能量，進而觸發或是延續原子的擴散活動，因此熱壓結合也被稱作擴散結合（diffusion bonding）、熱壓銲接（thermocompression welding）或壓力接合（pressure joining）。為了要讓潔淨的金屬原子互相接觸，通常在熱壓結合之前需進行表面處理，清除金屬之外的異物和氧化層之後，才能讓工件表面金屬原子有效的相互接觸。

　　當我們打算把金線銲接在鋁墊上時，除了用電漿清潔的方式去除鋁墊表面的汙染物之外，還需突破鋁表面薄而緻密的氧化層，所以還需要用適當方法幫助突破氧化鋁層，才能讓金原子和鋁原子直接接觸產生鍵結。熱音波結合是目前最被廣泛使用的銲線技術，它結合熱、超音波頻率震盪和壓力三種能量形式以促進金屬界面上的接合，因為提高溫度有助提高原子的動能，讓它更容易脫離原有晶格進行擴散，高頻的表面磨擦可以幫忙去

除像氧化層之類遮蔽物，讓乾淨的金屬表面裸露出來，施加的壓力除了在
金屬界面上促進有效接觸，也同時讓界面上的金屬產生塑性變形，塑性變
形可以破壞原有的晶格構造以便釋出或接受游離的原子。熱音波結合技術
有效整合幾種技術的綜效，因此不必施加和熱壓結合技術一樣強度的壓力
就能達到有效的接合，可以避免壓力太大傷害到銲墊下的結構。隨著技術
演進，晶圓上的 IC 在尺寸上變得越來越細緻而選用的材料有時顯得較為
脆弱，這個趨勢讓熱音波結合技術更適合先進的 IC 產品。在 1950 年代期
間，當時還沒有適當的方法克服氧化層，熱壓結合技術只能運用在金和金
之間的接合，一直到 1960 年代超音波振動被運用在銲線製程之後，結合
當時已經成熟的熱壓結合方法而成為熱音波結合，把應用範圍從金—金的
接合延伸到可以處理帶有表面氧化層的鋁或銅。

　　進行銲線接合時有兩種基本的接合方式，一種是球型銲（ball
bonding），另一種是楔型銲（wedge bonding），95% 以上使用金線銲
接的封裝都以球型銲方式將金屬線銲接在晶片銲墊表面，球型銲可以說
是標準的銲線方式。熱壓結合和熱音波結合通常都採用球型銲方式，讓
金屬線和銲墊在高溫下結合。球型銲使用的金屬線直徑大都小於 3mil
（75μm），以常見的金線在鋁墊上的球型銲為例，在進行球型銲時，
EFO（electronic flame off）系統以高壓放電的方式進行瞬間局部加熱，將
露在鋼嘴（capillary）尖端外的金線升溫並且融熔成液態，這時在表面張
力和內聚力共同作用下，附著在鋼嘴端點外的液態金呈現近似圓球的形
狀，圓球形狀的液態金隨即被周圍空氣冷卻回歸至固態，成為附著在鋼嘴
尖端外的一個小金球。EFO 進行放電之後，鋼嘴隨即向下把球狀金屬壓
在銲墊上，再利用下壓力量讓金球和銲墊接觸時產生塑性變形，促進接
觸面原子擴散以產生銲點結合，再加上高頻的磨擦更強化接合的效果。
由於這個銲點是線銲製程中的第一個銲點，所以也稱作第一銲點（first

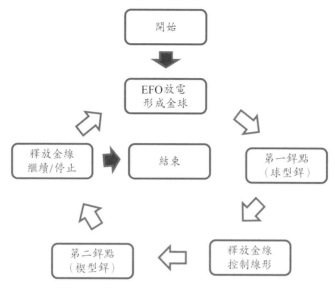

圖 51 球型銲的連續銲線流程。

bond），完成第一銲點後，鋼嘴先向上提升，然後再向載板的銲墊方向前進，並在鋼嘴移動的同時持續釋放金線。金線在兩個銲墊之間的的最終形狀（wire loop profile）主要決定於鋼嘴的移動軌跡和被釋放金線的長度。到達金線軌跡末端時，鋼嘴在載板銲墊表面將金線壓斷，同時形成金線和銲墊間的第二銲點（second bond），第二銲點也稱 wedge bond，它的形狀受到鋼嘴尖端形狀影響，通常呈現類似新月或是魚尾的形狀。完成第二個銲點之後鋼嘴再上升同時再釋放出一段金線，接著便能進行 EFO 準備進行下一條金線的銲接流程。可能是因為 capillary 質地堅硬所以早期稱之為鋼嘴，雖然它主要由陶瓷材料構成，現在人們仍然沿用鋼嘴這個名稱。

　　有些楔型銲使用的鋼嘴有著楔子的形狀，所以被稱為 wedge bond，大部分的楔型銲鋼嘴讓金屬線從後方餵入，然後由下方伸出，所以楔型銲產生的銲線受限於鋼嘴方向，不像球型銲那樣不具方向性。鋼嘴讓金屬線材穿過其中的方式類似縫紉機中的針，所以 wedge bond 也稱為 stitch bond。

楔型銲採用的技術包括超音波銲接和熱音波結合，超音波銲接技術通常用來銲接鋁線，而金線則利用熱音波技術進行楔型銲。楔型銲在銲墊上產生的接點面積比球型銲小，所以使用同樣線徑時，楔型銲更適合小間距的產品。不過楔型銲的鋼嘴具有方向性，如果產品無法將銲線都設計在同一個方向上，進行銲線作業時需要讓鋼嘴或產品轉換方向，使得楔型銲的產出速度要比球型銲來得低。楔型銲產生的銲線線形（wire loop profile）不像球型銲一樣在金線延伸方向具明顯的轉折，所以由楔型銲製作的銲線產生之彈回量（spring back）相對較小，比較能夠處理粗線徑材料，又因為銲線形狀比較平緩，在銲墊接點附近的導線形狀變化不像球型銲那樣複雜，這也是許多高頻產品選用楔型銲的原因。

目前市場上最被廣泛使用的銲線技術仍然是把金線銲接在矽晶片上的鋁墊，工程師根據客戶提供的銲線設計圖設定銲線機程式，藉由熱音波結合的方式將金線和相對應的銲墊連接起來，根據不同晶圓廠產出的晶片狀況設定最佳化參數，在熱（一般為 150℃ 左右）、超音波震盪、壓力和時間共同作用的綜效下形成銲點。進行銲線作業之前，通常先用電漿清除銲墊表面的有機物以及氧化層，讓金線和銲墊之間能有最佳接合情況。完成銲線製程之後可利用拉力測試（wire pull test）、推球測試（ball shear

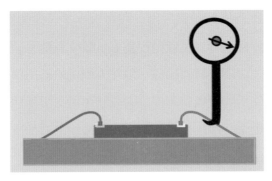

圖 52　銲線拉力測試（wire pull test）示意圖。

test）等方法來確認銲接品質，藉著金線斷點位置和拉力讀值來判定銲線是否滿足產品規範。

14.5　壓模（合模注膠）

如果把封裝廠內的製作流程分成前段和後段，通常會以壓模（molding）這個步驟作為分隔。產品完成銲線作業之前須保持適當的潔淨度，所以需要在等級較高的無塵室裡進行銲線作業以及銲線作業之前的各項步驟，因此常常把銲線製程和銲線之前的各個步驟歸在封裝的前段（front end）製程，以與壓模製程及後續其他可能產生較多粉塵的生產步驟區隔，因此壓模及其他後續的製程步驟便稱作封裝的後段（back end）製程。通常前段使用的無塵室需要控制在等級 1000 之內，當產品到達後段的壓模及該站點之後，外界的粉塵對 IC 影響變得較不顯著，使用的無塵室通常只需要維持在 100K 等級即可。

壓模製程技術是由傳統產業裡用來加工熱固性塑膠的「轉移成形（transfer molding）」技術演變而來，轉移成形法將「壓縮成形」工法中的加熱與交互鍵結（cross link）階段分開，並讓這兩個步驟在不同的地方進行，亦即先將塑料加熱熔融，然後加壓注入另一封閉模穴中硬化定形。這種工法可以克服材料流動性所帶來的限制，適合使用在零件形狀太複雜時，或零件含有插件時，或者當塑膠壓縮成形工法可能破壞零件或移動插件等情況。IC 封裝的產品設計剛好符合這些特徵，所以轉移成形便成為塑膠封裝製程中的一個重要步驟。壓模作業首先將已經完成銲線步驟的導線架半成品放在壓模機模具內，接著將封裝塑膠加熱至呈融熔狀態再擠入模具裡，待封裝塑膠裡的環氧樹脂固化後，即可將產品中所有的組成單元包覆並固定住達到保護的目的，接著可用切割方法把每個獨立的積體電路從導線架上分開成為一個獨立零件。把封裝塑膠注入模具是一個相當複雜

且精準的過程，封裝塑膠材料在壓模前係呈固態的圓餅狀，經加熱後變成液態才被擠入模具中，溫度越高其流動性越好。不過這種熱固性封裝塑膠材料一經加熱就會加速其分子間的交互鍵結反應（cross-linking），溫度越高反應速率也越快，當一定比例的材料完成鍵結之後，流動性會變差，所以這個製程需要依選用的材料、模具和封裝設計等因素，對注膠製程的各項參數優化，以得到適當的壓模品質。主要壓模製程參數包括溫度、注膠壓力、注膠速度、合模壓力和排氣孔負壓等。圖 53 是壓模過程的示意圖，模具分成上模和下模（圖 (a)），模具內埋藏一些用來控制模具溫度分布的加熱器，進行轉移成形時把導線架放入模具中，然後關閉模具（圖 (b)），這時升溫讓膠餅熔化，隨即將活塞下移把液態膠體擠入模具內（圖 (c)，(d)），活塞的下降速度決定液態膠體在模具內的平均流動速度，液態膠體流動時，導線架上的金線和晶片會承受相當的推擠力量，這個力量大致上和流動速度平方成正比，也和流體黏度呈正相關，當流動的方向和金線走向垂直時，如果流速過快，過大的推擠力量可能造成金線偏移（wire sweep）而成為產品品質缺陷。液態膠體的流動性由溫度、二氧化矽顆粒尺寸、產品形狀、模穴內部的幾何形狀以及液態膠內高分子材料交互鍵結的飽和程度決定。液態膠體在模具內流動時有些像土石流（mud flow），除了具黏性的液態環氧樹脂能對流經的物體施以壓力外，它所流經之處也受到流動的塊狀二氧化矽撞擊，如果二氧化矽顆粒被金線或其他結構阻擋，還更增加金線承受的流體壓力，所以當金屬線的走向和膠體流動方向垂直時，比較容易出現金線偏移現象，嚴重時可能造成短路。模具應在最慢灌飽的區域設置排氣孔，讓注膠在最後階段能順利排出模內空氣，避免發生包覆空氣（air trap）現象，模內排氣孔附近的壓降也可用來引導液態膠的波前前進方向。模具設計不良或是過快的注膠速度，都能讓膠在流動時於波前處產生包覆空氣的缺陷。若要改善這類包覆空氣

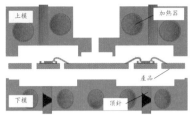

(a) 模具分成上下兩部分，內部埋設加熱器可在製程中控制溫度，放入產品之前先在模具內壁塗刷一層脫模劑幫助產品在製程結束時和模具分離。

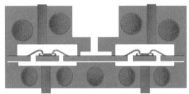

(b) 將完成銲線步驟的半成品置入模具內，接著將溫度升至工作溫度並維持適當合模壓力。

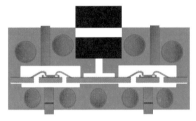

(c) 將固態膠餅置入加熱槽內，升至適當溫度後即能獲得適合工作的流動性。

(d) 利用像活塞的推桿將液態封膠擠入模穴之內。擠膠時須控制溫度、注膠壓力、注膠速度、合模壓力和排氣孔負壓等參數才能獲得適當品質。

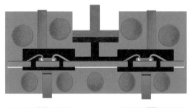

(e) 完成擠膠後讓膠體在模具內完成初步鍵結以具備脫模時應有的機械強度。

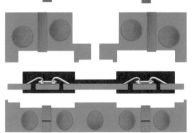

(f) 利用頂針將產品由模具中取出，再經熱成步驟之後即能完全固定膠體形狀，以達到保護 IC 的目的。

圖 53 塑膠封裝壓模過程示意圖。

的現象，除改變注膠速度外，也可藉由改變液態膠黏度、溫度或是改變流道設計。注膠完成後，材料先在模具內進行初步的交互鍵結（cross link）反應（圖 (e)），待溫度下降時環氧樹脂累積足夠交互鍵結也展現足夠硬度，之後便可開模取出產品（圖 (f)）。為了順利脫模，一般在製程之初先對模穴內壁塗佈一層脫模劑，降低環氧樹脂和模穴之間的沾黏程度，讓頂針可以順利將產品從模穴中推出來。圖 53 的壓模過程示意圖中只用一個 IC 來做說明，通常實際的生產狀況是同時有許多個 IC 在一個導線架上，而不是像圖中斷面上只看見一個 IC。產品在模穴中完成初步交互鍵結後即擁有相當的硬度，並且具備大致的形狀，此時可以讓出模具以利大量生產。剛離開模穴時封裝塑膠只完成部分交互鍵結，必須進一步熟成（curing）才能讓封裝塑膠發揮熱固性塑膠特性以維持永久固定形狀，這個熟成步驟一般稱作「post molding curing」，它把產品放在高溫烤箱內數小時，讓環氧樹脂內的高分子鏈充分交互鍵結。完成這階段的化學反應之後，形狀和體積就不再變化，所以如果產品有共面性（coplanarity）考量時，除了在產品設計時納入體積收縮和熱應力等因素的影響之外，也可以在 post molding curing 步驟調整共面性。

　　雖然封裝塑膠無法提供像陶瓷一樣的防水性質，但是經過不斷進步後，對絕大多數的產品而言，現在的塑膠封裝已能有相當接近陶瓷封裝的表現，加上塑膠封裝在製造和設計上有陶瓷封裝不能相比的彈性和效率，自 1980 年代後塑膠封裝逐漸成為主流，目前世界上的 IC 封裝應有 99% 以上採用塑膠封裝。

14.6 蓋印（marking）

　　如果將兩個不同的 IC 分別放在相同外觀設計的封裝內，完成封裝後通常無法從外觀上分辨，因此為了方便日後辨別，可以在封裝塑膠上留

下產品資訊。另外，下游的打件製程習慣上需要辨識第一端子，也需要在第一端子附近畫一個稱爲「pin one mark」的記號，以避免零件在方向錯誤情況下被送進入迴銲爐。此外，在封裝塑膠上留下產品批號和時間資訊，也可以提高產品的可追溯性（traceability），許多具規模的公司要求追溯零件和產品維修之間的關係，作爲未來進行產品設計時對品質要求的參考依據。基於以上原因，封裝廠能依客戶需要，在塑膠封裝產品表面印上商標、產品型號、規格、製造批號、製造時間等重要資訊。常見的塑膠封裝蓋印方式有「油墨蓋印（ink marking）」及「雷射蓋印（laser marking）」兩種，油墨蓋印法先將產品資訊以油墨塗佈在產品表面，然後再烘烤使之乾燥，或用 UV 紫外線乾燥。雷射蓋印法則利用雷射能量將字碼燒印在產品表面，這裡用的雷射能量比前面提到的雷射切割所用的能量小得多，所以只在塑膠表面形成刻痕。在瞭解雷射切割的原理之後不難想像如何利用汽化效應進行雷射刻痕，在雷射光經過的路徑上可使材料表面溫度上升，如果達到材料的汽化溫度時，被升溫的材料會因瞬間溫度急劇上升而汽化，同時也因溫度變化讓附近空氣體積急遽膨脹，所引起的高速氣流可以將汽化物質向外推擠，留下雷射雕刻痕跡。除此之外還有幾種常見的雷射刻痕方式，例如有些有機化合物材料被汽化或蝕刻之後，留下的表面材料分子可和雷射光發生光化學反應，光化學反應產生的新材料所帶來明顯顏色改變可在視覺上產生顯著的反差效果，這種結合光化學反應的雷射刻痕可以產生更活潑的圖案。另外，當雷射光束照射在材料表面，如果能量密度不足以汽化，或者材料的熱傳導能力較好時，將使熱能向內層傳遞，可以沿著雷射光經過的路徑上將材料內的化學鍵打斷，讓材料熔成液態，等到溫度下降時，又恢復成固體，藉此產生不同的表面質感及視覺上的差異。

利用雷射能量移除表面物質，由不同表面粗度和光線陰影構成視覺上的差異。

雷射能量移除部分物質的同時也讓表層呈現融化狀態，待凝固後，刻痕具有和原物質不同之質感。有些有機化合物能和雷射光產生光化學反應，產生的新材料將帶來明顯顏色改變。

利用雷射能量讓表面物質產生暫時相變化或是進行局部回火的效果，讓刻痕具有和原材料不同的質感。

圖 54　幾種常見的雷射刻痕方式。

14.7　電鍍／去渣／剪切／成型

　　封裝的外引腳在後續製程中被銲接固定於電路板上，除作爲電流和訊號的橋樑之外，還提供有效機械支撐力量。爲了讓下游組裝的銲接過程更爲容易，常利用電鍍方式在外引腳表面沉積一層錫，以增加抗氧化性及導電性，同時可以增加迴銲時的銲接溼潤性，提升迴銲製程的良率。電鍍製程和其他製程比較起來是一個相對複雜的電化學反應過程，其設備和環境需求與一般封裝製程不同，所以常常把電鍍作業站點獨立於其他製程站點之外。通常在這個製程中將已經完成壓模作業的導線架掛在支架上，用連續電鍍線在所有裸露出來的每一外引腳鍍上錫金屬。另外，IC 封裝的壓模生產過程和一般塑膠成型製程類似，完成脫模後常在澆注口附近殘留多餘膠體，產品在模具接縫處也常黏附膠渣，所謂的「de-junk」步驟就是移除這些多餘膠體，產生符合產品外觀圖（POD，package outlook drawing）的一致外形。接著再進行「剪切分離（trim）」步驟，把金屬導線架上不屬於產品構造的部分切除，然後再用製具將外引腳依設計「彎曲成型（form）」，至此，整個 IC 封裝的加工過程已結束。

並非所有導線架塑膠封裝產品都使用上述生產流程，具體而言，類似 QFP 和 SO 之類的封裝設計屬於有外引腳的產品，他們通常採用類似前面提到的過程，但是像 QFN 之類沒有外引腳的產品，可以採用更高效率的流程，通常將許多晶片放在導線架上，再利用一個共用的大型模穴進行壓模作業，待完成蓋印之後直接切割即成產品單體。

15. 塑膠載板封裝製程

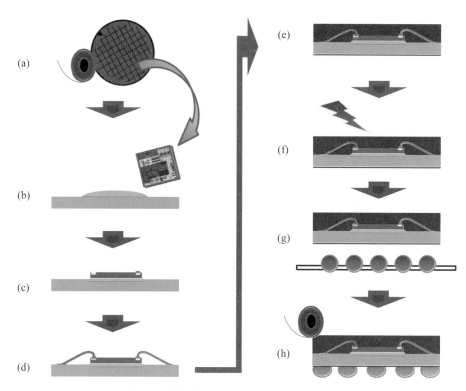

圖 55   典型塑膠載板封裝製作流程。

　　如果拿使用塑膠載板進行封裝的製程和使用導線架進行封裝作比較，他們的幾個主要製程步驟非常類似，包括黏晶、銲線、壓模、正印、切單等步驟，所以許多站點的製程設備可以共用。但從另一個角度來看，兩類產品之間也存在許多明顯差異處，例如使用塑膠載板進行封裝的產品不必經歷「剪切分離」和「彎曲成型」的過程，可以藉由切割步驟直接得到產品，不過 BGA 類產品比導線架封裝產品多出一道植球的步驟。如果比較兩類產品文件資料可以發現某些製程中使用的材料也不同，例如用在塑膠

載板的封裝塑膠常和導線架產品用的封裝塑膠不同。製程中使用不同材料通常也意味著該步驟將採用不同的製程參數。通常封裝廠所累積的經驗能反映在製程能力表現，也會影響產品設計規範以及生產成本。我們可以用控制製程中翹曲量（warpage）的能力為例子說明，控制翹曲量的能力不僅影響產品出貨時的共面性，也將限制製程設備和製具設計，甚至影響製造成本。具體而言，在壓模的後續製程中，不論是利用真空吸座固定產品，或要進行植錫球作業，都需要控制工件翹曲量才能順利進行。如果具備良好的翹曲量控制能力，在製程設計上可以使用一整個封裝壓模膠塊覆蓋在整個載板上。如果翹曲量控制能力不足，可能需要把壓模膠塊劃分成

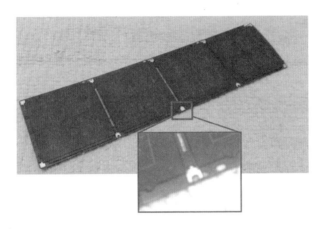

圖 56　壓模過程中將封裝塑膠覆蓋於封裝基板上，由於封裝塑膠和基板之間　　　　CTE 差距甚大，來自 CTE 差異的熱應力加上封裝塑膠在熟成過程中體積收縮，兩者共同作用之下可使得基板發生明顯翹曲，情況嚴重時常無法繼續後續的製程作業。為避免發生嚴重翹曲，有些壓模製程設計將封裝塑膠分成數個小塊，並且在基板上加入緩衝設計讓個別壓模膠塊產生的翹曲量無法傳遞到相鄰的壓模膠塊。上圖為一個分成四小塊壓模膠塊的設計，在製程能力尚無法克服這類翹曲現象時，分成數小塊的設計概念是常見的解決方式。以前 Motorola 在臺灣的生產線曾經開發出不必畫分成數個小塊的製程，用同一塊封裝塑膠取代圖中四小塊封裝塑膠，除了能讓產品具有較佳的共面性外，也同時提高生產效率並且降低生產成本。

二到四小塊，以免壓模膠塊和載板間因熱應力拉扯產生的翹曲量被累積，藉著將壓模膠塊劃分成二到四小塊的製程設計可以降低壓模製程後的總翹曲變形量。但是如果把壓模膠塊劃分成二到四小塊，對應的下腳料可能會變多，使得相同面積載板可產出的產品數量變少，尤其當封裝物尺寸較大時，每塊壓模膠塊上可能殘餘的面積可能增加，下腳料增加的趨勢可能因而變得更加顯著。如果把產出數量和成本連結在一起可以發現，不同翹曲量控制能力可以帶來超過 10% 以上的成本差異，有些情況還能高達 20% 的差異。

以 QFN 或是 BGA 這類在壓模過程中把許多晶片放在同一大塊封裝塑膠中的產品為例，假設生產時所用的載板材料上有效載板面積是一個 60mm×214mm 的區域，當採用的切割道寬度是 0.3mm 時，如果使用一整個壓模膠塊的製程設計可以產出 13×49 = 637 個 QFN4×4 或者 5×18 = 90 個 QFN11×11。相對的，如果採用四個小塊壓模膠塊的製程設計，假設每個壓模膠塊尺寸是 60mm×52mm，那麼可以產出 13×12×4 = 624 個 QFN4×4 或者 5×4×4 = 80 個 QFN11×11。依上述分析結果，對 QFN4×4 來說，產出數量大約有 2.1% 的差異，但對 QFN11×11 而言則存在高達 12.5% 的產出差異，這裡的產出差異很接近實際的成本差異，在一般民生產品市場中，12.5% 的成本差異足以左右產品競爭力。如果檢視膠塊數目對產出量的影響，在尚未進一步分析之前可能認為應與產品封裝面積有著某種簡單的相關性。直覺上如果封裝產品的面積越大，產生的下腳料可能越多，使得四小塊壓模膠塊設計對產出量的影響越大，然而實際狀況無法由這個簡單的相關性解釋，事實上它們之間的關係並非一個單純的遞增或是遞減函數，因為如果小塊壓模膠塊尺寸達到封裝產品長度的整數倍數時，兩者之間的差異即出現類似被歸零的現象，這個現象可以由表 3 看出來。表 3 係由不同的 QFN 尺寸出發，觀察壓模膠塊數目對產出

成本的影響，即比較每一條載板使用一整塊壓模膠塊的設計和每一條載板上有四小塊壓模膠塊，檢視各種 QFN 尺寸在兩種製程設計條件下的產出差異。假設一整塊壓模膠塊尺寸是 60mm×214mm，對應的四小塊壓模膠塊尺寸大約是 60mm×52mm，如果拿產品面積範圍在 3×3 到 16×16 之間的 QFN 作比較，兩種壓模膠塊設計對應的產出差異可由表 3 查得。一般我們直覺認為，產品面積越大時，壓模膠塊上剩餘的下腳料面積可能越大，連帶使得兩種設計之間的產出量差異顯得越大。不過從表 3 我

表 3 比較兩個類似製程設計之間所存在的成本及產出量差異。假設兩者主要差異在於使用不同模具進行壓模作業，使得兩種製程分別壓出一整塊的壓模膠塊（60mm×214mm）和四小塊壓模膠塊（60mm× 52mm），如果切割道寬度是 0.3mm，某些產品尺寸對應這兩種製程的產出量差異高達 33.3%。

BGA 或 QFN 尺寸	膠塊尺寸		產出量的差異
	60mm×214mm	60mm×52mm×4	
3mm×3mm	1152	1080	6.7%
4mm×4mm	637	624	2.1%
5mm×5mm	440	396	11.1%
6mm×6mm	297	288	3.1%
7mm×7mm	232	224	3.6%
8mm×8mm	175	168	4.2%
9mm×9mm	132	120	10.0%
10mm×10mm	100	100	0.0%
11mm×11mm	90	80	12.5%
12mm×12mm	68	64	6.3%
13mm×13mm	64	48	33.3%
14mm×14mm	56	48	16.7%
15mm×15mm	39	36	8.3%
16mm×16mm	39	36	8.3%

們可以看到，當小塊壓模膠塊尺寸剛好比封裝產品尺寸的整數倍數大一點時，大塊壓模膠塊尺寸面積也剛好略大於封裝產品尺寸的整數倍，在這種情況下的產出差異很小，例如 QFN4×4 剛好符合這個特色，所以產出量的差異只有 2.1%。甚至我們可以發現如果 QFN10×10 使用這樣的載板設計，剛好讓兩種製程設計方式得到相同數量的 QFN10×10，反觀，QFN13×13 的尺寸正好讓小塊壓模膠塊下腳料的量最高，使產出成本差異高達 33.3%。很難想像看起來如此不起眼的設計差異竟能讓成本差異高達 33.3%，但它卻是個不爭的事實，需經過分析才能找出這樣的差異。有了類似表 3 的試算後，將有助每家公司找出自己和競爭對手間的差異，讓業務人員在報價時可有合理的參考標準。

圖 55 是塑膠載板封裝的典型流程，其中有些步驟和導線架封裝完全相同，例如晶圓來料檢驗和晶圓切割，有些步驟和導線架封裝差異不大，

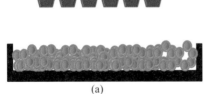

(a)

依據產品銲點的數量和位置設計植球製具，讓製具上的球孔能和封裝載板上的銲墊對應。

(c)

利用助銲劑的黏性將錫球暫時固定在封裝載板銲墊表面。

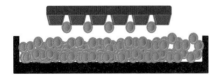

(b)

利用真空負壓讓製具上的每一個球孔都能吸附一顆錫球。

(d)

經過迴銲之後錫球能和銅銲墊結合成為產品上的結構。

圖 57　BGA 植球示意圖。

例如黏晶、銲線、壓模、正印、切單等，只有植球步驟屬於完全不一樣的製程。植球是替 BGA 封裝形成球狀外引腳的步驟，通常在正印之後進行，進行植球作業時利用黏稠的助銲劑，把預先成形的錫球沾黏在載板反面球銲墊上，然後再經過迴銲爐把錫球銲接在載板上。BGA 的錫球尺寸、數量和分布可客製化，不過也有常用的樣板。若要把多達數百個錫球放在正確位置上需要藉助製具，在實際作業時，製具需能同時把上萬個錫球準確放置在一個尚未切割的載板上，常見的製具設計類似一個鑽了許多小洞的鋼板，這些小洞對應載板球銲墊位置。植球時，利用真空負壓先把錫球吸附在這些洞口，然後準確的把錫球放置在載板銲墊上，這時訓練有素的作業員能用肉眼快速的判斷載板上的球是否剛好都在正確的位置，或者是否有漏放的情況發生，也還能用人工植球方式補足。這個程序和後面提到的 WLCSP 非常類似，不過 WLCSP 用的錫球通常比較小，而且一片晶圓上的錫球數目往往高達數十萬顆以上，所以 WLCSP 通常採用自動設備進行植球、檢驗和補球作業。

16. 覆晶封裝製程

本書所講的覆晶封裝製程是指將帶有金屬凸塊之晶片組裝至晶片基板的過程，這個單元將對這部分進行說明。因為製作晶圓凸塊的過程有時候在晶圓廠裡完成，也有時候委由封裝廠代工，所以本書將凸塊製作流程獨立在晶圓製造和 IC 封裝之外，下個單元將針對晶圓凸塊製程進行說明。

覆晶封裝（flipchip packaging）和其他型式的 IC 封裝在構造上存在幾個明顯差異，例如覆晶封裝利用銲錫將晶片固定在載板上，這些銲點除可達到固定晶片的目的，也同時形成導電路徑，如此晶片和載板之間便無需藉助金屬線形成電路上的連通。同時因為要施作這樣的銲接，進行覆晶封裝時，需要把晶片（chip）翻（flip）過來，讓正面朝下以便和載板進行銲接，正因為把晶片翻過來再放在載板上的特徵和其他封裝型式不同，才會被稱作覆晶（flipchip）封裝。雖然覆晶封裝已是手持裝置內常見的封裝形式，但是並非每一家封裝廠都具備覆晶封裝技術，可能出乎大家意料之外的是，早在 1960 年代 IBM 就有這種封裝型式的構想，然而當時 IC 封裝發展僅有數年歷史，也沒有像大約 20 年前的一般認知，認為封裝時晶片正面朝上是理所當然的，所以在 1960 年代並沒有「覆晶」或「不覆晶」的差別，自然也不會想到像 flipchip 這樣的名詞，而是用 C4（controlled collapse chip connection）來代表這類的封裝型式。

雖然覆晶封裝和利用金屬線進行內部接點（interconnection）連接的一般封裝型式相比會有較好的電性表現，也能減小產品體積，但是如果要建立覆晶封裝服務能力，除需要培養技術外，也需面對相對較高的資金門檻以提供足夠產能。上個世紀的 IC 封裝市場還有其他方式可供縮小體積，且追求高性能也不是非覆晶封裝不可，對覆晶封裝的需求不是非常迫切，所以 C4 並沒有被大部分的產品採用。因此，在 IBM 專利效期結束前 C4 並不普遍，Delco 幾乎是主要的 C4 技術使用者，而當 C4 專利效期

過後，使用塑膠載版的覆晶封裝技術剛好有重大突破，且當時其他 IC 封裝技術漸漸無法滿足市場對性能和體積的要求，因此覆晶封裝很快被一些高端應用與需要縮小體積的產品採用。這有點像矩陣和行列式在數學發展史裡的經歷，十八世紀矩陣和行列式的理論被發展出來之後，大家都知道運用這類演算方法能夠有系統的求解大量線性聯立方程式，但當時缺乏像計算機一樣的工具，無法很有效率的執行大量數字運算，所以只能發展像反矩陣之類的計算方法，但是那些都是適合拿筆計算的方法。使用人力計算的方法受到很多限制，例如容易在冗長的計算過程中犯錯，所以矩陣和行列式一直停留在理論探討階段或是簡單應用。大家應該有類似經驗，如果要以人力求解大於 4×4 的反矩陣，又要避免計算過程中犯錯，著實不容易，所以雖然許多科學家相繼替矩陣和行列式開發出新的方法和理論，希望能用在各種領域幫忙解決問題，但由於缺乏有效的計算工具，在計算機出現之前，矩陣和行列式的相關理論幾乎都只在數學教科書或科學期刊裡討論，難以進行實際應用。直到計算機出現之後，可以毫無錯誤且快速處理大量數字，以前科學期刊裡討論的理論和方法，才能真正被驗證並發揮功能。許多可運用矩陣運算解決問題的方法也變得實用，譬如利用線性數值方法求解常微分或偏微分方程式系統，讓許多複雜物理現象可藉由數值方法求得近似解，滿足實際工程需求，許多讀者熟悉的工程分析軟體 ANSYS 也在這種背景下開發出來。

　　通常覆晶封裝使用的晶片和其他類型晶片在設計上並無太多差異。常見的矽晶片只需在晶片表面施予適當保護，同時讓金屬墊的尺寸和間距能和覆晶封裝技術水準相互匹配，就可以採用覆晶封裝。覆晶封裝所使用的晶片和其他封裝類型使用的晶片在外觀上有一明顯差異，一般採用銲線技術的晶片會盡量讓金屬銲墊分布在晶片四周，以便縮短金屬線長。覆晶封裝用的晶片設計針對表面金屬墊分布並無一定的規則，而這些金屬墊在

凸塊製程之後即被金屬凸塊覆蓋，凸塊可以說是這類晶圓在切單之前的最後一次金屬化製程，所以這個金屬凸塊的製作可在晶圓廠裡完成，也常在封裝廠裡實施，實務上兩者都已是常態。因此設計者有機會設計出覆晶封裝和其他需要銲線的封裝可以共用的晶片，或者只需利用重佈線（RDL，re-distribution layer）的構造，就能把原來只適用在銲線製程的晶片改變成適合覆晶封裝製程。不過，有些特殊應用的產品無法單用 RDL 把原先適用銲線的晶片設計即時轉變成適合覆晶封裝的構造，例如有些高頻微波通訊應用，在設計時將晶背金屬薄膜接地當作「微帶線」（micro strip）設計中的一部分，微帶線這部分的功能無法直接被覆晶封裝裡的一般接地設計取代。

　　為解決矽晶片和塑膠載板之間的熱應力問題，1980 年代以前覆晶封裝都採用和矽晶片熱膨脹係數接近的陶瓷基板。後來 IBM 在日本的研究室開發出有效的解決方案，利用底膠（underfill）分攤矽晶片與塑膠載板之間的熱應力，從此覆晶封裝不再被限制在昂貴的陶瓷基板上。雖然如此，採用覆晶封裝型式的產品成本仍然高於其他封裝型式以致無法普及，直到最近十餘年來才漸漸被廣泛應用在許多民生產品。提供覆晶封裝服務的 OSAT（outsourced semiconductor assembly and test）數目隨著市場成長慢慢增加，不過相對於其他的封裝型式，覆晶封裝仍具有較高的技術門檻，需有較長時間的學習和摸索。為提供更有效率的服務，有些 OSAT 同時提供晶圓凸塊製作和覆晶封裝的組裝服務，但這兩項作業往往在不同工廠完成。假設晶圓上已形成凸塊，典型的覆晶封裝組裝流程可以是像圖 58 所示，其中有些步驟和其他封裝產品類似，這裡就不再贅述。

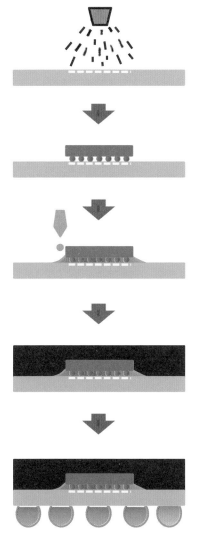

(a) 將助銲劑塗布於封裝載板銲墊表面

(b) 利用助銲劑黏性將表面已有錫凸塊的晶片暫時固定在封裝載板上，經過迴銲的高溫歷程即形成永久銲點。

(c) 利用毛細現象填充底膠，底膠除了能讓晶片和載板之間有更緊密的結合之外還能分攤熱應力，提升產品長期可靠度表現。

(d) 利用和BGA產品類似的壓模方式讓封裝塑膠保護晶片。有些產品可以跳過(c)的填充底膠步驟，直接利用封裝塑膠達到分攤熱應力的效果。

(e) 雷射刻印、植球、和切割等步驟可以採用和BGA產品相同的方法。

圖 58　典型覆晶封裝製程。

16.1　晶圓研磨與切割（grinding & singulation）

　　由晶圓凸塊生產線產出的通常是未經磨薄的晶圓，這樣能具有足夠強度以利運送，在進行覆晶封裝組裝之前才依設計將晶圓研磨至指定的厚

度。有凸塊的晶圓和一般晶圓在研磨的手法上並無太大差異，主要門檻在於如何保護晶片正面結構，不過因爲凸塊的存在讓晶圓表面的高低起伏更加明顯，研磨時依不同凸塊高度可選用不同厚度的膠膜保護凸塊，同時也因爲凸塊的存在影響局部應力分布，使得研磨時位在凸塊正下方的晶背處承受比它周圍更高的研磨應力，讓整個基板厚度顯得不夠均勻，出現凸塊正下方附近的基板厚度比它周圍薄的情形。當基板薄到一定的厚度之下，上述現象常常導致可以由晶背的研磨印看出晶片正面凸塊配置圖形。研磨之後晶圓再轉貼至另一膠帶上進行切割即可進入貼片（die bond）程序，表面有凸塊的晶圓和一般晶圓在切割手法上亦無明顯差異，雷射切割或是鑽石刀都適用，主要決定因子還在於下層的基板和使用的 IC 製程。

16.2　覆晶貼片（flipchip bond）

　　覆晶封裝這個名稱源自這一個製程步驟，一般的封裝型式先在載板晶粒座表面塗上黏晶膠，然後讓晶背和載板黏合，所以貼片之後晶片正面向上，但在進行覆晶封裝時，讓晶片的正面向下放在載板上。晶片和載板之間的固定方法也不相同，覆晶封裝不用黏膠固定，而是先讓凸塊和載板之間先以助銲劑暫時固定，然後藉由迴銲的高溫把凸塊銲接固定於載板上。在這個步驟裡，貼片機（die bonder）把晶片從膠膜上取出然後翻轉，並將晶片放置在載板上，市場上主流的貼片機都能在量產速度下維持 $10\mu m$ 以下的精度，雖然貼片機無法 100% 讓凸塊和銲墊對準，但對許多主流的覆晶封裝產品而言，貼片製程中的對位誤差並不構成太大的問題，因爲在後續的迴銲過程中，藉由熔融錫和銲墊之間的附著力以及液態錫表面張力的共同作用，晶片能自行移動並趨向於把晶片上的凸塊和載板銲墊相互對齊，這就是迴銲製程的自我對準（self alignment）能力。

16.3 迴銲（reflow）

　　完成貼片之後，晶片暫時被黏稠的助銲劑固定在塑膠基板上，通常只要銲墊的位置和尺寸適當，貼片時偏移量未達凸塊尺寸 1/3，而且銲墊表面也具備足夠的濕潤性，迴銲過程的自我對準能力可以將晶片和載板準確接合。產品在迴銲爐裡先在大約 150℃的環境下停留一段時間，讓助銲劑能充分還原金屬表面氧化物。隨著溫度升高，助銲劑裡的溶劑便揮發到空氣中，待溫度升高到銲錫的熔點之上，助銲劑內其他成分還能降低表面張力，以便增進液態錫在銅表面的濕潤性（wettability）。迴銲之後，錫在銲點處的分布和形狀主要由銲墊周圍的防銲層設計決定，此外，銲墊的表面處理方式也能影響液態錫的濕潤性進而影響錫在銲點上的分布。這些外在因子以及錫量確定之後，液態錫的內聚力、表面張力以及錫和銅之間的附著力等，將遵循基本的力平衡原則決定錫在晶片和載板間的分布狀況，亦即錫銲點的形狀。

圖 59　覆晶封裝迴銲過程中用來固定載板的治具，能防止迴銲時因為載板不均勻膨脹造成翹曲而引起空銲現象。

　　熱的傳遞模式是由高溫處流向低溫處，但傳遞熱的過程並非一瞬間完成，所以迴銲爐內無法讓被加熱工件瞬間達到均溫，使得塑膠基板受熱時

很容易發生類似烤魷魚一樣的翹曲，因此如果缺乏適當的製具輔助，將無法讓晶片上的每一個錫球同時和載板銲墊接觸，其結果可能形成某些銲點品質不良，或甚至未真正形成銲接點成為空銲。圖 59 為一可在迴銲時幫助消除空銲現象的製具，它利用磁鐵吸力把覆晶基板的四周壓在底座上，不但能降低覆晶基板在迴銲爐裡的變形量，也能讓溫度更快更均勻的分布在載板上的每個晶片。

16.4　底膠（underfill）

　　IBM 開發出能避免被塑膠載板和晶粒之間熱應力拉斷晶粒的解決方案之後，讓覆晶封裝產品使用塑膠載板變為可能，其解決方式即利用底膠填滿晶片和載板之間空隙，待熟成（curing）後可減緩並分攤載板、凸塊、和晶片之間的熱應力，避免晶片斷裂或是凸塊和銲墊之間形成的接點被破壞。填注底膠時，晶片已被銲接在覆晶基板之上，晶片和基板之間的間隙大約只有幾十微米，一般的機械方法無法在那麼小的間隙之間塗佈底膠，幸好自然界的毛細現象（capillary action）可供利用，只要在晶片的四周選擇兩個或三個邊，沿著晶片的邊緣塗佈底膠，底膠滲入晶片和載板之間的間隙之後，在晶片下緣和底膠之間的附著力以及覆晶基板和底膠之間的附著力共同作用之下，能把底膠的波前拉向向未被底膠填充的區域。這個填充底膠的方法讓覆晶封裝能實現在塑膠載板上，凸塊接點或晶片不再因為塑膠載板傳過來的熱應力而顯得機械強度不足，藉此覆晶封裝才得以逐漸普遍。目前這個方法又更進一步演變，如果把封裝塑膠裡的二氧化矽顆粒縮小以增加封裝塑膠流動性，可在進行壓模作業時直接用封裝塑膠填滿晶片和覆晶基板的間隙，讓封裝塑膠能取代底膠成為應力的緩衝材料。這樣的修正不但能省下底膠成本，也能減少一個製程步驟，這意味時間、成本和良率上都能得到好處，所以現在只剩下部分的產品還仍必需使

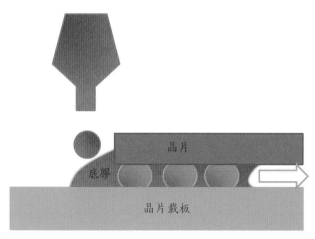

晶片

底膠

晶片載板

圖 60　利用毛細現象填充底膠之示意圖。

用底膠設計，例如直接把晶片外露的個人電腦 CPU，仍然使用底膠來減緩凸塊和晶片所需承受的熱應力。

16.5　壓模

　　有些覆晶封裝產品不需要特殊的散熱設計，這類產品在迴銲之後可以直接用封裝塑膠保護晶片，且其壓模製程可能比一般銲線型 BGA 的壓模流程還更單純，因為覆晶封裝並無金線偏移（wire sweep）之類的情形，不過如果要用封裝塑膠取代底膠時，就必須選擇二氧化矽顆粒尺寸使之能通過晶片和載板間隙。然若有額外的散熱需求，常採取不同的製作流程，例如需要加強散熱效果時，可在封裝塑膠表面處加上導熱銅片（heat slug）以加速熱在封裝產品內的流動。有時也可以跳過封裝塑膠的設計，直接讓金屬製作的保護殼包覆晶片，金屬外殼同時提供保護晶片和幫助散熱的功能。也有設計省去封裝塑膠，直接讓晶片裸露在空氣中，但讓晶片和效率更高的主動式散熱器（heat sink）直接接觸以達到數十瓦的散熱效率。

17. 晶圓凸塊製程

1960 年代 IBM 開發 C4 原是針對當時商用電腦主機（mainframe computer）的高階應用，但當時未能解決 C4 的可靠度問題，因此沒能成功進入商用市場。當時使用的蒸鍍技術利用金屬遮罩（mask）控制金屬沉積位置，讓鉛和錫金屬沉積在由電晶體延伸出來的金屬接腳上，完成凸塊之後把電晶體從晶圓分離出來，銲接在陶瓷基板上成為一個高效能的模組。C4 進行回銲時，在鉛錫接點上加入一顆銅球以控制接點高度，藉此避免因電晶體表面和陶瓷基板直接接觸造成的損傷，因此被稱為「controlled collapse chip connection」。1970 年代的 TAB（tape automated bonding）封裝可說是最早使用電鍍技術的覆晶封裝產品，當時 TAB 針對像手錶或計算器（calculator）之類的產品應用，在晶片上以電鍍方式形成金凸塊，然後把有金凸塊的晶片組裝在很像照相機底片的可撓捲帶上。在 TAB 之後，其他的覆晶封裝也開始以電鍍方式沉積錫合金凸塊。後來，利用蒸鍍方式生產凸塊的技術在生產細間距（fine pitch）產品時面臨到挑戰，由於並非所有被蒸鍍的金屬原子都以垂直路徑沉積於晶圓表面，且遮罩和晶片並未直接接觸，所以凸塊蒸鍍的過程中，除在遮罩開口正下方沉積金屬外，開口正下方附近的晶圓表面也能看見金屬沉積。以當時的技術水準而言，如果凸塊中心距離小於 $220\mu m$，這些額外蒸鍍出來的金屬即可能影響電性，情況嚴重時還造成短路，而且當凸塊中心距離變小時，遮罩厚度需要跟著變薄，再加上晶圓尺寸越來越大，這時遮罩可能因重力造成下垂而和晶圓接觸，傷害到晶圓表面結構。反觀電鍍製程技術則剛好能避開這些困境，以電鍍製作金屬凸塊不必以金屬遮罩定義圖形，而是以光阻定義凸塊的位置和尺寸，這樣的製程設計可以讓相鄰凸塊間的距離幾乎沒有限制，可隨光阻和曝光技術同步演進，也不會發生金屬遮罩和晶圓接觸的問題，所以蒸鍍凸塊技術慢慢被電鍍技術取代。後來又有更簡單的技術

凸塊生產方式及其市占 - 2000

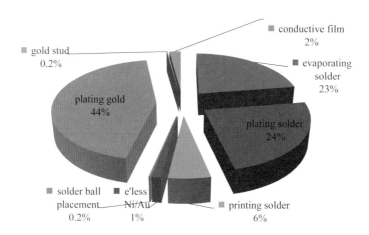

凸塊生產方式及其市占 - 2005

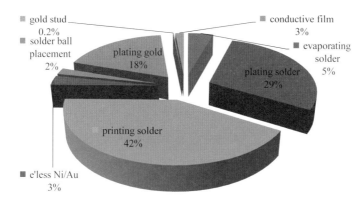

圖 61　生產凸塊的方式隨著生產技術而演進，演進過程也受終端產品設計和上
　　　　下游生產技術影響。生產方式對應的市占率常和主要供應商擁有的技術
　　　　有關，2000 年左右幾家主要供應商技轉同一個印刷凸塊生產技術，使得
　　　　印刷凸塊市占率在 5 年之內有極大的成長，到了 2005 年成為外包市場中
　　　　市占率最高的凸塊類型。

被開發，利用類似網版印刷的方式，直接把錫合金錫膏堆放在晶片銲墊表
面，經過迴銲之後即成為固態的錫凸塊。在 2000 年左右幾家主要封測代

工服務業者（OSAT，outsourced assembly and test）相繼取得印刷凸塊技術之後，讓印刷凸塊產品快速擴展至許多民生應用，並在 2005 年時成為數量最多的凸塊種類。儘管如此，電鍍仍是目前製作凸塊的主流技術之一。

隨著終端應用和市場供需影響，覆晶封裝使用的封裝載板和晶片上的金屬凸塊仍持續演進中，這些演進背後原因大都是性能、品質和成本拉鋸的結果，同時交雜現代人對環境和健康的考量。早期使用高鉛錫合金把晶片銲接在陶瓷基板上，後來為了要掌握產能並降低成本，改採壓合塑膠載板，但塑膠載板不耐高溫，所以在塑膠載板端預先放置熔點較低的共晶（eutectic）錫鉛（Sn63/Pb37）金屬。高鉛錫合金的熔點比較高，例如 Pb95/Sn5 熔點高達 308℃，而共晶錫鉛熔點只有 183℃，採用共晶錫鉛能大大降低塑膠載板在迴銲製程中的負擔，不僅能提高製程良率，也能降低生產時所消耗的能源，後來又為了控制凸塊品質，演進成在晶片端放置共晶錫鉛凸塊。共晶錫鉛在各方面的表現都非常優良且穩定，從技術觀點出發實在沒有理由被淘汰，不但接點品質可輕易達到一般使用者的期待，製程溫度相對較低也可以節省能源，所以成為銲接製程的主流錫合金選項。由於歐盟致力減少產品中有害物質含量，在 RoHS（Reduction of Hazardous Substance）規範下已訂有類似鉛這類有害物質在各類產品中的最高含量，從 2006 年開始所有含鉛的銲錫合金或相關衍生材料都不能出現在終端電子產品裡，以保障使用者的健康。然而無鉛銲錫合金的相關技術尚無法及時趕上 RoHS 要求，因此 RoHS 針對採用覆晶封裝的相關產品有特別豁免條款，讓鉛含量在 85% 以上的含鉛銲錫合金仍能存留在採用覆晶封裝的相關零件中，不過 2016 年以後含鉛的銲錫合金還是得從覆晶形式產品裡移除。通常無鉛銲錫合金產生的接點比起共晶錫鉛接點要來得硬且脆，所以無鉛銲錫合金形式給覆晶封裝帶來額外挑戰。為了要避免晶片或覆晶銲點因為熱應力而造成脆裂，最快且最直接的方法就是使用底膠

分擔熱應力,選用適當的底膠也能藉著分擔應力的方式保護脆又多孔的低介電係數材料(low K materials)。底膠雖然能幫助解決這些問題,但若從競爭力的角度出發,能夠少用一種材料就能在設備成本、材料成本、品質控制、和時間上得到優勢,因此目前以封裝塑膠取代底膠已變成覆晶封裝的另一趨勢。

製作凸塊的技術歷經半個世紀演進之後,現在仍然能在產品中看到的凸塊大都是經由電鍍、植球或是印刷的方式製作。電鍍是目前主流凸塊生產技術之一,圖 62 為典型的電鍍凸塊製作流程,這個流程可以將凸塊布滿於所有裸露在晶圓表面的最上層金屬,亦即晶圓最上層金屬中,不被介電材料披覆的部分都是預備要放置凸塊的位置。如果不採用上述設計規

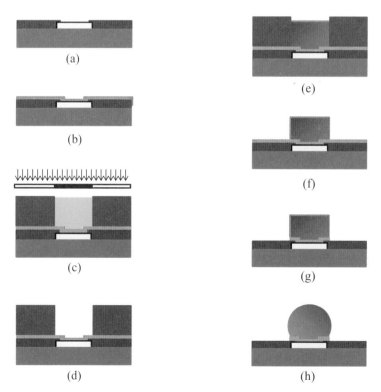

圖 62 典型電鍍凸塊製作流程。

畫，在製程的後段裡，當我們利用蝕刻液移除種層時，所有在晶圓最上層且不被凸塊覆蓋的裸露金屬都會被蝕刻液侵蝕。這個單元裡，17.1 到 17.6 針對電鍍凸塊製程逐步進行說明，而印刷凸塊、晶圓植球和銅凸塊的相關製程則分別留至 17.7 到 17.9 中敘述。

17.1 沉積 UBM

利用電鍍方式製作凸塊的流程中，通常使用濺鍍（sputtering deposition）方式在晶圓正面沉積金屬薄膜，這個金屬層在後續電鍍過程中提供導電功能，讓電鍍液裡的金屬離子能在這個導電層表面沉積，再藉由光阻圖形定義沉積金屬的形狀以形成凸塊，所以這個金屬薄膜也稱為導電金屬層或種層（seedlayer）。大部分的種層金屬將在電鍍之後的蝕刻過程中被蝕刻液溶解並移除，只留下位於凸塊正下方的部分，因其位置就在凸塊正下方，所以被留下來的種層金屬又被稱作凸塊下金屬層（UBM，under bump metal/metallization）。在凸塊設計中，這個金屬層，或是說 UBM 層，除提供電鍍時必要的導電功能外，還應具備有其他功能，具體而言，UBM 必須具相當黏性，讓凸塊能黏附在晶圓表面金屬墊上及金屬墊周圍的介電材料表面。同時 UBM 也須具有能夠阻止特定金屬原子擴散的能力，避免錫凸塊內的錫或其他金屬原子經由 UBM 向電晶體方向擴散，影響產品性質。有時 UBM 被設計來與上方錫合金經由迴銲方式接合，對應的 UBM 則需要有適當的沾錫性或溼潤性（solder wettability）。實務上單一金屬層無法同時提供這些功能，所以通常利用像蒸鍍、濺鍍或是化學鍍方式沉積數層金屬作為 UBM。

表 4 常見的 UBM 設計和應用。

金屬疊層	參考厚度 *	備註
Cr/CrCu/Cu/Au	-	原始的 IBM C4 UBM 設計
Cr/Cu/Au	Cr 200-300 A Cu 500-2000 A Au 0.5-2 um	非磁性金屬薄膜
TiW/Pd/Au	TiW 200-300A Pd 1000-5000A Au 50-300 A	非磁性金屬薄膜
TiW/Au	TiW 1000 A Au 2000 A	常用於金凸塊製程
Al/NiV/Cu	Al 5000 A NiV 3500A Cu 8000A	常用於印刷錫凸塊製程
Ti/Cu/Ni	Ti 1000 A Cu 5000A Ni 3um	常用於植球製程
Ti/Cu/Cu/Ni	Ti 1000 A Cu 5000A Cu 5um Ni 2um	常用於電鍍錫凸塊製程

* 部分資訊可由市場產品中取得

　　為確保凸塊和 IC 上原有構造緊密接合，並達到適當機械強度，UBM 最下層為一具有黏性的黏附層（adhesion layer），可以讓凸塊和 IC 最上層金屬之間，以及凸塊和 IC 上方保護層（passivation layer）之間能有良好結合強度，鈦（Ti）、鈦鎢合金（TiW）、鋁（Al）、鉻（Cr）、鎳鉻合金（NiCr）和鉭（Ta）都曾被拿來當作凸塊 UBM 的黏附層，而目前量產的凸塊中，係以鈦、鈦鎢合金、和鋁為主要選項。為避免接點上的錫原子或銅原子向電晶體方向擴散而影響元件特性或降低結構強度，UBM 設

計中通常包含一層阻止特定金屬原子擴散的阻障層（barrier layer），用來阻止錫原子擴散至下方結構導致黏附層失效，或是避免銅原子擴散到矽晶格之間而影響基板導電性。以前晶圓製造技術捨棄物理性質比較好的銅，反而採用導電性略遜於銅的鋁作爲 IC 裡的導線，也是因爲懼怕銅原子在矽晶格之間擴散所做的選擇，直到克服銅的擴散問題後，晶圓製造才走入銅製程。阻障層金屬除要具備能阻止特定金屬原子擴散的能力外，也不能和相鄰金屬間存在過大的活性，以免在短時間內被消耗殆盡。依凸塊製造經驗，適合作爲阻障層的金屬包括鎳（Ni）、鎳釩合金（NiV）、鈀（Pd）和鉬（Mo）等。例如常見的錫凸塊設計在 Ti/Cu 疊層之後又加上一層鎳，形成 Ti/Cu/Ni 疊層的 UBM，以避免 UBM 裡的銅層和錫反應後消耗殆盡，造成 UBM 機械強度不足的缺陷。由於銅金屬具有相當好的沾錫性，也適合直接和錫結合形成 IMC，而且銅凸塊中銅柱的體積遠大於錫金屬，因此不致發生錫原子將下方銅柱反應消耗殆盡的問題，所以能使用非常單純的 Ti/Cu 疊層作爲 UBM，然後再用電鍍方式堆疊銅金屬和錫金屬。

目前主流的 UBM 製作方法係利用濺鍍方式依序把幾種金屬薄膜沉積在晶圓上成爲導電金屬層。濺鍍屬於物理氣相沉積（PVD，physical vapor deposition）方法之一，常用的濺鍍方式爲在接近眞空環境下將氬（Ar）原子解離成氬離子 Ar^+ 和電子 e^-，解離後的電子被陽極吸引並加速，氬離子則被陰極吸引和加速。氬離子到達陰極時因高速撞擊而從陰極表面濺出一些粒子，如果陰極是一個銅靶材，被濺出的粒子將包括銅原子，而被濺出的銅原子到達晶圓表面時可形成一層銅薄膜。部分電子到達陽極前可能撞擊到其他的氬原子，可以產生新的解離維持腔體內離子和原子的濃度並讓反應持續。

在覆晶封裝產品的生產流程中，大多數情況下晶圓製造和金屬凸塊製

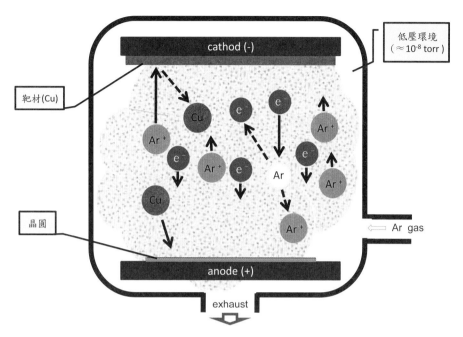

圖 63　濺鍍工作原理示意圖。

作這兩項工作分別在不同工廠內完成，通常完成晶圓製造後經過一段運輸
及儲存過程才進行金屬凸塊製作。對封裝廠而言，往往須面對來自不同公
司所製造的晶圓，因此很難掌握晶圓表面狀況，為獲得一致 UBM 品質，
在進行金屬薄膜濺鍍前，除利用一般表面清潔手法去除異物外，通常還讓
晶圓靜置在一個升溫且接近真空的環境，這時如果用來保護晶圓表面的介
電材料是由高分子物質組成，例如 BCB、PBO 或是 PI，這個靜置步驟可
讓表層介電材料內含的水汽或殘存溶劑逸出，一般稱這個步驟為 de-gas。
濺鍍過程是在接近真空的環境下進行，如果留在晶圓表面附近的水汽或殘
存的溶劑逸散在濺鍍腔體中，將會影響金屬薄膜品質，所以對大部分晶圓
作業而言 de-gas 是進入濺鍍腔體前一項必要步驟。此外，為避免表面殘留
有機物質，也避免來料金屬墊表面氧化層影響濺鍍薄膜品質，一般也安排

在進行金屬沉積步驟之前，利用感應耦合電漿（ICP，inductively coupled plasma）將晶圓表面數百個 Å 的物質移除。

晶圓正面被鋪上導電金屬層之後，表面原有構造完全被覆蓋在這幾層金屬薄膜之下。正常情況下，晶圓表面原有構造處於被導電金屬層保護的狀態，在後續凸塊製作過程中不受各種化學藥品侵蝕或影響，直到完成電鍍之後，蝕刻液把多餘的導電金屬層移除，晶圓表面原有構造才又和大氣接觸。

17.2　定義凸塊圖形

完成 UBM 金屬薄膜沉積之後，接著需在晶圓上定義出在哪些位置長出凸塊，以及凸塊的尺寸。這就好像在一個建築工地上放樣，依據設計圖把要組立樑柱的地方標示出來，然後才能在對的位置把對的結構構築出來。凸塊製作和其他晶圓製造步驟類似，設計圖裡的資訊都已經存放在各個光罩裡，只要把光阻鋪在晶圓表面上，經過曝光和顯影過程將光罩上的設計資訊「刻印」至光阻內，在應該有凸塊的位置移除光阻讓 UBM 露出來，不應有凸塊的地方則被光阻遮蓋，也就是說，凸塊的位置、形狀、和尺寸都直接被光阻定義在晶圓表面上，接下來的電鍍過程便能依設計把金屬沉積在凸塊的預定位置，達到設計者要求。

光阻是一種對光線敏感的高分子材料，它的特徵是被光線照射之後即進行光化學反應，有些光阻在光化學反應過程中將材料裡的分子鏈分解，在後續顯影過程中分子鏈被分解的區域很容易被顯影液分解，這類的光阻稱為正型光阻。另一類光阻稱為負型光阻，負型光阻在光化學反應之後能讓材料裡的短分子鏈聚合成巨型分子鏈，在後續製程中顯影液把不被曝光的部分，或是沒有巨型分子鏈的部分分解，留下被曝光的負光阻。不同的光阻材料有不同光線敏感波長頻段，現在大家習慣在黃光區處理光阻相關

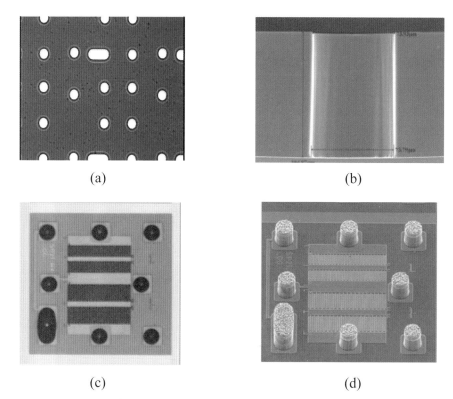

(a)

(b)

(c)

(d)

圖 64 利用光阻定義凸塊的位置、尺寸和形狀，(a) 光阻開口位置，(b) 光阻開口處的斷面形狀，(c) 與 (d) 利用相同光罩得到的金屬凸塊，分屬迴銲後和迴銲前。

製程，所以商用光阻材料都選擇避開對黃光敏感的材料。一般而言正光阻解析度比較好，單價也比較高，製作凸塊時大部分的製造商選擇使用負型光阻，因為負型光阻解析度就足以滿足一般凸塊製程需求。假設要製作高度為 $75\mu m$ 的凸塊，通常需要 $90\mu m$ 以上的光阻厚度以利電鍍進行，但一般晶圓廠裡的光阻塗佈設備無法以常用方法產生這個等級的光阻厚度，即便找到適當黏度的光阻，塗佈厚膜時光阻在晶圓外緣附近的厚度也容易發生變異，這意味著在後續的電鍍過程中，晶圓外緣附近的光阻開口深度可

能和晶圓上其他位置不同，因此將影響晶圓外緣凸塊金屬沉積品質以及凸塊高度均勻性。因應凸塊製程所需的光阻厚度需求，使用乾膜可以獲得比使用旋轉塗佈更均勻的光阻厚度，所以大部分的生產線都使用乾膜（dry film）來製作凸塊。

　　乾膜是在光阻工廠內預先成形的光阻材料，它具有比較好的厚度控制，成本也比較低。乾膜和一般光阻一樣具有黏性，所以乾膜材料的上下兩面都須使用保護膜隔開才能利用像雙面膠帶一樣的方式把幾百尺的乾膜捲在捲軸上。使用時先把位於光阻下方的保護膜撕開，然後貼在晶圓表面，再沿晶圓周圍割下光阻，這樣可以取代旋轉塗佈方法把光阻黏貼在晶圓表面，此時仍然留在乾膜上方的保護膜可以避免光罩在曝光時被汙染。光阻乾膜黏貼在晶圓表面之後，經過曝光和顯影過程可讓晶圓上對應凸塊位置的乾膜溶解，露出下層金屬薄膜成為一個光阻開口，讓凸塊金屬可以直接沉積在 UBM 上方。電鍍製程使用的光阻除要能控制尺寸和形狀之外，還須能夠耐得住長時間浸泡在電鍍液之中。凸塊的高度比起 IC 裡其他金屬層厚度大出許多倍，通常差異高達 30 倍以上，所以電鍍凸塊過程中光阻需要經歷比一般其他電鍍製程多 30 倍的安培 - 分鐘數。此外，電鍍凸塊時，晶圓也需經過不同的電鍍槽以沉積不同金屬疊層，因此凸塊製程使用的光阻也需要能耐受不同化學槽液且不在電鍍液中被分解，同時也不能在電鍍過程中和導電金屬層剝離以確保凸塊形狀符合預期。因此凸塊製程使用的光阻需具備對電鍍液有非常好的抗化性，但儘管如此，電鍍凸塊使用的光阻還需具備一項特性，即在完成電鍍製程之後需能被剝除液清理乾淨，所以開發此類產品遇到的挑戰應比一般光阻相對要高。

　　生產晶圓凸塊一般在完成 UBM 金屬薄膜之後，用滾壓方式把乾膜黏貼在晶圓表面，藉著控制滾壓壓力、速度與溫度提升黏合品質，滾壓後沿著晶圓邊緣切割，露出電鍍步驟所需的導電金屬接觸面之後，後續步驟就

和一般旋轉塗布光阻類似，利用曝光和顯影把光罩上的圖形實現在晶圓表面。貼黏乾膜和把隔熱紙貼在汽車車窗一樣都不希望看到任何的氣泡和皺摺，乾膜上的氣泡和皺摺都可能引起後續電鍍過程中的瑕疵，例如橋接短路和變形凸塊等。壓合乾膜之後用曝光方式把光罩上的設計圖存留在乾膜中，接著撕下乾膜上方的保護膜，用顯影液把光罩上的設計圖沖洗出來顯現在晶圓上，這個過程和洗黑白相片或黑白底片時的顯影過程相當類似。顯影之後藉由烘烤的方式增加乾膜和晶圓之間的黏結，同時利用高溫讓光阻裡的鍵結變的更完全，好讓光阻能在後續電鍍製程中耐受各式化學液的長時間浸泡。

17.3　電化學金屬沉積（ECD, electrical chemical deposition）

常見的凸塊金屬沉積方式屬於電化學金屬沉積（ECD, electrical chemical deposition），即大家熟知的電鍍，它利用電化學反應原理讓工作液中的金屬離子在晶圓表面還原，這和晶圓製造過程中的銅製程採用的電化學沉積是相同方法。相對於其他被應用在晶圓製造過程中產生金屬薄膜的物理氣相沉積（PVD），例如濺鍍或蒸鍍，電鍍具有較高的效率和較低的成本。大部分的電鍍銅製程使用硫酸銅做爲工作液內主要成分，硫酸銅溶液裡的銅離子是二價銅 Cu^{2+}，電鍍時把晶圓浸置在工作液當中，同時讓晶圓和電源陰極相接，通電就能讓銅原子在陰極也就是晶圓表面析出。電鍍過程中銅原子析出量和所通過的電流量成正比，這符合法拉利定律的預期，所以理論上只要控制電量就能控制金屬薄膜的厚度。

晶圓製造是一個比其他工業更講究精度的產業，除了要能控制整片晶圓上的金屬析出量外，也須控制讓每一個單一晶片上的沉積量都在相同或相近的水準，以確保同一晶圓上每一個晶片能有相同水準的特性。除此之外，也要讓每個光阻開孔裡沉積的凸塊金屬有相同的厚度和趨於水平的

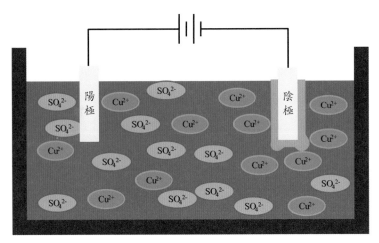

圖 65　電鍍銅工作原理示意圖。在硫酸銅溶液中架設電極，施予適當電壓即可在陰極將銅離子還原成銅原子。

形狀，好讓後續其他製程可以順利接續，也避免不同晶圓之間存在明顯差異。要達到這樣的製作水準需提供比傳統電鍍更精密的控制，實務上通常同時藉助精密且穩定的電鍍設備和適當有機添加物的幫忙。電鍍設備須讓工作液有足夠的循環和攪拌，讓晶圓附近參與電鍍反應的工作液能維持一致的濃度和穩定的化學成分（例如銅離子以及有機添加物），最好能提供足夠且均勻的擾動（agitation）來壓縮工作液在晶圓表面邊界層厚度，好讓工作液裡銅離子能快速且均勻的擴散到晶圓表面參與反應。除此之外，電鍍槽內也應有適當的遮板（shelding plate）設計消除晶圓邊緣高電流密度效應，藉此縮小晶圓邊緣區域和其他部位的差異。一般而言鍍銅的有機添加劑包括光澤劑（brightner）、抑制劑（carrier）和整平劑（leveller），通常化學藥品供應商能依據產品特性和需求提供適當的添加劑配方，但各種配方都有其適用範圍和限制，例如適用的電流密度或幾何特性。如果電鍍參數設定落在適用電流密度範圍之外，沉積的金屬通常在

外觀或物理性質上顯現異於預期的水準。除了有機添加劑具有電流密度的適用範圍之外，被鍍晶圓表面情況、電鍍液、以及槽液循環和攪拌等因子的綜效也決定對應的極限電流密度，如果輸入電流超過該極限電流密度，在陰極附近會發生來不及補充銅離子的狀況，這種情況下晶圓表面附近沒有足夠銅離子可參與反應，使得水中的氫被還原成氫原子，在巨觀上我們可以看見從陰極析出氫氣。因此，如果電鍍參數設定超過極限電流密度時，可以觀察到大量氫氣從晶圓表面析出，這時如果缺乏有效除泡機制，可能讓析出的氫氣鑲埋在金屬裡造成凸塊內孔洞，影響產品品質。

如果光阻和晶圓表面導電金屬層之間的接合面不夠紮實，在電鍍過程中電鍍液有機會滲入光阻和晶圓之間，常造成凸塊形狀和原來預期不符，嚴重時還可能形成凸塊之間橋接。許多製程設計在完成顯影步驟後對光阻進行烘烤，適當的烘烤能提升光阻和晶圓之間的結合力，進而降低電鍍過程中電鍍液滲入光阻和晶圓之間接合面的機會。常見在電鍍之前利用乾蝕刻方式對光阻開孔的孔底進行微蝕前處理，目的在把顯影時留在孔底無法被完全移除的光阻殘渣清除乾淨，所以一般稱這個步驟為 descum，

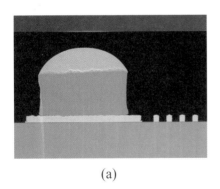
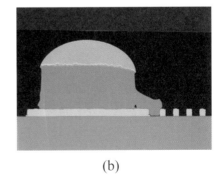

(a)　　　　　　　　　　　　　　　(b)

圖 66　光阻和導電金屬層之間結合力不足時，電鍍液容易滲入兩者之間，常使得在原來不打算沉積金屬的位置冒出多餘的金屬塊。(a) 正常凸塊形狀。(b) 光阻和晶圓之間結合力不足，形成不規則形狀的凸塊。

descum 同時也能增加親水性，讓電鍍液更容易流進每個光阻開孔之中以避免發生跳鍍之類的缺陷。

電鍍凸塊構造通常包括幾個電鍍金屬疊層，為避免疊層之間因氧化層或其他原因造成接合力不足，這幾個電鍍疊層通常以連續作業的方式完成，如果不同金屬層的電鍍工作液之間存在交叉汙染的可能性，應在電鍍設備和工序設計上預為考量避免。以常見的錫凸塊製程為例，導電金屬層結構多為近似 Ti/800Å 和 Cu/5000Å 的疊層，經過一連串製程之後，在開始電鍍之前導電金屬層表面難免存在氧化物，所以在電鍍過程中通常有一個預浸的前處理步驟，讓晶圓浸泡在沒有外加電壓的電鍍液裡一小段時間，這時電鍍液能溶掉銅表面的氧化層，露出新鮮的銅之後再施加電壓讓銅離子沉積在 UBM 上，這樣可以提升凸塊和 UBM 間的各種物理性質。完成銅電鍍之後，晶圓需先經過清洗步驟再進行鍍鎳程序，以避免鍍鎳工作液被汙染而影響後續品質。錫凸塊設計中加入鎳層的主要目的是避免上方的錫原子持續向下擴散，如果沒有適當阻障層，錫金屬可能將 UBM 裡的銅消耗完畢，致使凸塊自鈦金屬表面剝落，常見錫凸塊產品將鎳的厚度設計在 1 到 $3\mu m$ 之間。通常完成鍍鎳之後隨即進入鍍錫步驟，不同產品設計常有不同錫塊高度，只須依據產品設計調整電鍍時間即可鍍得適當錫金屬高度。為確保不同金屬鍍層間有良好的接合品質，應避免讓晶圓在完成全部電鍍作業之前停留在空氣中，以維持保濕作業（wet to wet）的模式，同時也應控制各層金屬在電鍍前的等待時間（queue time）和電鍍槽中的預浸時間。

17.4 除光阻及蝕刻（striping & etching）

完成電鍍程序之後，凸塊仍鑲埋在光阻裡，需經過光阻剝除程序方能讓凸塊露出來。因為光阻材料為耐酸不耐鹼的物質，所以製作電路板時，

常用氫氧化納之類的強鹼溶液剝除電鍍光阻材料，效果也非常好。因此直覺上認為剝除光阻是一件很簡單的工作，但由於錫金屬很容易受到強鹼攻擊而影響凸塊尺寸和外觀，通常在剝除光阻的溶液中加入抑制劑以保護錫金屬，如何選擇抑制劑成為剝除液供應商的一項重要商業資產，這使得光阻剝除程序意外成為比較昂貴的製程站點之一。在厚光阻尚未普遍時，有一種製程設計使用比較薄的光阻定義凸塊位置，由於光阻厚度低於電鍍金屬高度，電鍍時錫合金先填滿光阻開口然後向水平方向延伸，最後形成一個類似半圓形屋頂的構造浮貼在光阻表面，看起來像一個鉚釘釘在乾膜上，或像是香菇種在晶圓上的樣子，這種鍍出香菇頭的製程設計讓光阻被夾的更緊，再加上原有凸塊金屬和光阻之間的磨擦力，使得剝除光阻變得更加困難。如果乾膜剝除得不夠乾淨，除有可能在凸塊製程結束時看到殘留的乾膜外，也常在剝除光阻後續的蝕刻過程中，因殘留光阻阻擋蝕刻液而無法有效清除導電金屬層並造成金屬殘留。由於剝除光阻使用的化學藥劑內容較為複雜，剝除光阻後除可能在導電金屬層表面產生氧化層，也常見親水性不佳的副作用，因此常在剝除乾膜後使用電漿微蝕方式進行表面處理，除了清除導電金屬層表面的微量光阻殘渣，也同時增加表面的親水性，以利後續濕蝕作業。剝除乾膜之後常用濕蝕刻方法移除那些不被凸塊金屬覆蓋的導電金屬層，這時凸塊金屬剛好可以充當蝕刻過程的遮罩（mask），這種製程設計中，種層蝕刻步驟也具有修正凸塊尺寸的副作用，這個修飾尺寸的現象可以由圖 68 印證。導電金屬層由幾層不同的金屬薄膜疊加而成，通常需要使用幾種不同的蝕刻液依序清除導電金屬層，當最下層的導電金屬層被移除後，原來的晶圓表面就再度露出來和空氣接觸，所以選擇蝕刻液時應該要確認蝕刻液是否可能侵蝕晶圓表面的各種材料，另外，進行凸塊設計時也應檢視，在曝偏量和側蝕刻同時作用之下，蝕刻液是否有機會侵蝕凸塊下方的構造。剝除光阻之後很難對凸塊尺寸再

進行補救或重工，所以通常電鍍後須先完成初步檢驗才進行光阻剝除程序。光阻剝除之後也應先作剝除後的檢驗才進行蝕刻作業，減少蝕刻重工的機率以避免重工所帶來的潛在風險。

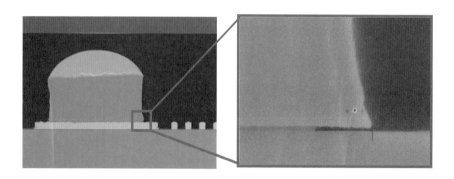

圖 67　採用濕蝕刻作業移除多餘導電金屬層是最常見的手法，這種製程設計無法避免 UBM 側蝕刻現象。因此進行凸塊設計時需考慮到，當曝偏量和側蝕刻同時作用時，蝕刻液是否會侵蝕凸塊下方構造。

17.5　迴銲（reflow）

經過蝕刻步驟後的凸塊外型可大致反映光阻開孔形狀，通常像一個圓柱體（也有截面是八邊形的角柱形狀設計），只是凸塊表面經歷鹼和酸的侵蝕後，除尺寸稍被修飾外，表面也常形成金屬氧化物，此時若直接實施針測（wafer probing），得到的讀值通常被錫凸塊表面氧化層干擾，影響判斷。在電子顯微鏡下可以發現，被鍍出來的圓柱體上方錫金屬粗度非常明顯，晶格呈隨機分布也不具規律性或是再現性，此時如果要利用自動光學檢驗方式檢出凸塊本身的瑕疵，或是凸塊製造過程中造成的缺陷，上述表面錫晶格粗度可能讓影像處理程式面臨高難度挑戰。進行覆晶封裝時，若凸塊表面粗度太大，有機會把助銲劑或空氣包覆在凸塊和封裝載板銲墊之間，可能因此在迴銲時產生錫銲點內孔洞（void），這對覆晶封裝而言

是個額外的缺陷來源。基於上述幾個原因，大部分的凸塊製作流程選擇在蝕刻之後進行一次迴銲，除了可以清除凸塊表面氧化層以利實施針測外，凸塊表面影像也能趨於一致，讓自動光學檢驗較方便，另外，也能避免實施覆晶封裝時產生錫銲點內的孔洞。

(a)　　　　　　　　　　　　　(b)

圖 68　凸塊製程常用的濕蝕刻手法屬於等向性的蝕刻作業，在清除導電金屬層時，除了移除導電金屬層外也同時修飾銅凸塊尺寸，甚至因為側向蝕刻影響讓 UBM 向內收縮。(a) 為銅凸塊樣品剛完成電鍍及光阻剝除後觀察到的金屬疊層，凸塊外觀尺寸和表面質感都由光阻開口決定。(b) 利用濕蝕刻清除導電金屬層，歷經濕蝕刻過程之後能在銅凸塊側壁上觀察到銅柱直徑被蝕刻液溶解縮小的現象，銅柱上方錫金屬受到的影響相對較小。

　　迴銲時先在晶圓表面塗佈助銲劑，然後將晶圓送入迴銲爐，一般助銲劑內有類似異丙醇的溶劑、松香油、界面活性劑和其他添加物，在迴銲過程中助銲劑讓凸塊表面的氧化錫還原，同時在錫熔融之後能降低熔融錫的表面張力，這個性質可以幫助增加錫在銲墊表面的覆蓋能力，所以稱之為助銲劑。設計迴銲製程時，可利用氮氣控制晶圓四周環境的含氧量讓凸塊在高溫環境下不至快速氧化，當溫度升高時，預先塗佈的助銲劑開始讓氧化錫還原，直到大約 150°C 時，助銲劑內的溶劑便快速揮發而離開凸塊金

屬，當溫度升高到超過錫合金熔點並維持相當的時間之後，所有凸塊錫金屬均呈熔融狀，這時在內聚力和表面張力共同作用下讓熔融錫金屬形成一個近似球體的形狀，隨後溫度下降，錫金屬由外而內凝固成球形錫塊。

　　後面單元將提到的銅凸塊和上述錫凸塊情形相似，經過迴銲過程之後，即可得到表面光滑的錫塊，可以降低後續 AVI、測試或是覆晶封裝時的技術門檻。結束迴銲及後續的清洗步驟之後便完成所有為了製作凸塊所進行的加工程序，待確認品質之後，即可送至下游覆晶封裝生產線進行組裝。緊接下來的一個段落將介紹確認凸塊品質的方法，隨後再將其他的凸塊製造方法做一簡單介紹。

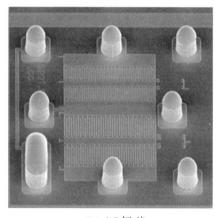

(a) 迴銲前　　　　　　　　　　　　　　(b) 迴銲後

圖 69　凸塊在迴銲前及迴銲後的外觀變化，以銅凸塊為例：(a) 迴銲前，凸塊外觀大致維持電鍍後的幾何形狀，雖然歷經濕蝕刻作業，外形仍近似光阻開口，頂端錫金屬表面還保有電鍍錫之表層粗度。(b) 迴銲時錫合金先升溫變成液態再降溫成固態，銅柱上端錫合金處於液態時，內聚力和表面張力共同作用讓錫合金成為具有平滑表面的半球形狀，冷卻時位於外表面的錫合金原子先降溫成固態並且固定形狀，所以迴銲之後銅凸塊上的錫合金外形非常類似圓頂建築物的屋頂部分。錫凸塊產品在迴銲後則有接近球體的形狀。

17.6　品質確認（Quality Inspection）

　　為確保產出的凸塊能滿足後續製程的要求並符合品質上的期待，通常安排在迴銲之後進行一連串的檢驗和測試，包括推球測試（ball shear test）、自動化光學目檢（AVI, auto visual inspection）、X 光透視和凸塊高度檢視等。

　　推球測試目的在檢驗凸塊和凸塊下方結構之間的接合情況，測試時用一個連接至感測器的針形推刀把凸塊推斷，然後依據感測器讀取的剪力值和被推斷的凸塊破壞斷面來判斷凸塊和其下方結構之間的接合強度是否符合預期。不同的凸塊金屬對應不同材料應力強度，所以適用的推球測試規格也隨之改變，錫銀合金凸塊常採用 $2.8mg/\mu m^2$ 作為推球測試的剪應力強度規格。由於錫合金略具延展性，正常斷裂面應呈現延展性破壞。如果推斷凸塊後留下的破壞面具有脆性破壞痕跡，可能是電鍍液或是某些環節發生問題，使得凸塊合金品質或是成分不對，也可能因為某些因素造成脆性 IMC 太多，引發脆性破壞。如果破壞斷面上完全不被錫金屬覆蓋或者如果部分破壞面不被錫金屬覆蓋，常是因為 UBM 層出了問題，以致於整個凸塊被完整的推開。有時凸塊位於比較脆弱的電路結構上方，使得剪力破壞面發生在 UBM 之下，例如位於銲墊下方的低介電係數材料層內，這種情況常發生在銅凸塊產品，因為銅凸塊的剪力強度比錫凸塊高，有些人採用 $7.5mg/\mu m^2$ 當成銅凸塊的推球測試剪力強度規格。如果下方介電層的抗剪力強度過低，推球測試得到的破壞斷面常發生在 UBM 下方，對應的剪力讀值也通常偏低，甚至可能低於上述的規格，不過這樣的測試結果應解讀為凸塊下方構造強度過低，在封裝之後或是長期可靠度測試期間，有可能在該處發生破壞面，這種情況下可能需要藉由變更設計或是改變材料才能通過可靠度測試，例如進行覆晶封裝時選用不同的底膠來分攤剪應力、或是改變晶圓介電材料以增加強度、或是在封裝設計上移動凸塊位置以改

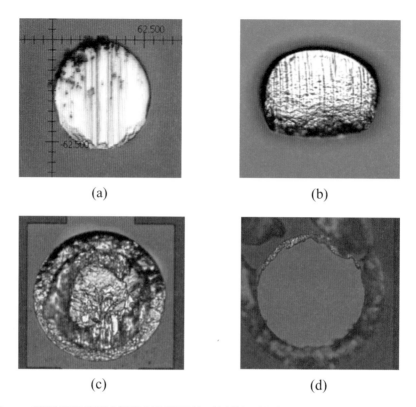

(a)　　　　　　　　　　　　　　　　(b)

(c)　　　　　　　　　　　　　　　　(d)

圖 70　幾種錫凸塊推球測試後常見的破壞斷面模式，(a) & (b) 延展性斷面（合格），(c) 脆性斷面（不合格），(d) UBM 層剝離（不合格）

變產品內應力分布。

　　除了凸塊和凸塊下方的構造及材質能影響剪力測試讀值之外，推球時推刀的速度和高度也影響測試結果，因此有些業者可以採用加快推刀行進速度的方式模擬落下測試（drop test）對錫銲點的衝擊，基於這些原因，設計推球測試程序時應參考相關 JEDEC 文件，由規範中確認適用的推力測試條件。推刀高度對觀察到的剪力強度也具影響，影響的程度可以從基本力學理論看出，也可以利用後面單元即將介紹的有限元素分析軟體模擬得到，模擬結果應能印證圖 71 的數據，圖 71 為對同一種受測物改變推刀

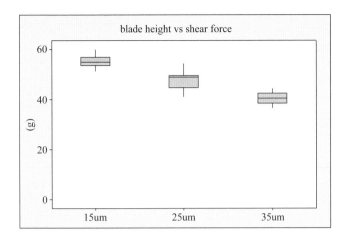

圖 71　進行剪力測試時，量測得到的凸塊剪力強度可受推刀高度影響，因此測試規範內可以找到針對推刀高度所進行規定。上圖為改變推刀高度所量測得到的銅凸塊剪力統計資料，受測物中銅柱高度皆為 40um，雖然受測銅凸塊來自同一批產品，但改變推刀高度即能讀到不同的剪力數據。圖中橫軸為推刀高度，縱軸為對應的剪力強度。

高度時所得到的銅凸塊剪力強度統計資料。

　　AVI（auto vision inspection）藉由影像處理軟體篩檢異常凸塊或是凸塊製程中產生的瑕疵，它用自動化工具代替目視檢出來剔除不良品，以維持相同品質水準，降低人為因素對篩檢過程的影響。AVI 由晶圓正上方的上視影像判讀瑕疵，屬於平面檢驗（2D inspection）。自動化工具判讀雖然無法和有經驗的人眼一樣精準，但是一片晶圓上可能有幾萬個晶片或是幾十萬顆凸塊，如果用人工篩檢瑕疵有一定困難，而且不同的人或甚至同一個人在不同的時間都可能不自主的採用不同篩檢標準，相較之下自動化工具比較有效率，可複製並倍增產能，能夠長時間維持相同的檢驗水準，同時也唯有透過自動化影像處理手法判讀，才能讓生產者和客戶品管單位有機會採用一樣水準的檢驗標準。常用的 AVI 影像處理手法係將影像上的每一個點（pixel）轉換成灰階值，然後把大約 10 個或者 10 個以上的影

像累加再平均,其結果為一個合成的標準影像(golden image),如果被檢驗晶片的影像和標準影像之間存在過大差異,即認定該晶片為瑕疵品,反之就認為是良品。這裡所指的「差異過大」是相對的說法,也可以說是「超過容忍範圍」,而這個容忍範圍常常是和主要客戶之間討論後的共識,訂出可以由數位化影像決定的篩檢標準。建立 AVI 程式時我們依據經驗法則選定演算法,藉由灰階上的差值和尺寸門檻決定「容忍範圍」,理論上透過數位化影像應能獲得相同的檢驗強度,但實際上可能因為光源差異而得到些許差異,或是機器軟硬體版本間的差異也能帶來不同結果,因此同一片晶圓在不同公司所得到的 AVI 結果不盡完全相同,就算在同一家公司,也能在不同檢驗機器上看到些許差異,不過這個現象可以藉助相互比對資料的方式來縮小彼此間差異。我們之所以要用 10 個以上影像累加再平均,主要是因為機器無法事先得知所擷取影像裡是否存在瑕疵,再加上光線變化或是表面粗度略有不同都可得到不同灰階值,所以採用許多影像的平均值作為標準影像。但這個方式有個前提,那就是假設良率夠高,才能由任意 10 個影像產生標準影像。為防止不良品外流,必須讓 AVI 的影像處理程式設定能捕捉到所有不良品,所以影像處理程式常比實際判定標準還稍微嚴苛一些,因此 AVI 站點在進行影像處理程式自動判讀之後,通常再利用人工判讀把被誤殺(over kill)的晶片救回以提高良率。

利用電鍍方法沉積金屬時,金屬內部不應有孔洞(void)或其他不連續構造,如果金屬內部存在孔洞常是製程發生變異的結果。實務上除了用切片的方式確認孔洞尺寸和位置,也可以用 X 光透視來篩檢凸塊內孔洞的尺寸和數量,X 光透視屬於非破壞性檢驗方法,很適合用在生產線上進行快速篩檢。正常電鍍凸塊在剛結束電鍍作業時,內部不應該有藉由一般 X 光透視能偵測的孔洞。如果在凸塊迴銲之後可以利用 X 光透視發現孔

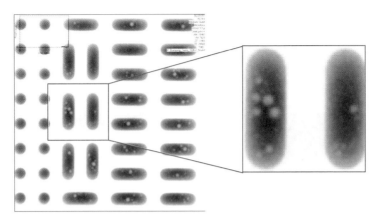

圖 72 生產電鍍凸塊時，有時候可以發現凸塊內藏有孔洞，這通常肇因於電鍍
過程中的異常，為了防堵異常產品流出工廠，可以利用 X 光檢視凸塊內
是否存在孔洞。圖為 X 光透視下的凸塊影像。

洞，可能的原因包括設備發生異常，電鍍液品質異常，也可能是電鍍參數
不恰當。

　　並非所有的凸塊內孔洞都屬於製程異常的象徵，如果被檢驗的產品是
以印刷方式生產的凸塊，則一定會在 X 光透視下看到孔洞，這是因為內
部孔洞為印刷凸塊的產品特徵。目前尚無報告顯示有任何電子產品失效肇
因和印刷凸塊內的孔洞有關，所以印刷凸塊對應的檢驗規格和其他凸塊產
品略有不同。實務上印刷方式生產的凸塊允許在 X 光透視下看到孔洞，
但需限制孔洞的大小和數量。

　　將凸塊放置在晶片上的目的是為了讓凸塊成為後續覆晶封裝構造中
的內接點（interconnection），如果凸塊高度不能滿足覆晶封裝生產線的
要求，常會降低覆晶封裝產品的組裝良率。為了形成有效銲點以提供足夠
的接點強度，需要維持足夠錫量讓錫能在迴銲時有效覆蓋晶片銲墊和載
板銲墊，然而如果錫量過多，也可能形成相鄰銲點之間的橋接，所以一
般透過控制凸塊高度的機制來確定銲點上剛好有適當的錫量。除了要控

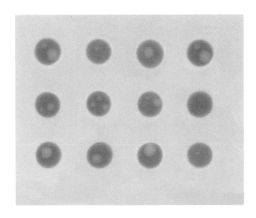

圖 73   內部孔洞是印刷凸塊的製程特徵，上圖為一典型印刷凸塊在 X 光透視下
的影像，實務上允許以印刷方式生產的凸塊在 X 光透視下看到孔洞，但
需限制孔洞的尺寸，以避免過大的孔洞影響品質。

制凸塊平均高度之外，同一晶片之內的不同凸塊間也應維持良好共面性
（coplanarity），以避免在迴銲時因為某些凸塊高度和相鄰凸塊差異過大
而導致無法讓所有凸塊同時和電路板銲墊接觸的現象。此外，凸塊製程之
後的針測（probing）也有賴於適當的凸塊共面性以提高效率。常見用來
量測凸塊高度的方法係利用雷射光量測，雷射光點依序向凸塊四周晶圓表
面照射，也向凸塊表面照射，反射的雷射光被接收器補捉後，即可據以計
算每一個點的高度，依此便能獲得每一凸塊的高度。有了晶片內每一個凸
塊的高度數據之後，就能算出凸塊在每個晶片上的共面性。凸塊共面性的
計算方式有許多種，其基本概念大都是將最高凸塊和最低凸塊間的高度差
作為共面性的指標數字，各種凸塊共面性演算法所得結果也類似，以方便
凸塊生產者和後續的封裝或針測部門相互溝通。

17.7   印刷錫凸塊製程（printing solder bump）

除了以電鍍方式將錫金屬沉積在 UBM 上之外，也可以利用類似網版

印刷方式將錫膏放置在銲墊上，經迴銲之後，錫金屬和 UBM 結合即成為錫凸塊。印刷方式產生的錫凸塊成本較低，也不必管理複雜的電鍍槽液，所以直覺上技術門檻和資金門檻都低於使用電鍍方式產生錫凸塊。此外，理論上印刷凸塊製程也可以藉由選用不同錫膏來變換錫凸塊的合金成分以滿足各種特殊設計需求，因為只要改變錫膏內容物，就可以改變錫凸塊的合金成分。雖然如此，印刷方式產生的錫凸塊產品仍然有些先天的限制，例如凸塊間距受限於印刷網版的製作技術，這和以前的蒸鍍凸塊所遭遇到的困難類似，因此可以想像細間距凸塊應有較低的良率。另外，印刷方式產生的錫凸塊內存在無法消除的內部孔洞，雖然並無任何直接證據顯示這些內部孔洞能影響產品品質，但是某些設計者仍優先考慮選用不具內部孔洞的電鍍凸塊，以避免未知風險，所以雖然印刷凸塊具有低成本的優勢，目前主流產品中仍有很大的比例使用電鍍方式製作凸塊。印刷網版（stencil）精度決定製作出來的凸塊尺寸和間距，一般而言，使用金屬印刷網版很難製作中心距離小於 $200\mu m$ 的量產產品，但是如果使用能形成更密間距的材料作為金屬印刷網版的替代品，製作 $100\mu m$ 間距的錫凸塊產品並非不可能。銅凸塊的電路特性和散熱能力都比錫凸塊更優異，但目前仍然無法以印刷方式產生銅凸塊，這是印刷凸塊技術的另一限制。下面針對印刷錫凸塊的製作流程作一簡短的說明：

1. 沉積 UBM 金屬層

使用印刷方式生產凸塊的方法中有幾個步驟和以電鍍方式生產凸塊類似，如果兩種生產模式並存，工廠裡可讓兩種產品共用許多機器設備，例如沉積 UBM 的濺鍍機台。對印刷凸塊和電鍍凸塊而言，沉積 UBM 的製程步驟幾乎沒有差異，都是在晶圓表面上形成一個位於凸塊和金屬墊之間的介面，也就是 UBM。UBM 要能讓凸塊很穩固的附著在晶圓表面，提

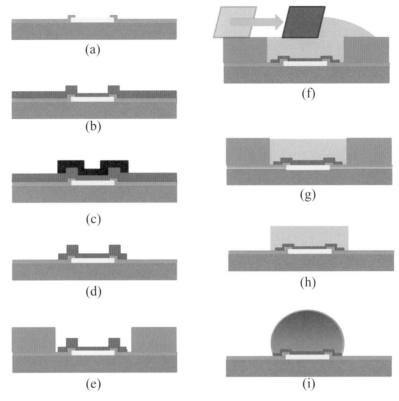

(a)

(b)

(c)

(d)

(e)

(f)

(g)

(h)

(i)

圖 74 以印刷方式生產凸塊的流程。

供適當的機械強度，有的產品需要在凸塊金屬和晶圓之間加入一層鎳之類的擴散阻絕層（diffusion barrier layer），以避免某些凸塊金屬擴散到晶圓下層影響電路特性，同時也避免錫和下方黏著層接觸產生可靠度方面的問題，不過由於鎳金屬以沉積方式堆疊在其他金屬上方時，常常呈現張應力狀態，嚴重時也能觀察到鎳層因為張應力而發生龜裂的現象，或者讓晶圓呈現嚴重翹曲，因此有些凸塊設計以鎳釩（NiV，nickle vanadium）合金取代鎳金屬作為阻絕層。由於鎳也具有銲接濕潤性，大部分產品在 UBM 的最上層用鎳或銅作為銲錫的濕潤層（wetting layer），好讓錫凸塊能固定在良好的介金層之上。製造商依需要選擇適當的金屬疊層以滿足各項功

能，然後用最佳化的厚度作為 UBM 設計以符合客戶需求和生產效益。實務上幾乎所有的印刷凸塊製造商都用濺鍍方式產生 UBM 金屬薄膜疊層，再利用黃光和蝕刻方式將 UBM 刻出來。

2. 形成 UBM

用印刷方式生產凸塊的過程也和電鍍凸塊一樣利用黃光區製程定義 UBM 圖形，不過和電鍍凸塊不同之處為印刷凸塊的製程中，我們在 UBM 位置上方覆蓋保護光阻，然後進行蝕刻作業移除 UBM 之外的金屬，所以印刷凸塊使用的光罩圖形和電鍍凸塊的圖形剛好相反，類似傳統攝影中黑白底片的正片和負片之間的差異。在濺鍍金屬層上方施以光阻保護後，以蝕刻液除去不受光阻保護的濺鍍金屬，然後再剝除光阻，留下的金屬薄膜就是印刷凸塊製程的 UBM。

3. 印刷錫膏（solder printing）

印刷凸塊製程的概念相當簡單，將錫膏放在 UBM 上方，然後藉迴銲過程的高溫讓錫膏熔融並固定在 UBM 表面即完成製作程序。在印刷時須將網版開孔和 UBM 做精確的對位。網版就位後才能進行錫膏塗佈，讓刮刀在網版上方來回移動，把刮刀前緣的錫膏推進網版開口內，當錫膏均勻填滿網版開口之後，即完成填充錫膏的步驟。錫膏內容物主要由大小不一的錫顆粒加上助銲劑組成，這些錫顆粒像混凝土裡的碎石級配一樣，大小不同的顆粒可以增加有效填錫量，並能讓錫膏裡的錫金屬有效密度增加且趨於一致，也能減少迴銲後留下的孔洞。當凸塊間距越小，定義凸塊的網版開口尺寸也跟著減小，體積較大的錫顆粒在網版開口內的數量可能僅剩很小的個位數字，為了避免錫凸塊尺寸均勻性受到錫膏內大顆錫金屬數量左右，較小間距的凸塊印刷製程應限制並縮小錫膏中最大錫顆粒的尺寸等級，在設計製程時可以參考表 5 來選取適當的錫膏等級。

表 5　不同等級錫膏的錫珠尺寸範圍。

等級	1	2	3	4	5	6	7
錫珠尺寸上限 (μm)	150	75	45	38	25	15	11
錫珠尺寸下限 (μm)	75	45	25	20	15	5	2

4. 凸塊迴銲

　　印刷錫膏的過程中，透過網版將錫膏放置在銲墊上，將網版取下後，黏稠狀的錫膏可以暫時固定在 UBM 表面，進行迴銲之前這些錫膏內的金屬成分還不能算是積體電路表面的結構物，隨時都有可能和 UBM 分離。迴銲時，一般採用能控制含氧量的流線式迴銲爐，讓錫合金和 UBM 結合的過程中不致在表面生成過多氧化物。迴銲是一個程式化的溫度升降歷程，錫膏裡的助銲劑能在迴銲升溫初期去除 UBM 表面氧化物以及錫珠表面氧化物，當溫度高過熔點時錫珠開時轉變成液態，接著所有錫珠在內聚力和表面張力共同作用下結合成一個液態金屬球，待溫度降低之後便形成外觀一致的球形錫合金凸塊，迴銲時液態金屬球下方的錫和 UBM 表面即時形成介金層以提供適當的接合力。離開迴銲爐時，如果錫珠間隙內的空氣和助銲劑裡的溶劑成分仍然被包覆在液態金屬內即成為日後錫凸塊內的孔洞。雖然印刷凸塊製程無法完全消除孔洞，但是孔洞的數量和尺寸可以藉由不同的錫珠尺寸等級、助銲劑成分和調整迴銲溫度程式進行最佳化。錫凸塊的外觀形狀和尺寸主要隨著 UBM 的形狀和尺寸而變化，其直徑和高度則取決於錫量多寡，亦即網版厚度和網版開口尺寸。成分不同的錫合金經過迴銲之後能得到不同的表面光澤，但在外型上看不出差異。

5. 品質檢驗

　　前面提到印刷錫凸塊的一個產品特徵，即經過迴銲之後仍無法完全消

除內部孔洞，這些孔洞無法從外觀上看到，但可以藉由 X 光透視的方式篩檢。錫膏裡最主要的成分之一是不同尺寸的錫珠，錫珠之間的空隙充滿許多助銲劑和空氣，在迴銲爐的高溫環境裡，部分錫珠間的空氣和助銲劑裡的溶劑能逸出進入大氣，但有些無法逸出的溶劑和空氣會被包覆在熔融的錫裡，冷卻之後便形成孔洞。如前所述這類孔洞不被認爲是瑕疵，但應針對凸塊內的孔洞設定一個可以容忍的尺寸當作檢驗標準。除內部的孔洞之外，印刷錫凸塊的其他品質檢驗項目相較於電鍍錫凸塊並無差異。

　　幾個主要封裝廠在 2000 年前後由 FCI 公司得到 FOC（flex on cap）的技術授權進行印刷錫凸塊生產，這個凸塊製程技術原先被 Delco 公司所開發，並且被大量使用在汽車工業，後來爲了加強凸塊對疲勞載重的抵抗能力在凸塊結構上進行改良，之後便用 FOC 這個名稱。FOC 製程和其他印刷凸塊生產方式並無太大差異，但在網版印刷的關鍵步驟上有明顯優勢，使 FOC 適合使用在細間距的凸塊產品中，所以幾個主要封裝廠都曾把印刷錫凸塊當作生產覆晶封裝產品的主要方式。

17.8　晶圓植球（Ball drop process）

　　圖 75 是晶圓植球製作流程的示意圖，它的前半段流程和印刷凸塊相同，一直到完成 UBM 後才以特殊設備和製具把錫球放在 UBM 上，接著再進行迴銲就完成晶圓植球製作過程，這個植球過程的基本原理和 BGA 植球非常類似，不過從錫球尺寸、精度和被要求的良率等角度來看，同時把幾十萬或是幾百萬顆錫球銲接在晶圓上的晶圓植球作業是個非常具有挑戰性的工藝。

　　有幾種情況能讓晶圓植球的產品設計比電鍍凸塊或是印刷凸塊更具競爭優勢，例如當晶片上所需的 i/o 數量非常少且 i/o 的密度不高時、或者必須增加晶片和載板間的間隙以降低熱應力、或是當產品設計中需要極嚴格

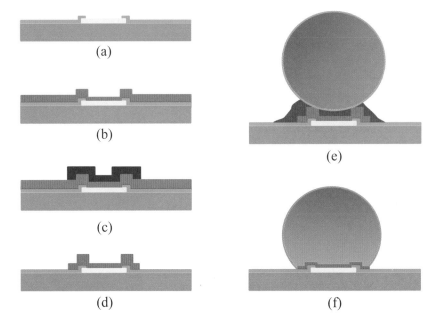

圖 75 晶圓植球的製作流程。它的前半段製程（圖 (a) 至圖 (d)）和印刷凸塊相
同，直到完成 UBM 後才以特殊設備和製具把錫球和助銲劑放置於 UBM
上方（圖 (e)），接著再進行迴銲就能將錫球固定在 UBM 上。

的凸塊共面性，或者需要使用比較大的凸塊作爲 WLP 和電路板之間的接
點時，都讓植球方式成爲比較適合的凸塊加工方式。和其他幾項優勢比起
來，晶圓植球所具備降低熱應力的特性並不容易被理解，但透過圖 76 可
以幫助我們看出這項優點。假設圖 76(a) 中上下兩個平板在溫度變化之前
具有相同長度，而兩個平板之間由三根柱子以鉸鏈（hinge）連接，如果
溫度上升之後上平板伸長量大於下平板，外側的柱子會由原本的垂直方向
變成如圖 76(b) 所示向內傾斜，而且上下兩平板的伸長量差異越大時外側
柱子的旋轉角度或是傾斜量就越大。但在相同情況下，如果增加柱子的長
度，傾斜量會顯得比較小，所以可以發現 A 點（圖 (d)）的旋轉角度比 a
點（圖 (c)）的旋轉角度小。類似圖 76 裡的升溫膨脹情況發生在覆晶封裝

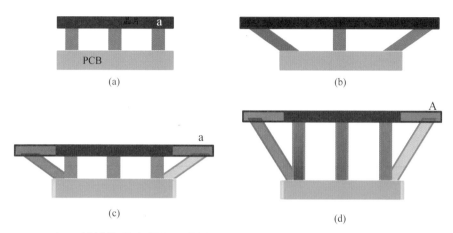

圖 76　假設結構物的上層和下層水平桿件具有不同的伸縮量，如果桿件之間以鉸接（hinge）接合，分隔上下兩層的柱子會隨著溫度變化而轉動，類似的結構中如果柱子較長，其對應的轉角比較小。

結構中時，如果將圖中的柱子換成覆晶封裝結構中的錫球，由於錫球接點無法像鉸鏈一樣自由旋轉，圖中發生在接點處的傾斜量因此轉變成錫球承受的剪應力，在其他材料特性都相同的情況下，可以由前述經驗得知，使用較大凸塊的產品設計能降低熱應力帶來的角變形量和相對應的剪應力。如果要進一步量化剪應力強度的差異，可以藉助有限元素法軟體進行應力分析。除此之外，有限元素法分析也能得到應力強度分布圖，根據應力分布資料可以判斷哪些位置的凸塊下方不適合放置元件，或者哪些位置的凸塊下方只能有簡單的導線，不過進行這類判斷之前，需要先建立客製化的資料庫。製程簡單是另一個晶圓植球的優勢，如果 i/o 數目非常低時，使用晶圓植球的產品，其總成本有機會低於一般塑膠封裝，不過這個成本優勢要在大量生產時才能實現。如果產品具有少量多樣的特性，晶圓植球的成本優勢便會消失，因為製作晶圓植球的專用製具不但耗時也不便宜。

17.9　銅凸塊 Cu-pillar bump

　　銅凸塊已經被大量應用在產品設計裡，目前銅凸塊都是由電鍍方式生產，雖然銅凸塊和電鍍錫凸塊有不同的構造，但他們的製造流程和技術卻非常相似，許多使用的設備、材料和製程參數都能共用。銅凸塊和錫凸塊的主要差異在於凸塊金屬疊層的厚度，以及銅凸塊產品是否必須用金屬鎳作爲錫原子屏障層。鍍銅藥水現已能同時適用於比較薄的 UBM 沉積和比較厚的銅凸塊沉積，因此有些凸塊生產線能共用設備和材料來生產這兩種凸塊，只需在製程參數上做一些細微的修正，調整電鍍銅和電鍍錫的析出量（即安培一分鐘量）就能分別滿足兩種產品的要求。當凸塊產品演進到微細間距時，在覆晶封裝的階段常因爲錫凸塊形狀近似球型而面臨額外的製程限制。如圖 77 所示，由於錫凸塊之間的有效淨空被像啤酒肚一樣的凸出部分打了折扣，如果要採用封裝塑膠代替昂貴的底膠，可能會因爲有效淨空不足而阻礙封裝塑膠內二氧化矽顆粒的流動，嚴重時還可能造成封裝塑膠內孔洞，所以錫凸塊比較不適合微細間距的產品。銅凸塊則沒有這樣的問題，在進行覆晶封裝迴銲之後，不但沒有前述啤酒肚的問題，也能在迴銲之後利用銅柱的高度控制晶片和載板之間的間隙，使得封裝塑膠的模流能順利通過。除此之外，如果在導熱和導電等物理特性上需要錙銖必較時，更需要選擇銅凸塊設計，因爲銅和錫之間對電或是熱的傳導能力都存在明顯差異，例如它們的熱傳導係數分別大約在 400 和 60 W/mK 左右，錫的 60 W/mk 雖然不至於成爲產品熱傳遞路徑裡的瓶頸，但如果和銅比較起來，仍存在不可忽略的差異。最早開始大量使用銅凸塊的產品是個人電腦裡的中央處理器，如果切開 CPU 可以發現，Intel 在中央處理器裡用的銅凸塊並沒有利用鎳當作錫的屏障層，Intel 的大量產品實地驗證可以說明，當銅層的厚度足夠時，不一定需要利用鎳作爲錫的屏障層。有些先進封裝設計使用非常細微間距的銅凸塊作爲晶片間內接點，如果凸塊高度

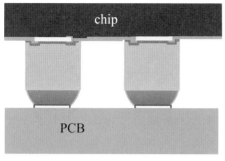 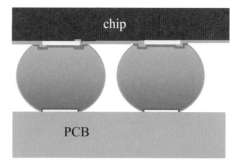

(a) 使用銅凸塊的覆晶銲點。　　　(b) 使用錫凸塊的覆晶銲點。

圖 77　利用封裝塑膠取代底膠時，凸塊間有效淨空會限制封裝塑膠內的填充物
　　　尺寸。如果有效淨空不夠，壓模時二氧化矽顆粒常無法順利通過兩個相
　　　鄰凸塊銲點的間隙。這個現象在採用微細間距凸塊的產品中甚為明顯，
　　　所以產品設計中包含微細間距凸塊時通常採用銅凸塊構造。

小於 $20\mu m$ 時，銅和錫之間的鎳屏障層又成為必要，因為如果 IMC 成長
時將凸塊中的銅金屬消耗殆盡，會影響產品的長期可靠度表現。

　　圖 62 所示的錫凸塊製作流程也可以用來製作銅凸塊，但需在電鍍的
時候增加鍍銅的安培分鐘數，並且降低鍍錫的安培分鐘數，如此便能得到
一般的銅凸塊構造。圖 68(a) 看到的是電鍍後並且剛完成光阻剝除作業的
銅凸塊，由凸塊外觀可以看到黃光製程後光阻開口內部形狀和紋路。從圖
68(b) 可以發現當蝕刻掉多餘的導電金屬層之後，銅柱直徑在蝕刻作業期
間被縮小了，這是因為採用濕式蝕刻去除導電金屬層時，濕式蝕刻的等向
性特徵讓蝕刻液在清除導電金屬層的過程中，同時也移除一部分銅柱表面
的銅原子，由於蝕刻液的主要反應對象是銅金屬，所以上方的錫金屬並未
隨著銅柱縮小尺寸，這個現象也說明一般蝕刻製程中所討論的選擇性蝕刻
（selective etching），其結果讓銅柱直徑明顯的比錫小一號。經過回流程
序之後，銅凸塊上方的錫塊成為像個蓋在銅柱上方的圓屋頂，就像圖 69

裡的產品一樣。

另外，銅金屬的材料應力強度遠高於錫，許多人使用 7.5mg/μm^2 當作銅凸塊的剪力強度標準，有些銅凸塊已經被放在以低介電常數（low K）材料作為介電層的產品裡，這種情況之下，凸塊的材料強度常遠高於凸塊下方結構的強度，所以在檢視銅凸塊剪力強度的推球測試中，常常看到斷裂面不在凸塊內，而是發生在凸塊下方的電路結構中。這個現象提醒我們，初次將某個晶圓廠製程技術產出的晶片放在覆晶封裝設計裡時，可能需要對整個產品進行封裝設計之結構分析，以便確認凸塊位置、應力分布和產品結構強度之間的關係是否符合期待。

銅凸塊和錫凸塊的品質檢驗項目幾乎完全相同，除了因銅的剪力強度遠高於錫，使得凸塊剪力強度測試採用的破壞面判斷準則和剪力強度門檻不同之外，其他項目的檢驗方法和判斷準則幾乎可以共用，這些檢驗的原始目的是要確認凸塊設計是否適當，也確認生產時凸塊製程是否發生變異，避免讓凸塊相關的構造在正常載重下失效。也就是說如果產品在可靠度測試期間或是工作期間發生故障，由凸塊產品設計的角度出發要確保故障起因並非來自凸塊。如果從開發產品的角度出發，各類測試結果可以協助找到整個產品中最脆弱的位置，產品在某測試項目的表現如果未如預期，可以根據產品失效分析，針對最脆弱的部分進行補強。

在類似凸塊剪力強度測試之類的破壞性實驗過程中，如果某點的材料強度低於該位置承受的內應力時，有機會在該位置產生破壞面。因為錫的剪力強度較低且進行測試時外加的剪力都直接施加在錫金屬上，所以進行剪力強度測試時，典型的錫凸塊剪力破壞面位於錫金屬內，又因為錫金屬具有延展性，所以破壞面通常呈現延展性破壞（ductile fracture）。根據經驗可以發現，破壞面的面積大約和感測器讀到的剪力成正比。在實際狀況中，進行剪力強度測試時，設定的推刀高度偶有變異，而錫凸塊的形狀

和尺寸也存在來自產線的變異，同時錫球下方 IMC 的生長狀況也不盡相同，所以有時會看到和標準延展性斷面不同的破壞面，但只要破壞面不發生在各層 UBM 金屬之間，也不在 UBM 和上下層構造之間的介面，而且斷面不呈脆性破壞（brittle fracture），都可以被認定為通過剪力強度檢驗。如果斷面發生在 UBM 和下方金屬之間的介面時，常常是由於 UBM 的品質不良，可能是在濺鍍過程中鋁墊上的氧化層沒被清除乾淨，或鋁墊上有其他異物造成 UBM 和鋁墊之間的接合力不足。如果在斷面上發現過多的脆性破壞時，很可能是製程中發生某些變異讓 UBM 上方生長過多的脆性 IMC。銅凸塊算是相對較新的凸塊產品，銅的剪力強度常常高於凸塊下方的構造，所以常見的破壞斷面位於凸塊下方，而且斷面的影像會因 IC 產品不同而異，當凸塊下方的構造夠強時，剪力破壞斷面也可能通過銅柱，這兩類剪力破壞斷面都是典型的銅凸塊剪力破壞面。

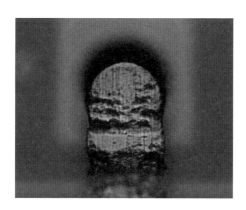

圖 78　銅凸塊剪力強度測試後的典型斷面。

18. WLCSP

WLCSP 是晶圓級封裝裡唯一能由名稱確定產品外觀構造的封裝設計，同時也能由名稱直接連結到對應的標準製作流程，圖 79 是 WLCSP 的典型製作流程。常見的 WLCSP 產品使用兩個介電層包覆 RDL 層，所以需要以 4 個光罩完成 WLCSP 製程，但是如果產品不需要應力緩衝層，而且計畫要實施 WLCSP 的晶圓能和 WLCSP 製程中各種化學藥品相容，這兩層介電材料便成為非必要的結構，也就是說可以省下兩道光罩所對應的成本和製程時間。

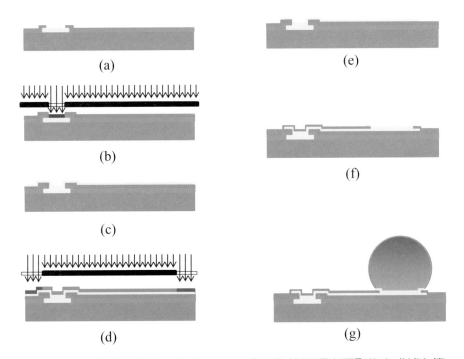

(a)

(b)

(c)

(d)

(e)

(f)

(g)

圖 79　WLCSP 製程示意圖。許多 WLCSP 產品先使用曝光顯影的方式鋪上第一層應力緩衝層（圖 b），接著把 RDL 放在這層緩衝材料上，RDL 層可以用電鍍方式形成，也可以利用濺鍍的方式產生，圖 (c)-(e) 為濺鍍方式產生 RDL 的流程，在濺鍍金屬薄膜之後使用黃光和蝕刻製程把 RDL 金屬線留在第一應力緩衝層上，接著再鋪上第二應力緩衝層（圖 f），然後可以選用前述任何一個方法將錫凸塊放在第二應力緩衝層所定義的銲墊上方。

　　WLCSP 所增加的介電層除了作爲 RDL 層的絕緣體外，也常常被用來當作應力緩衝層（stress buffer layer），當垂直向下傳遞的應力作用在凸塊上時，這個應力緩衝層可以對下面的元件提供額外保護。早期晶圓製造技術比較欠缺抵抗水氣侵蝕的能力，所以吸水性只有 0.2% 且玻璃轉換溫度高達 350℃的 BCB 材料便成爲 WLCSP 應用中的主流介電層材料，但是 BCB 在黏著性和韌性上的表現不如 PI，所以自從晶片抵抗水氣侵蝕的能力被提升之後，BCB 有被 PI 取代的趨勢。後來，當手持裝置成爲市場上的主流產品之後，考驗零件耐震能力的落下試驗（drop test）讓 PBO 材料成爲 WLCSP 產品中的新興介電材料。WLCSP 的介電層大都使用顯影型材料，這些顯影型介電材料具有光阻的特性，可以利用一般黃光區設備完成介電層薄膜製程。假設 PBO 被選擇作爲介電層（本單元中接下來的討論皆假設以 PBO 材料作爲 WLCSP 的介電層），常見的作法爲在晶圓表面塗佈液態 PBO，經過熱板烘烤讓部分內含溶劑揮發，達到初步固定薄膜厚度和形狀的目的，然後再用曝光方式把第一個光罩上的圖形烙印在 PBO 薄膜內。顯影型 PBO 的特性和正型光阻非常類似，光線照射能讓分子內部的化學鍵結分解，所以顯影時能把被曝光的部分從晶圓表面移除，留下其他沒有被曝光的部分。顯影後的 PBO 經過高溫烘烤熟成便成爲內部鍵結紮實，而且具有穩定物理性質和良好抗化性的介電層。

　　完成第一層 PBO 之後，接著從傳遞訊號的金屬墊連出金屬導線，並把金屬導線延伸到預定放置金屬凸塊的位置。這層金屬導線有個特別名稱，叫做重佈線（RDL，re-distribution layer），讓它和晶片上其他金屬層有所區別。半導體業是一個很保守也很講究成本的產業，假設市場上有一個非常成功的 IC 產品，如果許多不同的終端產品都已經採用它，它應該有很大的銷售量，也可能具有很長的產品壽命。如果要把同一個 IC 設計放在不同的終端產品中，常常會因爲要放在不同的電路板上而需要有不同

的腳位配置（pin assignment），但是不論是成本考量或是從保守的角度出發，通常不會爲了一個市場規模還不確定的終端應用重新設計 IC 或是重新製作一套光罩。對於覆晶形式的產品而言，最省時、省事且省成本的方法就是在原來很成功的晶片設計上再增加一層 RDL，如此可以讓原來的 IC 適用於每一個新的電路板設計，這樣不但可以很容易掌握晶片效能，也能透過調整 RDL 設計以符合終端電子產品的電路板設計，大大縮短開發時間和成本，所以這層金屬導線能有這個特別名稱。

　　在大部分的情況下可以用物理氣相沉積（PVD）的方式製作 RDL，如果 RDL 要放置在高電流或高頻元件中，設計上需要比較厚的金屬層，所以針對高頻應用通常採用電鍍方式以提高沉積金屬厚度。不論使用哪一種沉積方式，RDL 和其他的金屬層一樣需要一層黏附層（adhesion layer），然後才沉積其他金屬，以電鍍 RDL 爲例，完成第一層 PBO 烘烤後，用電漿清洗方式把金屬墊表面的微量 PBO 殘渣清除，這樣可以提升 RDL 黏附層和晶片上原來金屬墊之間的結合力，也能降低 RDL 和金屬墊之間的接觸阻抗。接著用濺鍍方式產生導電金屬層，電鍍 RDL 常用的導電金屬層包括 Ti/Cu 或 TiW/Cu。電鍍型 RDL 層的製作流程和凸塊製作流程十分相似，完成導電金屬層之後依所需要的 RDL 厚度在晶圓表面塗佈光阻，經過曝光之後能把光罩上的電路圖案轉印至光阻內，接著利用顯影液的化學反應及沖刷的機械力量清除不需要的光阻，讓留下的光阻剛好定義 RDL 圖形，這個圖形讓即將沉積的金屬依 RDL 的幾何形狀長在晶圓上。爲了讓光阻能浸泡在電鍍液之中而不變形，也不和導電金屬層分離，並讓所形成的圖形更加清晰，光阻須在顯影之後再經歷烘烤和電漿清潔的步驟，才進入電鍍程序。當選用比較厚的 RDL 時，主要的考量通常是導電性能，因此 $2\mu m$ 以上的 RDL 幾乎都使用電鍍銅作爲導電金屬。市面上成熟的銅電鍍液大都以硫酸銅爲基礎，也有用甲基磺酸銅當作電鍍液，因

為 RDL 的厚度幾乎都在 10μm 以下，所以銅沉積速率並不是選擇 RDL 電鍍液的主要考量，通常比較重視適當的均勻性和表面粗度。有些比較重視外觀的產品設計會在銅的上表面再繼續沉積鎳或金等金屬，用以避免銅表面的氧化或外觀上瑕疵。完成電鍍後，先用光阻剝除液清除光阻，然後將 RDL 線路當成硬遮罩（hardmask）進行蝕刻，移除不被 RDL 線路覆蓋的導電金屬層，留下來的金屬就是第二個光罩上的圖形。較為單純的 RDL 設計可能只有重佈線的功能，有些設計者更進一步在 RDL 層內加入被動元件，這樣可以幫助縮小晶片尺寸或甚至縮小終端產品的尺寸。

第一層 PBO 在原先晶圓表面金屬墊上方留一開口以作為連接 RDL 的通道，第二層 PBO 在 RDL 上方預定要放置凸塊的位置開口，留下 RDL 和凸塊之間的連接通道。製作第二層 PBO 的原理、目的及手法和第一層 PBO 相同，不過如果第一層 PBO 的厚度比較厚或是 RDL 裡的銅導線較厚，都使得製作第二層 PBO 比第一層 PBO 更具挑戰性。例如，如果第一層 PBO 厚度為 12μm，先假設第二層 PBO 厚度為 $\chi\mu$m，這樣的產品設計讓黃光製程非常難拿捏對第二層 PBO 曝光所需施加的曝光劑量，因為這個劑量要能同時滿足好幾個 PBO 厚度，其中當然包括第二層 PBO 的設計厚度 $\chi\mu$m，除此之外，曝光劑量也要能滿足第二層 PBO 塗佈在切割道上的厚度，這個厚度大約是比（12 + χ）μm 小一點的數字。另外，PBO 在 RDL 延伸出來的金屬墊上應有的凸塊開口也在這塊光罩上定義，因此上面的 PBO 開口同樣由這次曝光作業定義，曝光時站在金屬墊上的 PBO 厚度通常是一個小於第二層 PBO 設計厚度的數字，這個數字和光阻材料的黏性和內聚力有關，也和 RDL 厚度有關。如果 RDL 比較厚，例如是 10μm，站在金屬墊上的 PBO 材料則變得比較薄，假設是 0.3$\chi\mu$m，又如果第二層 PBO 的設計厚度為 5μm 時，這個曝光劑量要能同時涵蓋的厚度範圍就由 RDL 層金屬墊上方的 1.5μm 到切割道上方的 17μm。除了讓曝光劑

量滿足不同 PBO 厚度之外，也要讓材料在曝光不足和過度曝光的情形之下能維持產品介電層在尺寸，抗化性和物理性質上的期待值。

完成第二層 PBO 之後，晶圓表面的構造非常類似其他正準備要進行凸塊製作的晶圓，理論上這時可以利用前述任何一個製作凸塊的方法進行下一步的加工，將凸塊放在由 RDL 延伸出來的銲墊。有些 WLCSP 被設計成可以直接組裝在系統板上，被直接組裝在系統板上的 WLCSP 常選用植球方式形成凸塊以減緩熱應力。如果 WLCSP 被放在 FCBGA 之中或模組裡時，可以利用底膠或封裝塑膠減緩凸塊及晶片受到的應力，在這類的產品設計中，電鍍凸塊或是印刷凸塊也成為產品設計的選項。目前市場上主流的 WLCSP 產品還是採用植球形成的凸塊，植球形成的凸塊需要有比較大的凸塊間距，不適合高腳數產品應用，而且如果沒有足夠規模的市場需求作支撐，植球製程所需製具將成為成本和交期上的負擔。WLCSP 製程中使用的設備及材料和凸塊製程使用的設備材料大部分相同，可以共享資源，所以 WLCSP 和凸塊之間的產能常常可以相互支援，不過有時在景氣好的時候，反而變成兩種產品搶用相同資源。

由於兩層介電層在 WLCSP 產品成本分布中占比不小，在講求低成本的市場中，有些產品乾脆把 WLCSP 構造裡的兩層 PBO 拿掉，可以省下相當比例的成本，不過如果沒有這兩層 PBO，WLCSP 將失去應力緩衝功能，在覆晶組裝過程中也需要防止銲錫流失到 RDL 表面。

19. 密合封裝（hermetic packaging）與氣腔（air cavity）封裝

密合封裝（hermetic package）單價甚高，它在終端產品裡的成本比例常高於其內部晶片，目前密合封裝還不是臺灣封裝業的主流，然依以往經驗可以預期如果市場上出現需要密合封裝的新興產品，且預期產品需求量將達到經濟規模，並存在降低單價的壓力時，密合封裝相關技術就有機會被正式引介至臺灣相關產業，以有效降低使用者成本，同時密合封裝也可能因此成為臺灣新興主流封裝技術之一，所以很值得我們在這裡討論。Hermetic 的原意是氣密，而 hermetic package 的主要測試項目之一也是使用特殊氣體進行測漏試驗，依其氣密程度以判定是否能符合 hermetic package 的要求，但本書仍不擬用「氣密」形容這類封裝，原因是雖然 hermetic package 也具氣密特性，但如果它和其他 non-hermetic package 比較時，其主要差異在於 hermetic package 能有效防止水分入侵，就算是使用三、四十年之後，其內部的 IC 還能維持不被水氣或水分影響。所以如果要將 IC 放在衛星上或是使用於某些軍事用途時，hermetic package 應是不二選擇。此外，有些氣腔（air cavity）封裝可通過常用的氣密測試項目，但是使用的材料仍有不可忽略的滲水性，無法確保使用幾十年之後腔體內不會累積到足以影響元件的水分，所以雖然 hermetic package 的關鍵檢視項目之一是利用特殊氣體進行測漏，本書仍不以「氣密」作為這類封裝的名稱。

真空管（vacuum tube）是密合封裝典型例子。真空管已有一百多年歷史，它是最早被人類使用的電子元件，除了可以用在一般電器用品外，之前真空管也曾參與過電腦和火箭之類的劃時代盛事，現在我們還能在一些發燒級高端音響裡看到真空管應用。真空管運作時需要讓內部電極處在真空或非常接近真空的狀態，所以稱作真空管，因此它的封裝需要具有 hermetic 的能力，所以我們可以說，十九世紀人們就已開始使用 hermetic packaging 產品。根據經驗，如果能達到氣密狀態，自然也杜絕環境中的水分，避免環境中的水分藉由空氣傳遞途徑侵蝕產品內部的各組成成分。具有 hermetic 能力的真空管被使用大約半世紀之後，半導體產品才開始發展，為了要保護珍貴且脆弱的積體電路，封裝時除了不讓積體電路本身或是由銲墊伸出來的金屬引線受到外力碰撞，也希望能針對 IC 的弱點進行補強。早期 IC 對水汽侵蝕的耐受能力不足，所以需要讓晶片有效的和外界隔離，因此當時已經被應用在其他電子產品上且已非常成熟的密合（hermetic sealing）技術，自然被改良及使用在半導體工業裡，隨後發展成為後來的密合封裝（hermetic packaging）技術。經過多年使用 IC 的經驗後，密合封裝仍然是許多軍用產品和某些特殊應用的首選，其主要原因還是在於它能長時間有效阻隔水汽。有些 IC 表面的保護層（passivation layer）存在細微瑕疵或具有極小針孔，如果這些 IC 處在高濕度的環境下使得 IC 表面聚集水分時，除了存在產生氧化腐蝕的可能性外，也可能發生一些未預期的電化學反應，例如晶圓製程中殘留的鈉離子或氯離子能被水分活化，並被電化學偏壓驅動而攻擊金屬導線。此外，滲入的水分也可能在 IC 工作時引發漏電流（leakage）、或在處理高電壓的元件區引起電弧跳火（arcing）或改變元件中離子植入區域（doped layer）的導電性質，這些現象都能讓 IC 失去原來應有的功效。一般而言，軍事用途、太空應用、或人煙罕至的基地台裡使用的零件，都被期待使用幾十年不故障，如果要滿足長時間待在各種溫溼度環境下運作的期待，密合封裝應是這類產品的正確選擇。

這是一個我們可以觀察到的生活經驗，觀察一個幾乎是密閉的空間，如果這個空間和外界之間沒有有效空氣對流，我們可以發現水氣或水分藉著擴散以及微量的空氣流動被帶入這個空間中，但是水分進入這個空間之後，很難單靠擴散或其他的自然物理機制移出這個空間。例如

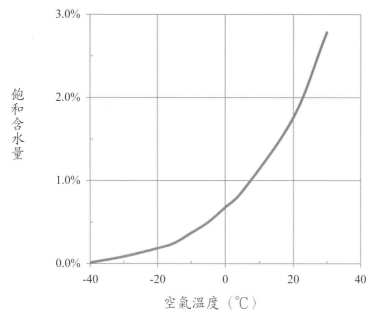

圖 80　固定壓力下空氣中飽和含水量和環境溫度有關，上圖為綜合海平面附近
　　　各氣象站所量測到的飽和含水量數據以及理論計算得到的數值所得到的
　　　曲線。

在一般沒有採用氣密窗的建築物裡，就算緊閉門窗，每到雨季，濕氣總
能透過窗邊微量的空氣對流進入室內，並經由擴散機制布滿室內。雨季
過後，如果不用積極方法排除水氣，例如在室內使用除濕機、或是在晴
朗的天氣開窗利用乾燥空氣對流帶出水汽，在這個幾乎是密閉的室內空
間中水氣含量會維持在某個水準幾乎不改變，所以老人家總說，長時間
沒人住的房子容易損壞。又例如，假設水汽跑進水錶中，如果沒有藉由
積極方式處理，絕對不會自動乾燥；其他像是儀表板玻璃顯示蓋進水之
後或是進水汽的相機鏡頭也都有類似情況，它們都不會自動乾燥。除了
在高濕度的空氣中容易發現物體表面累積水滴外，一般濕度的空氣中也
會因溫度下降到低於露點（dew point temperature）之下而在物體表面凝
結水滴，例如，在冬天早晨容易在窗戶玻璃內側看到水氣凝結，這是因

爲玻璃溫度比室內空氣溫度低了許多，而玻璃旁的室內空氣和玻璃接觸後被冷卻釋放出水分的緣故。類似情況也發生在汽車擋風玻璃上，在即將進入夏天的梅雨季裡，環境中溫度和濕度較高，如果汽車裡的冷氣讓汽車玻璃溫度遠低於車外的空氣溫度，當車外高濕度空氣和汽車玻璃接觸後，水汽隨即凝結在擋風玻璃上，雖然可以輕易的用雨刷清除玻璃上的水珠，但是汽車在行進間仍持續不斷接觸新的潮濕空氣，所以我們常常看到雨刷刷過之後只能暫時把玻璃外的水珠清除掉，過一會兒水汽又持續凝結在擋風玻璃上，這個現象在被冷氣直吹的部位最爲明顯，這時如果使用暖氣改變車內玻璃溫度就可以解決這個現象。

　　基於前述幾種現象，軍用產品考慮如何達到封裝的密合性時，需同時將空氣裡的濕度和未來應用時產品將經歷的環境狀態一併考慮。一般軍用產品在設計之初已經先假設未來在儲存、運輸和使用的階段裡，產品所處在環境的溫度都介於 –55℃到 125℃之間，爲避免被密封在 IC 產品內的水氣凝結成液態的水滴，進而誘發前述在 IC 表面活化學物質與進行電化學反應的可能性，軍用產品在設計階段即要求和 IC 封裝在同一個氣腔內的空氣只能含有低於 5000ppm 或 0.5% 的濕度。這裡的濕度指的是絕對濕度而不是我們日常用的相對濕度單位，絕對濕度指的是空氣中的水蒸氣含量（重量）比例，亦即單位體積內分子的重量和空氣重量之間的比例，或者可以說是空氣中的含水量。有了絕對濕度概念後，就更容易了解露點（dew point）的意義，下方「露點—溫度圖」是依海平面觀測得的統計數據佐以理論計算所得數據繪製得到的曲線。若空氣中的含水量固定，將環境降到某一個溫度（露點）之下時，空氣中相對濕度即達到 100%，此時空氣中超過飽和含水量的水分會由氣態凝結成液態，目視便可在空氣中看到霧或在物體表面看到非常小的水滴，所以也可以說，露點是讓某個特定空氣含水量成爲空氣飽和含水量的最高溫。事實上若把圖 80 的溫度軸和濕度軸對調，即變成圖 81 的露點—溫度圖，圖中橫軸是空氣中的含

水量，縱軸是特定濕度對應的露點溫度。由圖 81 可以觀察到，當空氣中有 10000ppm 的含水量，即 1.0% 絕對濕度，其對應露點為 7.7℃，換句話說，如果空氣中有 10000ppm 的含水量，溫度降至 7.7℃時便讓這些空氣具有 100% 的相對濕度；若溫度升高至 22.3℃時，同樣的含水量對應的相對濕度降為 50%。也就是說，如果在 22.5℃時，將 50% 相對濕度的空氣封在容器中，再將容器放入 7.7℃以下的冰箱內一陣子，就能在容器內壁發現水滴。雖然一般我們認為 50%RH 濕度是很乾燥的空氣，而且一般無塵室的設定也大約是在 22℃ /50%RH 左右，但這樣的空氣品質不符合軍規。所以軍規氣腔式產品需在特殊環境設定下進行密封作業。軍用規格產品允許在氣腔式密合封裝中封存含水量 5000ppm 以下的空氣，因為這樣的含水量水準對應的露點已低於水的冰點，即便溫度低於露點時，水分將以固態結晶型態停留在產品內，這種情況並不會引發電化學反應及其對應的侵蝕。

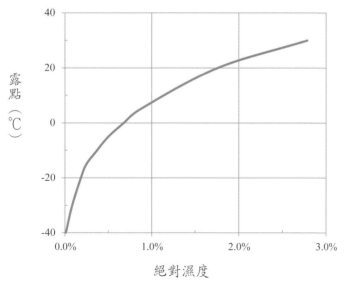

圖 81　露點為空氣中絕對濕度的函數。在空氣含水量固定的情況下，開始凝結水滴的最高溫度稱為露點，圖中「露點—濕度」曲線即為把圖 80 的 X 軸和 Y 軸交換所得到的曲線。

　　密合封裝採用的材料主要包括金屬、玻璃和氧化鋁，水在這些材料內不具滲透性，因此只需用燒結或銲接的方式把各個組件接合起來，讓接縫處不透水也不透氣即可達到密合目的。目前常見的密合封裝大都是由金屬和氧化鋁完成，氧化鋁即陶瓷材料內的的主要成分，所以有時候也稱這類封裝為陶瓷封裝（ceramic packaging）。不過不是所有的陶瓷封裝都具備密合封裝特性，例如 LED（light emitting diode）照明產品也利用陶瓷材料提高導熱性和可靠度，但是它不具備氣密性，更沒有防水性，所以不算是密合封裝。圖 82 是一個陶瓷 QFP 封裝的剖面示意圖，它使用一個預先做好的外殼或稱陶瓷基座，通常這個外殼是客製化的原料，包含簡單電路讓內引腳和外引腳導通。封裝廠拿到這個外殼之後，可以直接從黏晶（die attach）步驟開始工作，之後再銲上內引線，接著黏附上蓋即完成封裝工作。這類的封裝在內部形成一個氣腔（air cavity）的構造，這種氣腔構造可以讓晶片表面只和空氣接觸而不和其他的物質直接接觸，因為空氣具有最低的介電係數（Dk = 1.0），讓這種構造的產品非常適合使用在高頻通訊領域。此外，氣腔形式封裝也適合用來保護表面具有機械動作的微機電晶片，例如 G-sensor 以及像是德州儀器 DLP（digital light processing），或是 BAW（bulk acoustic wave）和 SAW（surface acoustic wave）等聲波

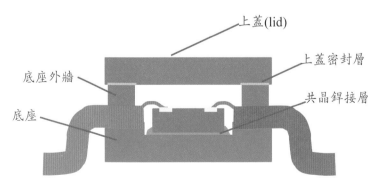

圖 82　陶瓷 QFP 封裝的剖面示意圖

元件，這些元件需要有一個內部空間讓某些結構能自由活動。高頻通訊元件常常對銲線的線長和線形（loop profile）有特別的要求，有些產品設計為了讓銲線呈現接近扁平形狀且讓銲線長度越短越好，用來保護高頻通訊元件的封裝設計常將晶片放置在比較低的晶粒座上，好讓晶片表面的銲墊高度與連接內引腳的銲墊高度位在相同水平面上，這樣的設計概念可以在圖 82 的陶瓷 QFN 裡看到。

　　陶瓷封裝技術的應用歷史比塑膠封裝來得久，目前除了 LED 照明應用外，陶瓷封裝大都被使用在高端產品中，高端陶瓷封裝產品的特性是高可靠度、高導熱性，但是產品樣多量少，而且需要比較長的準備時間進行開發或是量產，所以具有高單價的特性。由於少量多樣且高成本，一般專業封裝生產線通常不自行製作所需要的陶瓷基座，而是轉由專業陶瓷零件供應商代工，不過礙於市場總需求量仍然無法達到經濟規模，所以提供陶瓷基座的供應商並不多。目前使用在半導體封裝的陶瓷基座主要來自日本和美國，一般分成高溫共燒陶瓷（HTCC, high temperature co-fire ceramic）和低溫共燒陶瓷（LTCC, low temperature co-fire ceramic）。HTCC 為較早期發展的技術，雖然能有比較好的尺寸精確度和材料強度，但燒結時製程溫度在 1300℃ 以上，此溫度高過常用導電金屬的熔點，所以只能選用鎢（W，tungsten，熔點 4320℃）或鉬（Mo，molybdenum，熔點 2620℃）之類導電性能較差的金屬做為基板上的導體材料，而且製作成本相當昂貴。LTCC 是現在的主流共燒陶瓷，圖 83 是 LTCC 製作流程示意圖，通常製作 LTCC 可將共燒溫度降至約 850℃，讓幾種導電性良好的金屬能夠成為基板上的導線材料。製作 LTCC 基板時，首先先將氧化鋁粉、玻璃粉和有機黏結劑均勻攪拌成泥漿狀混合材料，以類似鑄造方式讓混合材料注入模具中，再利用刮刀將混合材料刮成片狀，經過乾燥過程將片狀漿料轉變成生胚（green sheet, green film）。為使陶瓷基座的電路板各層之間能

傳遞訊號，一般採取在生胚上依各層設計鑽出導通孔的方式，這和塑膠載板內的盲孔或是通孔類似，然後將膏狀金屬混合物填入導通孔，再以網版印刷方式在生胚上印出各層內部線路，之後將各層依設計堆疊，置於爐中燒結成型，就能得到低溫共燒電路板的雛形。接著再利用電鍍方式在表面上形成電路並提供後續組裝過程使用的銲料，便成為封裝廠使用的 LTCC 零件材料。由於共燒溫度較低，金、銀、銅等金屬都可用來當作 LTCC 的內部電路，同時也能將被動元件嵌入電路基板之間，增加設計彈性，所以 LTCC 在電路設計上具有比 HTCC 更多的彈性。為加強散熱能力，許多陶瓷封裝產品結構中還可加入大面積的銅金屬或是銀金屬做為導熱的通道以降低熱阻，這些銅或銀金屬可以用電鍍（plating）、DBC（Direct Bonded Copper）、燒結（sintering）或是硬銲（brazing）等方式和基板接合，當銅和陶瓷材料之間的熱應力過高時，一般可以加入鉬金屬材料來緩解銅和陶瓷材料之間的熱膨脹係數差異。

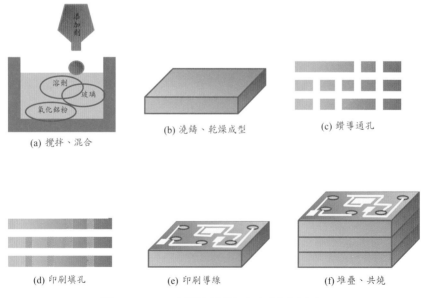

(a) 攪拌、混合

(b) 澆鑄、乾燥成型

(c) 鑽導通孔

(d) 印刷填孔

(e) 印刷導線

(f) 堆疊、共燒

圖 83　LTCC 封裝材料生產流程示意圖。

　　密合封裝的種類、形式和材料非常多元，但採用密合封裝的終端產品大都有保守而不被成本左右開發方向的特性。這類產品在決策過程考慮的因素常比塑膠封裝要多些，除了品質、技術水準、成本、產能、交期之類的因子之外，大部分使用密合封裝的產品都還需要考慮如何管制產品資訊和技術資訊之類的原則，在完全了解產品開發過程和使用背景之前，很難完全了解爲何該產品採用某一特定封裝設計，所以也很難認定那種組裝方式或流程已經經過最佳化的歷程。以圖 84 所示用在高功率產品的陶瓷封裝爲例，這是一個含有氣腔的陶瓷封裝，陶瓷基座及上蓋可由供應商處取得，它的封裝作業流程和一般塑膠封裝的作業型態不同，除了銲線作業之外，其他的步驟比較像是精密組裝。高功率及高電流的元件常採用氮化鎵（GaN）半導體材料製作，由於單價高且產量少，常見已經完成切割的氮化鎵晶片以 Gel-Pak 的包裝形式送至封裝廠。這類高功率元件產品對散熱能力和可靠度的要求比較高，所以常將氮化鎵材料疊在導熱極佳的碳化矽（SiC，silicon carbide）基板上，碳化矽有許多不同的結晶形態，常用的幾種碳化矽所具有的導熱能力都不亞於銅金屬。爲得到極佳的散熱能力和可靠度，密合封裝在黏晶階段常採用與塑膠封裝不同的金錫共晶接合（eutectic bonding），亦即利用金錫合金的銲料（Au80/Sn20）把晶片銲接固定在晶粒座上，這裡 80/20 是合金的重量比，這個比例的金錫共晶具優越穩定性且熔點爲 282℃，這個溫度低於大部分的其他金錫合金熔點，比較適合作爲封裝製程的材料。金錫合金銲料本來並不普遍，但自從 2013 年左右金錫共晶接合被納入高功率 LED 產品設計後，金錫合金銲料和相對應的製程變得相當普遍，它有高達 57W/mK 的熱傳導係數，比一般銀膠的導熱能力高出幾個等級，而且封裝產品也具備良好的可靠度表現，難怪早期高階產品捨棄比較容易使用的銀膠接合，而採用比較昂貴且較耗工的金錫共晶銲接接合。圖 84 的高功率陶瓷封裝設計可以讓散熱途徑具備

極優的導熱效率，封裝時利用金錫銲錫把晶片固定在圖中有兩個螺絲孔的金屬底板上，這個帶有兩個螺絲孔的金屬底板同時也具有封裝設計上的散熱器（heatsink）功能，爲兼具散熱效能，並縮小和上方陶瓷材料間的熱膨脹係數差異，一般選用銅和鉬金屬製造這個位於封裝底部的散熱構造。產品組裝時直接透過前述兩個螺絲孔，將封裝後的零件固定在電子系統的電路板和冷卻系統上，這樣的安排能使氮化鎵晶片主要散熱路徑所經過的部件都是大面積且高導熱係數的材料，讓這類陶瓷封裝設計在高功率產品領域中成爲相當典型且主流的設計。

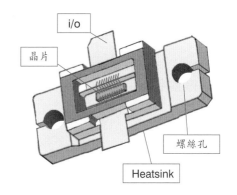

圖 84　高功率產品常用到的陶瓷封裝形式，底座兩側各有一個螺絲孔，可以用來將產品固定在電路板上的散熱器或是其他冷卻機構上，底座同時也是晶片載板（chip carrier），一般常用金錫合金將晶片固定在底座上以降低熱阻並加強長期可靠度。底座可以是陶瓷材料，也可以用銅 - 鉬 - 銅（Cu/Mo/Cu）金屬結構來降低熱阻。這類陶瓷封裝除了具有低熱阻特性之外，也兼具優異的長期可靠度，內部空氣腔也能避免影響元件的高頻特性。

　　在高頻應用的領域中利用金屬銲線作爲封裝設計中的內連接（interconnection）常常會影響產品特性，具體而言，封裝銲線的電感、阻抗、延遲及插入損耗之類的特性能顯著的改變高頻產品行爲。因此，在

工作頻率相對較低的高頻產品中，銲線的這些特徵剛好可用來對產品性能進行電路特性微調，調整方式包括改變金線長度和形狀，同時除了使用塑膠封裝中常見的球銲（ball bond）外，高頻產品使用的封裝設計中也常見到楔型銲（wedge bond）協助調整產品特性。不過除此之外，採用金屬線做為產品的內連結幾乎不具其他正面影響，而且在更高頻時，這些金屬線對電性的影響已經成為設計者的負擔。根據經驗，產品應用頻率大於20GHz 時，扁平斷面金屬導線的特性會比常見的圓形斷面好，這個情況在越高頻的應用中越明顯，所以應用頻率介於 20GHz 和 100GHz 之間的產品通常使用扁平銲線（ribbon wire），而且越高頻產品的設計趨向使用越短的銲線，不過當應用頻率達到 100GHz 時，即便使用扁平銲線也無法避免對產品帶來負面影響。由此可知，對常見使用陶瓷封裝的產品而言，銲線的金屬種類和銲線型態也能影響產品性能，所以產品中常使用異於一般塑膠封裝的非主流銲線規格，在進行銲線作業之前需要和客戶間有完整清楚的溝通。

完成銲線作業後將上蓋密封，加上雷射正印，即完成這類陶瓷封裝的製作過程。銲接是這類密合封裝產品將上蓋密封的標準方式，常利用金錫合金或是其他的錫合金進行銲接接合，目的在形成一個氣密且不吸收水分的接合介面，可以確保長時間的密封品質。密合封裝出貨之前都經過100% 的篩檢，以確保每一個產品都是密封良好的零件且在未來的幾十年之間都沒有受到環境水分影響的疑慮。確認產品密封品質的方式很多，後面會針對主流的測漏方法進行介紹。

如果產品打算被放在人造衛星上，或被植入體內，或組裝在可能會被庫存幾十年的彈道飛彈上，我們期待它們永遠不會故障，或者至少在幾十年內沒有需要維修的機率和風險，因此可靠度和密合程度越高越好，所以可靠度極高的密合封裝幾乎是不二選擇。在驗證密合封裝時，TM-1014

（Mil-STD 883, Test Method 1014）是廣被大家接受的測試方法，文件中涵蓋一些測漏的方法可以確認產品密封的程度，若能夠通過 TM-1014 的驗證就可以確認產品密封過程符合 hermetic 的要求。不過對大部分的應用而言，密合封裝的代價可能過高，所以有些產品開始選擇使用比較便宜的材料或者比較便宜的製程。隨著材料科學的進步，現在已有能通過測漏篩檢方法的聚合物材料可作為黏合上蓋之用，不過雖然以這類聚合物構成的接合面也能通過測漏篩檢，但長期觀察利用這類聚合物黏接上蓋的產品可以發現，水分仍能沿著接合處擴散滲進氣腔，所以一般稱這類封裝為「類密合封裝」（near hermetic package）。

圖 85　德州儀器開發的 DLP 元件採用散熱性和密合性都非常優異的陶瓷封裝以便進入高端家電市場。DLP 元件中有許多微小鏡片，這些小鏡片能依據需求把不同色光準確的反射到指定位置，所以能展現極高的投影解析度。為了避免水氣干擾光線反射，或是干擾鏡片轉動，必須防止水氣進入保護殼中，所以密合封裝便成為最佳方案。

　　有些電子產品的 IC 必須在一個極度氣密的空間內工作，除了要避免水分帶來的電化學反應外，凝結的水汽也可能直接影響元件功能，例如凝結在影像感測器（image sensor）模組內的水汽會扭曲接收到的影像。

同樣的，如果水汽凝結在德州儀器的數位光源處理器（DLP，digital light processing）模組內的透鏡表面，也會發生影像被扭曲的情景，除此之外，如果小水滴凝結在 DLP 元件的反射鏡片機構上，也必定會影響鏡片轉向的動作。又例如液態小水滴凝結在 BAW（bulk acoustic wave）濾波器模組內的聲波元件表面時，由於水滴質量影響聲波元件的機械振動頻率，將導致濾波器的設計頻段偏移，有可能降低產品效率，也有可能讓產品失去既有功能。這些產品對水汽的敏感程度不亞於使用於太空科技用途的產品，但是這些產品的使用週期較短，就算發生故障也沒有安全顧慮，並容易汰換零件，再加上成本考量，可以採用氣密性類似的類密合封裝形式以提升產品在市場上的競爭力。不過類密合封裝沒有明確定義，可說就是那些能通過，或是幾乎能通過 TM-1040 測試項目，但是產品耐水汽能力介於塑膠封裝和密合封裝間的封裝設計，例如有些類密合封裝不用陶瓷或玻璃，而是採用吸水性低的聚合材料像是 LCP（liquid crystal polymer）或是 PEEK（polyetheretherketone）當作載板中的介電材料或是產品的外殼。使用這些材料製作的封裝產品，只要接合介面的密封狀況良好，就有機會通過 TM-1014 的測試項目，不過雖能通過 TM-1040 的氣密檢驗，它們使用的材料仍具「低吸水性」，依然不能讓產品達到歷經幾十年不受水分影響的程度。雖然許多軍事用途零件仍然無法接受類密合封裝，但它們在製作上較有彈性，又具有重量輕、體積小和成本低的優勢，所以很有機會使用在民生產品或消費性產品上。除此之外，有些使用金屬、玻璃或陶瓷材料當作主要封裝材料的產品，若密封技術不夠成熟，或採用樹脂材料進行上蓋接合以利大量生產，其密合程度不符合高規的軍事用途，但又能符合絕大多數的嚴苛應用，也被歸類為類密合封裝。

表 6　半導體製程常用聚合物材料之吸水性及其他重要性質。

	BCB	PI	PBO	SM	Epoxy	FR4	BT	EMC	LCP[1]
吸水率（%）	< 0.2	3	< 0.5	1.4	0.2-0.8	0.1	0.4	0.35	0.02
介電係數	2.65	3.3	2.94	4.2	2.8	4.5	4.6	4.1	2.9
彈性模數（Gpa）	2.9	3.5	2.2	2.4	2-20	22	15	22.5	15
CTE（$\times 10^{-6}$）	50	35	60	50 / 150 [2]	54	14 / 70 [2]	15 / 35 [2]	10 / 40 [2]	17
熱傳導係數 (W/mK)	0.29	0.12	1.79	0.25	1.7	0.3	0.55	0.9	0.56

(1) LCP(liquid crystal polymer) 具有許多優良特性，目前仍處開發階段，尚待突破一些製造上的瓶頸才適合應用在一般半導體製程。

(2) 分別對應玻璃轉換溫度以下及以上的 CTE。

　　檢視一般密合封裝的材料和設計可以知道不同材料接合處的瑕疵應是唯一可以讓環境水分進入產品氣腔的途徑。TM-1040 或其他規範中有關測漏方式大致可分成兩類，其一是針對極微小接合介面瑕疵設計的測試，進行測試時將產品放在充滿特殊氣體的高壓環境，如果產品密封（sealing）有些瑕疵，「高壓」可以把特殊氣體擠入產品裡。特殊氣體指的是穩定且可以被精確偵測到的氣體，例如氦氣（He，helium）或是氪氣（Kr，krypton），如果受測物密封品質有瑕疵，特殊氣體會因壓力差被擠入受測物的氣腔內，後續再用特殊設備確認產品氣腔內是否有特殊氣體並且推估產品氣腔內特殊氣體的量就能確認產品的密封品質，這種方式稱作「微測漏（fine leak）」。實務上最常用的微測漏氣體是氦氣，測試時將產品放在一個充滿 100% 氦氣的高壓腔體內，藉由產品內外壓力的差異把氦氣送進產品腔體內，接著降壓讓受測物在一大氣壓環境下靜置 2 小時。經過這個步驟之後，將受測物置於一個和氦氣測漏儀連接的環境中。

如果氦氣已經進入產品腔體內，在接下來的步驟中用真空幫浦降低壓力時，就可以把氦氣由產品腔體內引出。鑽入產品腔體裡的氦氣量除了和密封缺陷狀況有關之外，也和產品氣腔體積、充滿 100% 氦氣的壓力腔設定值、以及停留在壓力腔的時間都有關。氦氣測漏儀能偵測到的微漏量也和產品離開壓力氣腔的時間長短有關，如果要精確計算氦氣測漏儀可偵測到的微漏量，可以利用 Howell-Mann Equation。

$$R_1 = \frac{(L \cdot P_e/P_o) \cdot (M_a/M)^{1/2} \cdot \{1-\exp[-(L \cdot T_1/(V \cdot P_o)) \cdot (M_a/M)^{1/2}]\}}{\exp[(L \cdot T_2/(V \cdot P_o)) \cdot (M_a/M)^{1/2}]} \tag{1}$$

其中

R_1 = 氦氣測漏儀能偵測到的氦氣洩漏率，以 atm-cc/s 為單位，

L = 對應的一般氣體洩漏率，

P_e = 高壓腔體中的絕對壓力，

P_o = 環境大氣壓力，

M_a = 一莫耳空氣重量，28.7 克，

M = 一莫耳氦氣重量，4 克，

T_1 = 受測物停留在高壓腔體中的時間，以秒為單位

T_2 = 高壓腔體降壓後一直到使用氦氣測漏儀偵測時，受測物等待的時間，以秒為單位

V = 受測物氣腔內部的空氣體積，以 cc 為單位

由於 Howell-Mann Equation 看起來有些複雜，使用者不容易掌握其精髓，為了方便使用者實施微測漏，MIL-STD-883E 和 JESD22-A-109-A 不約而同針對各種待測物腔體體積提供標準測試條件和對應的檢驗標準，讓使用者不必每次都透過 Howell-Mann Equation 來設計測試條件和對應的檢驗標準。但從另一個角度來說，如果使用的氦氣測漏儀的解析度無法滿足

表 7 裡的最大漏率偵測，則必須自行利用 Howell-Mann Equation 來設計檢測程序。

表 7　針對不同氣腔體積進行產品微測漏測時可以採用的測試條件和標準。表中所列檢驗標準假設受測物離開壓力腔後一小時內完成測試。

氣腔體積，V (ml)	壓力條件		檢驗標準（最大漏率）(atm-cc/s He)
	氦氣壓力（psia）	最低暴露時間（hr）	
V < 0.05	75	2	5×10^{-8}
0.05 < V < 0.5	75	4	5×10^{-8}
0.5 < V < 1.0	45	2	1×10^{-7}
1.0 < V < 10.0	45	5	5×10^{-8}
10.0 < V < 20.0	45	10	5×10^{-8}

　　另一種測漏方式為「巨觀測漏（gross test）」，也稱作「氣泡測試（bubble test）」。執行巨觀測漏時先將受測物浸置在液體 A 中，然後增加液體壓力並維持一段時間，如果密封品質有瑕疵，液體 A 會被擠入受測物內。將受測物從液體 A 中取出後，再把受測物放在另一個沸點比較高的液體 B 中加溫，並且讓液體 B 溫度維持在兩種液體的沸點之間，如果受測物密封品質有瑕疵，此時受測物內部的液體 A 會由液態轉變成氣態並由缺陷處逸出受測物，這時目視就能看到氣泡從受測物裡跑出來，所以此程序也稱作氣泡測試。前述測試過程中，為了要讓液體 A 能進入密封品質有瑕疵的受測物內，以便在後續步驟中看到和密封品質瑕疵有關的氣泡，受測物在液體 A 內的浸置時間和液體壓力都須遵循規範，表 8 為 JESD22-A-109-A 根據經驗所提供可以達到此一目的所須的液體壓力和浸置時間水準。受測物完成浸置過程離開液體 A 後，應先在空氣中停留約 2 分鐘讓大部分吸附在受測產品表面的液體 A 離開受測物，然後才將受測

表 8 進行巨觀測漏時液體壓力和所須浸置時間對照表。

壓力（psia）	30	45	60	75	90	105
浸置時間（hr）	23.5	8	4	2	1	0.5

物放入液體 B 內觀察。但如果受測物氣腔體積小於 0.1ml 時，JESD22-A-109-A 認爲應先讓受測物待在小於 5 torr 的負壓環境中 30 分鐘再注入液體 A，讓液體 A 更容易進入氣腔。在實際的測試過程中，假設液體 A 沸點是 80℃，液體 B 溫度維持在 125℃，當受測物放入液體 B 時，如果氣腔體積內存在液體 A，則液體 A 升溫後由液態變成氣態逸出受測物，冒出的氣體將經過密封瑕疵處並在液體 B 中形成一連串的小氣泡或是幾個大氣泡。JESD22-A-109-A 建議，如果從受測物同一個位置點上看到一連串的小氣泡、或是兩個以上的大氣泡，就能認定受測物密封品質有瑕疵。實務上可將液體 B 注入像魚缸一樣的容器內觀察，爲方便觀察氣泡的蹤跡，可將放大鏡功能加入受測物和觀察者間的玻璃上，並在受測物的後面放置不反光的暗色背景以避免視覺干擾。爲維持巨觀測漏準確性，玻璃缸須有過濾系統移除工作液內 1μm 以上的雜質，也需對受測物進行適當清潔，避免異物被帶入工作液內。

由於目前還找不到更有效率的方法進行產品密封品質篩檢，100% 測漏是密合封裝或是類密合封裝產品必須經過的一個檢測步驟。在這個篩檢過程中，依規範精神應安排先進行微測漏然後再進行巨觀測漏，以免巨觀測漏所使用的工作液附著在受測物上，影響微測漏測試準確性。由於每個密合封裝產品都要經過測漏篩檢，有些從事生產的機構乾脆直接在製作過程中將氦氣填充入產品中，這樣做可以省去微測漏測試時的壓力腔步驟，直接在完成上蓋密封步驟之後利用氦氣測漏儀確認是否達到氣密要求。

由於密合封裝產品具有少量多樣的特性，其需求量通常並未構成經濟

規模，又因其產品終端應用的特殊性質，使得密合封裝技術長期在封閉、保守且不甚計較成本的環境中發展，導致產品設計、製造尚未達到最佳化的境界。如果新興的民生產品需要密合能力，或是需要達到接近密合封裝規格時，應會釋放許多機會也同時讓相關產品使用經驗的資訊變得比較透明，將有助於產品最佳化與演進。類密合封裝技術具有需要同時兼顧成本及高品質的特徵，應該會讓它比密合封裝技術更早有機會在臺灣成為被大量生產的產品設計，尤其當民生用途的產品需要廣泛應用類密合封裝技術時會加速這個場景實現。表 9 是一個類密合封裝產品長期可靠度認證計畫，其中長期可靠度認證項目大致上和一般塑膠封裝類似，但受測物在經歷加速應力測試條件之後，除進行功能測試之外還需進行測漏檢驗作為判定測試結果的依據。

表 9   類密合封裝長期可靠度認證流程及測試項目。

測試項目	參考規範	測試條件	時間／次數
preconditioning	JESD A113	85%RH, 85C	168Hr
Thermal Shock	JESD A106, condition C	–65~150C	15x
HTST	JESD A103	150C	200hr
TCT	JESDA104, condition B	–55~125C	100cyc

測試項目	參考規範
Gross Leak	JESD A109, condition C1&3
Package Coplanarity	JESD B108,
Die Penetration	MIL_STD-883E, method 1034

第四章

封裝產品的可靠度和失效分析

20. 可靠度與常見名詞

　　工程上常將「可靠度」（reliability）或「信賴度」當成產品的一個重要品質指標，可靠度也幾乎同時反映工廠的生產技術層次，但是「可靠度」很難像「良率」（yield）一樣用簡單的公式或數值具體定義。淺白一點說，可靠度可說是產品耐用的程度，這是一個大家都聽得懂，但欠缺明確定義的講法。從工程或是科學的角度，我們比較喜歡明確且定量的定義，這樣大家才能透過這個定義進行有效溝通，即便語言或文化背景不同，工程使用的定義通常能放諸四海皆適用。舉例來說，攝氏零度是常壓下水結冰的溫度，一百度是水沸騰的溫度，利用這兩個溫度做線性的內插或外插，就能把不同的溫度定義出來。「可靠度」呢？如果一台電視機在出廠 10 年後，仍能保有 10 年前所賦予的正常功能，我們會說它很耐用，也就是說它有很好的可靠度。同一批出廠的電視機，有的可以使用超過 10 年還能正常使用，有的可能用不到 5 年就必須要送修，甚或整台電視都不能使用，這可能和機率有關，也可能和使用習慣或使用環境有關，甚至和判定可否繼續使用的標準也有關，所以我們通常會使用統計學的「機率」概念描述這批電視機的品質或堪用情形。1952 年美國電子設備可靠度協會（AGREE；Advisory Group on the Reliability of Electronic Equipment）將「可靠度」定義為產品於一段時間內，在特定使用環境條件下，執行特定的功能，並成功完成工作目標的機率。

　　一般而言，晶圓廠經過幾百道程序才能完成 IC 製作，而且很可能稍微變動其中的一道製程就會改變 IC 的特性或可靠度，所以晶圓廠是一個非常保守的作業環境，不會輕易改變現有作業方式。儘管如此，製造出來的 IC 還是脆弱得必須要經過封裝保護，才能在現實生活中使用。此外，若要以科學方法釐清某個製程變動對可靠度的影響程度有其實際上的困難，需要耗費極大的資源，所以不論是 IC 的可靠度或 IC 封裝的可靠度，

都有濃厚的統計概念在其中。或然率（probability）是統計學裡的一個重要元素，一個 IC 零件出廠後在正常的使用狀況下，在時間 t 時仍然能夠正常使用的或然率以 G(t) 表示（有時也稱作「可靠度函數」，這裡先稱之爲「堪用率」），在時間 t 的時候，已經故障的或然率（或是無法正常使用的或然率）以 F(t) 表示（有時也稱作「不可靠度函數」），也可以說是「累積故障率」（cumulative failure rate）或「故障比例」（failure ratio），研究可靠度的人也稱之爲「（故障）累積分布函數」（cumulative distribution function），簡稱 CDF。從以上的定義我們可以確定，

$$G(t) + F(t) = 1 \tag{1}$$

如果我們要知道一段時間內，還在使用中的產品平均故障率或是單位時間故障率 h(t)，可以從以下的關係式得到：

$$h(t) = \frac{F(t + \Delta t) - F(t)}{G(t) \cdot \Delta t} \tag{2}$$

依據微積分的定義，如果讓 Δt 趨近於零，h(t) 就變成任意時間點的瞬間故障率（instantaneous failure rate），或簡稱故障發生率。

$$h(t) = \frac{F'(t)}{G(t)} \tag{3}$$

這裡我們可以發現故障率 h(t) 乘上堪用率 G(t)，就是累積故障率 F(t) 的時間導數，如果堪用率 G(t) 很接近 1，故障率 h(t) 就近似於 F'(t)，也就是累積故障率 F(t) 的時間導數。累積故障率對時間的導數可以解釋成在該時間點故障樣品數目的增加速度，研究可靠度的人稱之爲（故障）或然率密度

函數（propability density function），簡稱 pdf，數學上通常用 f(t) 來代表，所以 (3) 式可以寫成。

$$h(t) = \frac{f(t)}{G(t)} \tag{4}$$

產品離開工廠之後，我們通常可以追蹤整批產品的平均使用壽命，但很少會特別去追蹤個別產品的使用情況。若把可靠度的機率表現投影在時間座標軸上可以得到 MTTF（mean time to failure），它是產品出現故障的平均時間，也就是產品從開始使用到第一次送修平均所經歷的時間，它的理論值可以由這個積分得到，

$$\text{MTTF} = \int tf(t)\, dt \tag{5}$$

「中間壽命」（median time to failure）是指整批產品中，50% 產品出現故障所經過的時間，假設「中間壽命」是 T_{50}，數學上中間壽命可以從下式求得：

$$F(T_{50}) = 0.5 \tag{6}$$

還有一些和 MTTF 或 T_{50} 類似，與產品預期使用壽命有關的特徵數值，叫做「低故障比例使用週期」，例如 $T_{0.1}$，它是達到 0.1% 的累積故障率所經過的時間，數學上可以這樣寫，

$$F(T_{0.1}) = 0.1\% \tag{7}$$

由 (7) 求得的 $T_{0.1}$ 代表到達 0.1% 累積故障比例所需時間。通常取得 $T_{0.1}$，T_{50}，和 MTTF 這些跟產品可靠度有關的特徵數值之後，才有依據計算產品保固期和制定適當售後服務條件。

21. 常見產品壽命分布模型

　　假設同一批出廠的產品，其品質好壞係隨機分布，不和出廠的時間或是製造的批次有關，而且不存在任何的規律性，可以說不同產品間無關聯性而為各別獨立的個體，那麼產品的故障發生率 h(t) 會是一個常數，也就是說單位時間內發生故障的產品數量和當時的產品總數量成正比，這時就適用指數分布（exponential distribution）模型來描述產品壽命分布，它的或然率密度函數 pdf 是

$$f(t) = \beta \cdot e^{-\beta t}, \beta > 0 \tag{8}$$

從這個指數分布的 pdf 以積分得到故障累積分布函數 CDF，

$$F(t) = \int f(t)dt = 1 - e^{-\beta t} \tag{9}$$

所以從 F(t) 和 G(t) 的定義可以知道 $G(t) = e^{-\beta t}$，然後藉由 (4) 式可以發現 (8) 式裡的 β 其實也就是故障發生率 h(t)，

$$h(t) = \frac{f(t)}{G(t)} = \beta \tag{10}$$

這表示單位時間內產品發生故障的比例維持在一個固定的常數，這和一開始的假定相符。圖 86 是指數分布模型中的幾個重要特徵函數。

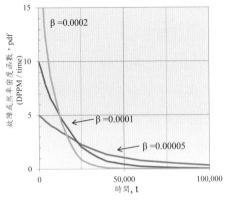

(a) 指數分布模型下的故障或
然率密度函數 pdf

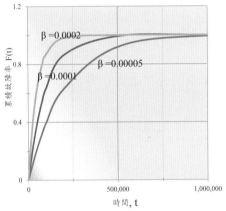

(b) 指數分布模型下的故障累
積分布函數 CDF

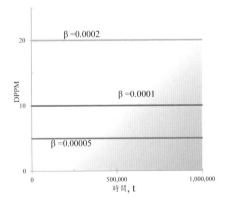

(c) 指數分布模型對應的故障
發生率 h(t)

圖 86   指數分布模型中，假設故障發生率 β 分別為 0.00005, 0.0001, 0.0002 時，
故障或然率密度函數 pdf 和累積故障率函數 CDF 分別如圖 (a) 和圖 (b) 所
示。

由於 $G(t) = e^{-\beta t}$，可將 (8) 改寫成

$$f(t) = \beta \cdot G(t) \tag{11}$$

(11) 說明了當單位時間內會發生故障的產品數量和當時的產品總數量成正比時，(8) 式的指數分布模型可以貼切的模擬產品失效數據。如果由 MTTF 的定義出發，把 (5) 式的積分區間放在 0 和無限大之間，再利用積分表的幫忙，我們可以得到

$$MTTF = \int \beta t \, e^{-\beta t} \, dt = \frac{1}{\beta} \tag{12}$$

所以如果單位時間內發生故障的產品數量和當時產品總數量成正比時，產品壽命分模型適用指數分布，此時 MTTF 就剛好是故障發生率的倒數。因為故障發生率 h(t) 是一個常數 β，這個模型下堪用率 G(t) 的遞減模式，將好比一般放射性物質的遞減，堪用率 G(t) 剩下一半所需要的時間，等同於所謂的「半衰期」，可以由 G(t) = 0.5 來算出 $T_{50} = \dfrac{\ln 2}{\beta}$ ，這也就是我們平常聽到的半衰期。值得一提的是，當物品數量的變化量和當時的物品總數量成正比時，我們稱之為「一級動力學反應」。所謂「一級動力學反應」是指反應速率與體系中反應物含量一次方成正比的反應，它在數學上的表示式是

$$\frac{d}{dt}N(t) = -\beta \cdot N(t) \tag{13}$$

其中 N(t) 是現有物品的總數量，相當於前面的 G(t)。「一級動力學反應」

除可以應用在放射物理之外，也可以被運用來估計藥物濃度在生物體內下降一半所需時間，也就是說，藥物在生物體內的代謝過程，也是按一級動力學反應模式進行。從數學上來看，一級動力學反應和我們剛才所說的指數分布（exponential distribution）模型是相同的事情。

通常在開發產品時，我們不希望等到所有的實驗樣品都故障，或是一半的樣品故障後，才算出故障發生率 β，那會曠日廢時，而且實際上是不被允許的。實務上我們可以定義一個新的函數

$$Y(t) = -\ln(G(t))$$

或是

$$Y(t) = -\ln(1 - F(t)) \tag{14}$$

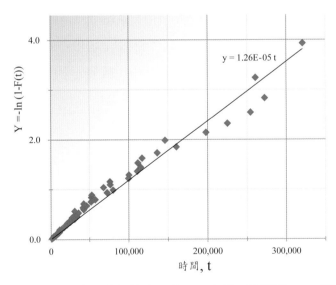

圖 87 　將實驗數據轉換成累積故障率函數 F(t) 之後，再利用 (14) 式把數據繪於
　　　　如上的 X-Y 圖中，如果可以用一條通過原點的直線來近似該組數據，即
　　　　可確定這組數據符合指數分布。圖中數據的斜率 1.26E-5 即為這組產品所
　　　　對應的故障發生率 β。

根據 (9) 可以得到

$$Y(t) = \beta t \tag{15}$$

依 (15) 式可以知道，如果我們只能從有限的故障產品樣本中得到時間數據，但這些數據能讓我們在「t − Y(t)」的平面上找到有效的數據斜率，這個斜率便是這組產品所對應的 β，也就是指數分布模型中的主要資訊。

　　假設產品在使用初期並沒有瑕疵，經過使用之後出現類似磨耗而漸漸形成的缺陷，這類磨耗缺陷導致的故障，其或然率密度函數 pdf 不會是前述的指數分布，而會比較像一個鐘形分布或常態分布函數，只是這個鐘形分布的中間值 u 距離時間軸的原點比較遠，和我們一般在統計學上看到的標準鐘形分布其中間值位於橫軸原點不太相同。如果產品只有一個缺陷類型，也就是說產品的故障都來自同一種隨機分布的本質缺陷（有關「本質缺陷」，我們會在「浴缸曲線」單元中討論），那麼該產品磨耗故障的pdf 可以用這個常態分布式來模擬預測，

$$f(t) = \frac{1}{(2\pi)^{1/2} \cdot \sigma \cdot \exp[(t - u)^2 / (2\sigma^2)]} \tag{16}$$

其中 u 是這個常態分布的數學期望值，在這個模型裡 u 剛好等於 MTTF，它定義這個鐘型分布的中心位置，σ 是這個常態分布的標準差，也稱作形狀因子，它決定了分布的幅度以及形狀，σ 越大分布的圖形就越寬；它的平方 σ^2 則稱作變異數。如果 u = 0，σ = 1，就是一般常見的標準常態分布。依據定義，故障累積分布函數 CDF 可以寫成

$$F(t) = \int f(t)\, dt = \frac{1}{2} \{1 + \mathrm{erf}[(t - u) / (\sigma\sqrt{2})]\} \tag{17}$$

這裡 erf 是數學裡的一個特殊函數,叫做「誤差函數」（error function）,在統計相關的數學裡常常看得到它。error function 是一個沒有解析表達式的特殊函數,所以通常會用數值方法來計算 error function 和估計常態分布的故障累積分布函數 CDF。有了 (16) 和 (17) 之後便可以將故障發生率 h(t) 寫成,

$$h(t) = \frac{1/2}{(2\pi)^{\frac{1}{2}} \cdot \sigma \cdot \exp[(t-u)^2/(2\sigma^2)] \cdot \{1 - \mathrm{erf}[(t-u)/(\sigma\sqrt{2})]\}} \tag{18}$$

這裡的故障發生率 h(t) 自然和前面的故障累積分布函數一樣,需要用數值方法得到它和時間之間的關係。當某個產品的磨耗故障都來自同一個隨機分布的本質缺陷時,該產品的故障或然率密度函數 pdf 會像是圖 88(a) 的自然分布,另外兩個和磨耗故障有關的特徵函數形狀則類似圖 88 的 (b) 和 (c)。

　　不過,實務上觀察到的產品故障分布統計情況,通常不是數學上的標準常態分布,也就是說不會對某一個時間點呈現對稱分布,所以可以改變分布形狀的「對數常態分布模型」是一個更適合用來模擬產品磨耗故障的統計分布模式。前面提到的常態分布是指在特定範圍內,一群無關聯性而且獨立的隨機變數分布,至於對數常態分布是指在特定範圍內,對一群無關聯性而且獨立的隨機變數所取得的對數之分布,當然這些對數的分布也是常態分布。如果要針對對數常態分布做更詳細的說明,需要用到比較複雜的數學,這裡直接節錄一些對數常態分布的模型資訊,供作參考。

$$f(t) = \frac{1}{(2\pi)^{\frac{1}{2}} \cdot \sigma \cdot t \cdot \exp[(\ln t - \ln u)^2/(2\sigma^2)]} \tag{19}$$

$$F(t) = \int f(t)\,dt = \frac{1}{2}\{1 + \mathrm{erf}[(\ln t - \ln u)/(\sigma\sqrt{2})]\} \tag{20}$$

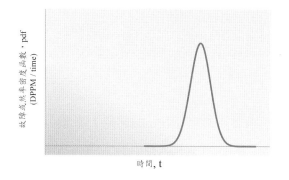

(a) 故障或然率密度函數 pdf

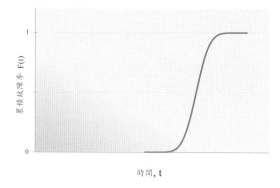

(b) 故障累積分布函數 CDF

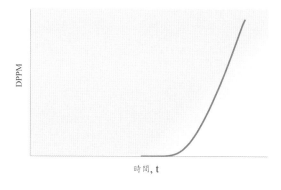

(c) 故障發生率 h(t)

圖 88　產品因磨耗而故障的模式下，指數分布不再適合用來描述其故障或然率
　　　密度函數 pdf，此時自然分布比較接近其 pdf。如果某個產品的磨耗故障
　　　都來自同一個隨機分布的本質缺陷，此時和磨耗故障相關的幾個重要特
　　　徵函數將對應於圖中這些曲線：(a) 故障或然率密度函數 pdf (b) 故障累積
　　　分布函數 CDF (c) 故障發生率 h(t)。

$$h(t) = \frac{\sqrt{2}}{(2\pi)^{\frac{1}{2}} \cdot \sigma \cdot t \cdot \exp[(\ln t - \ln u)^2 / (2\sigma^2)] \cdot \{1 - \mathrm{erf}[(\ln t - \ln u) / (\sigma\sqrt{2})]\}} \tag{21}$$

在這個模型裡 σ 仍然是和形狀有關的因子，σ 的值越大會讓分布越廣，t = u 仍然是半數產品發生故障的時間點，但是對數常態分布不是對稱圖形，因此 MTTF 和 u 就不再相等。

22. 浴缸曲線

　　「浴缸曲線」（bathtube curve），和「微笑曲線」外表看起來類似，它們都是一個向下彎曲的定性曲線，但在不同領域有不同解釋。有時這個曲線可用來描述「研發 - 製造 - 銷售」各分工階段的附加價值或獲利能力，有時被用在可靠度領域，描述產品在使用週期內的故障發生率變化。當浴缸曲線被用在可靠度領域時，橫軸是時間，縱軸是產品在正常使用狀況下的故障發生率。這裡要強調的是，浴缸曲線是一個定性的曲線，而且它可以說是由幾個獨立曲線合成而得到的曲線。

　　產品使用期內發生的故障一般可以分成三個類型，即早期故障（early failures）、隨機故障和磨損故障（wear out）。早期故障發生在時間軸上前端的位置，對應的是一群剛剛被生產出來的產品，這時產品有一個快速遞減的故障率。隨機故障發生在時間軸中段，占據產品使用週期的大部分時間，通常有一個非常低且近似常數的故障率。磨損故障發生在時間軸後段，對應的是已經使用有一段時間的產品樣本，磨損故障率在這個時間區間會漸漸升高。

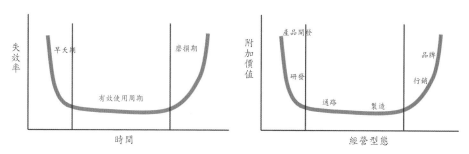

圖 89　　浴缸曲線與微笑曲線。

　　早期故障指的是產品剛離開生產線之後所觀察到的故障情形，它會高於我們平常使用該產品時所看到的故障發生率，主要原因在於原材料不良

或製造過程中產生一些不顯著的「本質缺陷」（intrinsic defect）。這些本質缺陷有可能是製造過程本身的缺陷，也有可能是產品設計不夠成熟使得些許的製程偏移卻能帶出很大的品質差異，它們讓產品在初期有很高的故障發生率，所以這些具有本質缺陷的產品通常會很快被發現，它們對應的故障稱作本質故障（intrinsic failure），意思是故障肇因為產品本質缺陷，其故障發生率隨著時間迅速下降，且因其多發生在產品離開生產線初期，所以也稱之為「早夭型故障」（Infant mortality failures），我們也把離開生產線後，發生早期故障的這段期間稱作「早夭期」。

IC 製程技術一直持續演進，一般 IC 製程包含幾百道工序，不但複雜而不易維護，而且工序之間還可能相互影響。雖然演進過程力求製程技術穩定，但是工序中還是可能存在瑕疵，更不用說各工序產生的誤差之間可能累積或是互相干擾，或結合起來具放大影響的效應，總而言之，要讓所有產品完美無瑕是不可能的。我們除了努力精進製程技術降低本質缺陷外，也會利用一些輔助方法儘量讓電子產品的早夭型故障在離開生產線後到出廠前這段時間發生，如此可以減少消費者拿到電子產品後隨即發生故障的機率。通常使用的方法是讓成品在比較高的操作溫度下執行特殊程式，加速讓存在本質缺陷的產品提早發生故障並被淘汰，不讓早夭型故障流出工廠，這就是所謂的 burn-in。burn-in 是一個常用方法，可以讓產品早夭期發生在工廠裡，也就是說讓早夭產品能在工廠裡被淘汰或被阻擋下來，這樣可以有效降低產品在鑑賞期或使用初期被消費者退貨的可能，同時降低相關的物流和行政成本，進而提高品牌的品質形象。

早夭期的一個重要特徵是故障產品數目隨著時間迅速下降，這個特徵有些像指數分布，但是指數分布模型的故障發生率 h(t) 是一個常數 β，因此其堪用率 G(t) 的遞減模式會依其半衰期遞減，最終 G(t) 會趨近於 0，直覺上這點和浴缸曲線裡的早期故障特徵不符合，但如果加上適當的修正即

能用來模擬早夭期的特徵。由於早期故障產品只占總量很小一部分，所以如果在故障或然率密度函數 pdf 之前加上一個修正係數 α 就能用來模擬早期故障。加上修正係數 α 之後，對應早夭期的故障或然率密度函數 pdf 變成：

$$f(t) = \alpha \beta e^{-\beta t}, \beta > 0,\ 1 >> \alpha > 0 \tag{22}$$

這時故障累積分布函數 CDF 和故障發生率 h(t) 分別變成：

$$F(t) = \int f(t)\ dt = \alpha - \alpha e^{-\beta} \tag{23}$$

$$h(t) = \frac{f(t)}{G(t)} = \frac{\alpha \beta e^{-\beta t}}{1 - \alpha + \alpha e^{-\beta t}} \tag{24}$$

當 α 是一個接近 1.0 的數字，由 (24) 式得知 h(t) 是一個接近 β 的數，得到的結果和 (10) 式一樣，產品故障統計特徵又回到一級動力學反應模式。因為 (22) 式是用來模擬早夭期，α 是早期故障產品的占比，假設早期故障產品占 1% 的量，α 會是 0.01，此時 (24) 式得到的 h(t) 就和一級動力學反應模式不同，它對應的 pdf 和 CDF 則如圖（90）裡的幾個例子一般。

　　過了早夭期之後即進入產品的「有效使用週期」（useful life period），對應的產品故障發生率常是一個接近零的常數，這時期故障的主因常是一些隨機的外在（extrinsic）因子，譬如不當使用產品，或被外力破壞等，但由數據顯示，有時也有一些不明原因的故障，不排除仍有一些極少數的本質缺陷在這時期發酵。有效使用週期的長短與產品的設計定位有關，例如飛機上使用的零件，在設計之初就預期有較長的使用週期，所採用的材料和工法自然不同於玩具裡的零件。通常只要由成熟的製造體系製作出來的產品，應該都能有符合設計預期的使用壽命。對於隨機且數

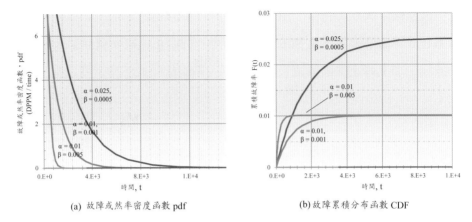

(a) 故障或然率密度函數 pdf　　　　　(b) 故障累積分布函數 CDF

圖 90　利用修正指數分布模型描繪早期故障的兩個重要特徵函數。圖中指數分布的 β 分別是 0.0005、0.001 和 0.005，採用的修正係數 α 分別是 0.025 和 0.01。圖 (a) 為故障或然率密度函數 pdf，由圖中曲線可以看出 β 是決定曲線形狀的主要因子。圖 (b) 是對應的故障累積分布函數 CDF，可以看出 α 是 CDF 的極限值。

量不多的外在因子所引發的故障，其故障或然率密度的時間函數 pdf 可用一個常數來表示：

$$f(t) = \gamma, \quad 1 >> \gamma > 0 \tag{25}$$

所以故障累積分布函數 CDF 和故障發生率 h(t) 分別變成：

$$F(t) = \int f(t)\, dt = \gamma t \tag{26}$$

$$h(t) = \frac{f(t)}{G(t)} = \gamma \tag{27}$$

由 (25)~(27) 式可看出這段時間導因於隨機的外在因子引發的故障，反映在統計上的幾個重要特徵函數會是一些看起來相當單調的曲線。

　　一般產品在有效使用週期後期便能漸漸看到產品因磨耗（wear out）或老化而故障，雖然 IC 零件不會有實質撞擊或磨擦所造成的磨耗，但仍然存在其他對應機械磨耗的損壞模式，例如介面合金化合物成長、「電子遷移」（electromigration）、被植入的原子在接合面附近擴散、或是受到水分侵襲之後的氧化或是電化學變化，通常這些現象需要長時間累積才看得到顯著影響。電子遷移現象肇因於電子高速移動時推移電路裡的金屬原子，經過大量電子長時間推移之後能引發電路裡的金屬導線孔洞化現象，造成電路的品質下降，甚至斷路。電子遷移現象不會一夕發生，多會在磨耗期才顯現影響，且電子遷移常發生在高電流密度位置，且電路裡的轉折點、不同金屬層之間的接點、或不同結構形狀之間的轉折點都是高風險的位置，有經驗的設計者能依其設計規範進行最佳化，並且採用電子遷移效應較不顯著的材料，例如在電路中使用鋁銅導線（在鋁金屬中摻入少量的銅金屬）取代純鋁導線，以避免或延緩這類的失效模式發生。另外，高溫也加速電子產品裡各種金屬介面上的合金化合物成長，或促進基板裡被摻雜的原子擴散，兩者都可能改變產品性能，嚴重時也可能引發其他失效類型。除了溫度效應之外，長期溫度起伏帶來的熱應力及環境中的濕度也常是造成零件損傷的原因。上述這些損傷在統計上可對應於機械零件因實質磨擦所造成的磨耗，它們的現象可以從後面探討可靠度驗證方法的單元中看到。這些磨耗故障的肇因，都屬於本質缺陷，不同的本質缺陷對應不同的磨耗故障，若要再進一步強化產品以延長產品有效使用週期，就得先找出最早讓產品發生磨耗故障的因子，然後根據該因子進行材料、製程或是設計上的修正與補強，讓發生磨耗故障的時間向後遞延，這樣自然就能增加產品有效使用週期。後面單元中介紹的幾個長期可靠度加速測試方法就具有這項找出產品弱點的功能。

　　假設大部分產品在有效使用週期後所經歷的磨耗故障來自相同的本質

缺陷，那麼故障或然率密度函數 pdf 應該會近似於一個鐘形分布或常態分布函數，只是這個鐘形分布的中間值 u 距離時間軸原點比較遠，如果產品品質控制得宜，理論上 u 大致上會是一個接近 MTTF，而且比 MTTF 略大一點的數字。如果某個產品的磨耗故障都來自同一個隨機分布的本質缺陷，那麼該產品磨耗故障的 pdf 可以用前面介紹的常態分布或是對數常態分布式來模擬。

　　前面提到浴缸曲線是一個定性的曲線，而且它是幾個獨立曲線組合而成的新曲線。如果我們把 (24)、(27)、和 (18) 疊加起來，再對時間軸做調整，把一般時間軸改成對數時間軸，合成曲線就有些類似平常看到的浴缸曲線。

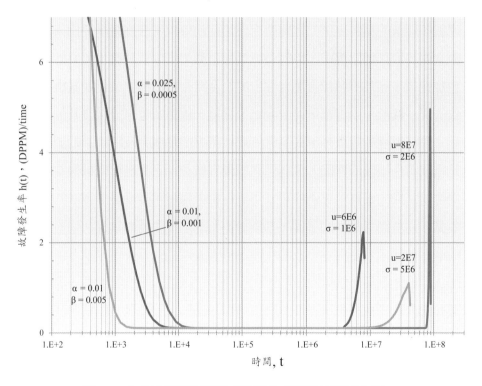

圖 91　由前述幾種故障模式疊加合成得到的浴缸曲線。

23. 韋柏分布

前面幾種從基本數學函數推衍出來的統計模型雖能很方便的從統計觀點進行預測或推演，但如果選錯統計模型，或是統計模型無法完全掌握產品的實際故障數據時，前述統計模型所呈現之資訊和實際狀況之間將存在明顯的差異，尤其當模型又被進一步拿來當作擷取其他資訊的工具時，統計模型和實際狀況之間的差異會有被放大的效果。因此實務上，電子業比較常用的一個統計模型是韋柏分布（Weibull distribution），藉著改變韋柏分布裡的幾個參數可以模擬各種單一故障因子所呈現的統計分布。

韋柏分布是從指數分布演繹而來更具一般性的統計模型，它是瑞典物理學家 Waloddi Weibull，於西元 1951 年藉由其他分布模型修正得到的一個統計分布，韋柏分布雖然沒有類似放射物理半衰期那樣的華麗立論背景，也不是從純數學出發，但卻更貼近實際工程情境與問題，是一個實用的統計分布模式，常在可靠度理論及有關產品壽命檢定問題中出現。韋柏分布可以分為兩個或三個參數的分配，經由調整這些參數，可讓韋柏分布模擬前面提到的不同產品故障統計型態。具兩個參數的韋柏分布其 pdf 如下：

$$f(t) = t_0^{-1} \cdot \beta \cdot \left(\frac{t}{t_0}\right)^{\beta-1} \cdot \exp\left(-\left(\frac{t}{t_0}\right)^{\beta}\right) \qquad \beta > 0, \, t > 0, \, t_0 > 0 \qquad (30)$$

其中 β 是韋柏分布的形狀參數，也稱作韋柏斜率（Weibull slope），t_0 是韋柏分布裡的比例參數，t_0 越大，函數分布越向右邊移動，同時韋柏分布的峰值也同時向右邊偏移。韋柏分布對應的累積密度函數為：

$$F(t) = 1 - \exp\left(-\left(\frac{t}{t_0}\right)^{\beta}\right) \qquad \beta > 0, \, t > 0, \, t_0 > 0 \qquad (31)$$

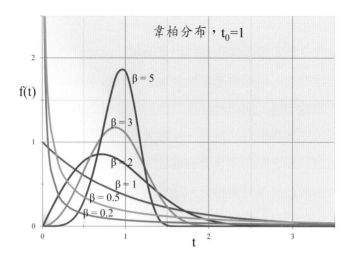

(a) 上圖是兩個參數的韋柏分布曲線,其中 β 爲形狀參數,也稱作韋柏斜率。由 (31) 式可看出,當 β = 1 時,分布曲線等同於指數分布,而由上圖可以看出當 β < 1 時,韋柏曲線是一個迅速下降的分布,而且此時下降速率比指數分布還迅速。在 β > 1 時,曲線線型比較接近自然分布,而且如果 β 越大,韋柏曲線則越像是一個左右對稱的高斯分布,其對稱軸位於 t = t_0 處。

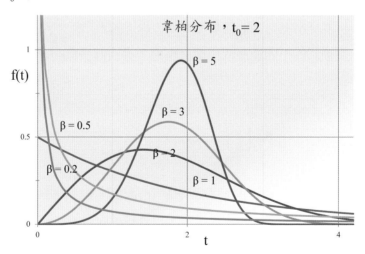

(b) 上圖是 t_0=2 的情況,比較 (a)(b) 兩圖可以看出當 t_0 增加時,其函數分布向右移動,對應的分布曲線則有比較低的峰值,而且曲線顯得較爲寬廣。

圖 92　韋柏分布（Weibull distribution）。

它的瞬間故障率 h(t) 可以表示成：

$$h(t) = \frac{F'(t)}{G(t)} = t_0^{-1} \cdot \beta \cdot \left(\frac{t}{t_0}\right)^{\beta-1} \tag{32}$$

在韋柏分布中，平均失效時間 MTTF 和標準差 σ 分別可以寫成：

$$MTTF = t_0 \cdot \Gamma(1 + \beta^{-1}) \tag{33}$$

$$\sigma = \{ t_0^2 \cdot \Gamma(1 + 2 \cdot \beta^{-1}) - [t_0 \cdot \Gamma(1 + \beta^{-1})]^2 \}^{\frac{1}{2}} \tag{34}$$

這裡 Γ( ) 是 Gamma 函數，它的定義是下面的積分式在 0 到無限大的區間裡積分，

$$\Gamma(t) = \int x^{t-1} \exp(-x) \, dx \tag{35}$$

此外，不論形狀參數 β 為何，當 $t = t_0$ 時，

$$F(t_0) = 1 - \exp(-\left(\frac{t}{t_0}\right)^\beta) = 0.632 \tag{36}$$

也就是說當 $t = t_0$ 時故障產品的量剛好累積到 63.2%，所以 t_0 又被稱作是韋柏分布裡的特徵壽命（characteristic life）。

　　當 0 < β < 1 時，(30) 式代表一個遞減的故障或然率密度函數 f(t)，而且 β 越小故障率遞減得越快，對應的是早夭期或是一個尚未成熟的產品。當 β = 1 時，(30) 式會蛻變成 (8) 式，也就是說韋柏分布在 β = 1 時，蛻變成和指數分布一樣，產品發生故障的比例維持在一個固定的常數；當 β > 1 時，(30) 式代表的故障發生率會有遞增現象，而且 β 越大，遞增速度越

快，故障發生率達到峰值之後即反轉遞減，這和產品發生磨耗故障現象類似，開始發生磨耗故障初期，故障發生率呈現遞增現象，而堪用產品數目減少，等到堪用產品數目降低到一定程度後，故障發生率自然就會下降。

如果重新排列 (31) 式可以寫成：

$$1 - F(t) = \exp\left(-\left(\frac{t}{t_0}\right)^\beta\right) \tag{37}$$

利用我們在一開始時的定義，F(t) + G(t) = 1，可以發現，

$$G(t) = \exp\left(-\left(\frac{t}{t_0}\right)^\beta\right) \tag{38}$$

兩邊取對數之後得到：

$$\ln G(t) = -\left(\frac{t}{t_0}\right)^\beta \tag{39}$$

再取第二次對數之後能得到：

$$\ln(-\ln G(t)) = \beta \cdot (\ln t - \ln t_0) \tag{40}$$

如果定義：

$$Y(t) = \ln(-\ln G(t)) \tag{41}$$

可以把 (40) 式改寫成：

$$Y(t) = \beta \cdot (\ln t - \ln t_0) \tag{42}$$

(42) 式是個很實用的方程式，我們可以利用 (42) 式萃取出數據中的 β 和 $\ln t_0$，然後就能建立該產品對應的韋柏曲線。例如，如果把表 10 中的數據放在一個橫軸是時間對數，縱軸是 Y(t) 的平面上，可以得到圖 93(a) 中所呈現的直線，直線的斜率與直線在 X 軸上的截距分別爲韋柏分布中的 β 和 $\ln t_0$，據此能由 (30) 式建構出適用於該產品的韋柏分布。事實上表 10

表 10　受測物故障順序和故障時間紀錄表。可由表中數據利用韋柏分布找出適當的統計模型。

故障順序	故障時間	F(t)	故障順序	故障時間	F(t)	故障順序	故障時間	F(t)
1	1390	0.02	18	26447	0.36	35	81841	0.7
2	3103	0.04	19	30028	0.38	36	90317	0.72
3	4066	0.06	20	35039	0.4	37	100743	0.74
4	6529	0.08	21	35155	0.42	38	105160	0.76
5	7234	0.1	22	35891	0.44	39	108557	0.78
6	8794	0.12	23	36616	0.46	40	120407	0.8
7	9520	0.14	24	38959	0.48	41	131143	0.82
8	10339	0.16	25	50283	0.5	42	148216	0.84
9	12290	0.18	26	50755	0.52	43	152478	0.86
10	13809	0.2	27	50876	0.54	44	190256	0.88
11	15495	0.22	28	51615	0.56	45	193989	0.9
12	15630	0.24	29	54509	0.58	46	201349	0.92
13	17656	0.26	30	59334	0.6	47	251698	0.94
14	19174	0.28	31	65092	0.62	48	272637	0.96
15	21911	0.3	32	70346	0.64	49	275432	0.98
16	23324	0.32	33	78723	0.66	50	397140	1
17	27854	0.34	34	80557	0.68			

中的數據是由一組典型指數分布產品得到的資訊，透過韋柏分布的分析和還原之後仍能在大部分的時間點上得到極好的準確性，這可以從圖 93(b) 看出來，圖 93(b) 把從圖 93(a) 找出的韋柏曲線和原始數據所代表的指數分布圖形放在一起，在大部分的區間裡需要足夠的解析度才能分辨兩條曲線之間的差異。

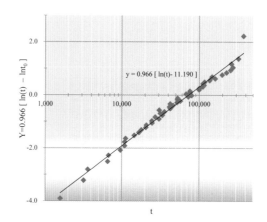

(a) 利用 (42) 式從實驗數據中萃取韋柏分布參數 β 和 t_0。

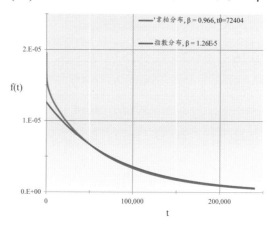

(b) 將藉由 (42) 式建構得到的韋柏分布和原始指數分布的 pdf 函數放在同一平面上比較可以看出，韋柏分布模型的確能準確的描述這類產品故障統計數據。

圖 93   由實驗數據建構產品韋柏分布曲線。

24. IC 封裝的可靠度

早期積體電路大都被使用在高階的軍用市場或是大型電腦中，當時成本並非絕對重要因素，強調的是品質和「可靠度」（reliability）。積體電路產品進入其他應用領域之後，「製造成本」開始變成需要檢視的項目，以因應日益增加的競爭並讓業者維持一定的營業利益，雖然如此，品質和可靠度一直還是重要而須考量的項目。後來為了維持一定的市場競爭力，業者選擇塑膠封裝以降低製造成本，雖然塑膠封裝無法達到和以往使用的密合封裝一樣的可靠度水準，卻能讓成本、品質和可靠度之間取得平衡。經過多年的演進，塑膠封裝可靠度已大幅改善並且成為市場主流，估計目前市場上有 99% 以上的 IC 採用塑膠封裝。

前面提到「可靠度」是一個長期使用後的機率表現，指在一段時間內，產品在預期使用環境中能夠執行其功能而不發生故障的機率。所謂產品能執行其功能是指產品能夠發揮其原來設計所希望達成的特定產出或用途。IC 封裝雖然不是最終產品，但其產出為一些標準化零件，這些零件常主宰終端產品的功能和產品在市場上的競爭力。IC 封裝的一個主要目的是保護積體電路，讓積體電路能在不同環境下正常運作而不受外在環境影響，封裝的可靠度常被用來衡量封裝的保護能力與其他附帶功能的長期表現。通常在規劃產品時，需要把生產成本、毛利率和保固期等項目放在一起考量，俾確保獲利，並制定適當的售後服務條件，維護品牌商譽。如果產品保固期的目標訂得越長，或是產品被運用於和安全有關的用途，所用的零件就需要越耐用，成本自然會被提高。如果不計成本的話，大部分的 IC 都可以採用密合封裝以獲得極高的可靠度，然而市場機制無法接受這樣的做法，所以塑膠封裝終究成為市場上主流。產品設計者依用途和使用環境決定產品需要達到的可靠度，例如放在人造衛星上的 IC、輔助飛機飛行的 IC、或是放在可能是一、二十年之後才被發射的導彈上的 IC，

都不允許任何差錯。也有些情況，如果 IC 被用在醫療用途上，或長期放在溫差很大的引擎室裡，或放在水中，或用在不適合人類長時間停留的環境，或者是有些 IC 零件在未來維修時會耗費許多資源、或是會遇到很大困難；針對這些特別需求，我們對零件可靠度的要求會和對一般消費性產品的期待不同。反觀日常生活中使用的消費性產品例如手機或玩具等，我們對於產品使用壽命的期待就不會和對飛機零件相同。進行產品設計時，我們比較在意兒童玩具是否安全，不會在意 10 年後玩具還能不能使用，至於類似手機之類的民生用品，我們也是比較在意功能和方便性，而不是是否能使用 10 年以上。

設計者在進行產品設計時，通常手邊缺乏該類產品的可靠度統計數據，甚至類似產品統計數據根本不存在，若要知道產品是否能達到所預期的可靠度，最直接的方法就是拿實際產品進行測試。然而有些產品在市場上生命週期很短，例如現在人手一支的手機，如果要花兩年時間測試和證明其產品零件能在保固期限內維持良好的功能，恐怕測試結果還沒出爐，市場早已出現下個世代的產品，所以我們必須利用特別設計的方法加速實驗進行。通常我們用一些比實際使用環境還更嚴苛的實驗環境來加速和模擬產品在長期使用之後的各種磨耗，然後依產品在測試後的表現判斷其耐用程度，並決定它們在可靠度上的分級或是依測試結果得到預期的產品壽命。溫度、濕度和溫度變化是環境中最常見，也是主要影響 IC 封裝可靠度的外在因子，幾乎所有和 IC 封裝有關的測試都環繞在這三個環境因子之間，利用這三個因子可以設計出各種快速可靠度驗證方法。除此之外，一般可靠度測試也利用施加電流偏壓來模擬積體電路工作時可能經歷的真實情況。

為了累積經驗，同時讓不同機構間能以相同語言溝通，大家在進行可靠度測試時通常採用由 JEDEC 制定的標準實驗方法。JEDEC 全名是「聯

合電子設備工程委員會」（Joint Electron Device Engineering Council），它是固態電子與半導體工業界的一個標準化組織，成員大約包括 300 個會員機構，其中也包括一些主流電腦公司。JEDEC 以超過三千名技術人員和五十個委員會的組織架構運作，制定固態電子相關的工業標準。JEDEC 也曾是電子工業聯盟（EIA , Electronic Industries Alliance）的一部分，所以許多 JEDEC 規範文件上還有 EIA 的編號。IC 封裝常用的可靠度加速實驗大都來自 JEDEC 發布的測試標準，其中又以 JESD-22 和 JESD-51 最常被封裝業界引用。

IC 被封裝在堅固的外殼之內以後，至少還需要經過一次高溫銲接過程，才被組裝在電路板上，接著電路板又被組裝在終端產品中，這時才開始發揮它被期待的功能。也就是說，IC 產品離開封裝廠後，一直到處在預期的使用環境中執行其功能之前，至少還需再經過一次高溫迴銲製程。由於有時所經歷的運輸和儲存條件能改變產品結構的完整性，讓 IC 產品在這個迴銲作業中產生不預期的損壞，因此在進行一系列長期可靠度測試項目前，還需先模擬封裝產品被銲接在電路板上之前可能會經歷的環境衝擊，這些環境衝擊就是所謂的「上板前環境條件（pre-conditioning）」，有關上板前環境條件的內容將在下一個單元中敘述。除了少數用來驗證上板後可靠度的樣品之外，IC 產品銲接在電路板後，就不再經歷特殊的溫度或濕度衝擊，除非該產品在設計階段就打算將它放在特殊環境中使用。也就是說 IC 在日常工作環境中的溫度、濕度、溫度起伏以及工作時的電流偏壓等都在設計者的預期中，而大部分情況下溫度、濕度、及溫度起伏對 IC 的影響通常跟 IC 工作電流所造成的衝擊互不影響，所以像是 PCT、TCT 和 HTST 等可靠度測試項目能直接以封裝後而尚未銲接在電路板上的 IC 做為待測物。不過若要考慮封裝後晶片、封裝結構和電路板間的應力拉扯，或是打算進行施加電流偏壓的測試項目，則需要先將封裝產品組

裝在電路板上施測，這也就是「上板後可靠度（board level reliability）」測試。後面的幾個章節將針對這些長期可靠度測試項目進行說明。

25. 上板前環境條件，Pre-Conditioning

　　上板前環境條件測試也稱「前處理（pre-conditioning）」，也被稱為「儲存條件測試」，是每個塑膠封裝產品在開發階段都會經歷的測試項目，依據測試結果可以對新產品日後應有的儲存環境和期限進行分級與規範。這項測試利用一連串的步驟來模擬封裝產品組裝至電路板之前所有可能經歷的環境因子，包括產品離開封裝廠之後所經歷的運輸和儲存條件，一直到組裝廠將零件迴銲（reflow）固定在電路板上，產品所經歷的各種溫濕度環境條件。測試的主要目的在確認這些環境因子是否會產生導致該產品在迴銲過程中毀壞的因子，或者是累積出未來在長期可靠度測試中讓產品失效的肇因。這裡所指的環境因子包括產品經歷的環境溫度和濕度，以及溫度變化所引起的熱應力，這些因子個別對產品能產生影響，有的時候也發生兩個因子共同作用造成影響。

　　IC 離開封裝廠之後，在送達組裝廠之前的運輸過程中將經歷一些溫度起伏變化，由於每一種封裝材料的熱膨脹係數不同，溫度起伏會引起不同材料之間在界面上互相拉扯或擠壓，進而產生內應力，這類內應力即所謂的熱應力，下一單元會針對熱應力的概念進一步說明。如果運輸過程中使用空運，在空中機艙外溫度通常是攝氏零下 40 度以下；在夏天，若使用不具溫控的貨櫃運送 IC 零件，貨櫃裡溫度通常高過攝氏 60 度以上，所以我們假設在進一步組裝前，封裝後的 IC 會先經歷幾次溫度循環，以模擬最嚴苛的情況。封裝後的 IC 離開封裝廠前通常被放在真空包裝內，或是其他的防潮包裝中，以避免水分侵入零件。但下游組裝工廠打開乾燥包裝後，不一定立即將全部的 IC 迴銲到電路板上，有時剩餘的 IC 會在工廠裡等上一段時間後，才再被拿出來組裝，這時塑膠封裝在進行迴銲製程前已經從環境中吸收相當的水分。另外，在模擬把 IC 銲接在電路板上的過程中，我們也考慮某些實際情況下 IC 經過不只一次的迴銲。例如，雙面

電路板的組裝過程中，我們讓電路板經歷兩次迴銲的步驟分別把零件銲接在電路板的正面和反面，所以先被銲上去的零件會經歷兩次迴銲；另外，有時工廠裡因為作業失誤需要重工（re-work），如果是迴銲過程重工，許多電路板上的零件將再經歷額外的銲接過程。為了要模擬最嚴苛情況，我們假設封裝後的 IC 在完成組裝前可能要經歷 3 次的迴銲，然後才被送達使用者手上，並在一般的工作環境中使用。

　　上板前各種環境因子對產品的影響輕重不一，經評估各個因子對產品的影響程度，我們很容易替運輸和迴銲條件找到合理的最嚴苛測試條件，但卻很難替所有產品或是各個組裝工廠找到一個適當且能一體適用的儲存條件來進行測試，因此 JESD 22-A113 歸納出幾種儲存條件等級，表 11 所列的條件即為這些儲存條件，它們被用來定義並且找出產品對濕氣的敏感

表 11　Moisture Sensitivity Level 測試條件和對應的產品儲存期限。

| 等級 | MSL 實驗條件 | | | | | | 建議的儲存期限 | | |
| | 標準條件 | | | 等效條件 | | | | | |
	時間（小時）	溫度	相對濕度	時間（小時）	溫度	相對濕度	儲存期限	最高溫度	最高相對濕度
1	168	85℃	85%				unlimited	30℃	85%
2	168	85℃	60%				1 year	30℃	60%
2a	696	30℃	60%	120	60℃	60%	4 weeks	30℃	60%
3	192	30℃	60%	40	60℃	60%	168 hours	30℃	60%
4	96	30℃	60%	20	60℃	60%	72 hours	30℃	60%
5	72	30℃	60%	15	60℃	60%	48 hours	30℃	60%
5a	48	30℃	60%	10	60℃	60%	24 hours	30℃	60%
6	TOL	30℃	60%				TOL	30℃	60%

*Level6 的 TOL 代表 time on label，供應商應根據自己驗證的結果來判斷可以儲存的期限，許多組裝廠會在組裝之前對所有的 Level6 零件先進行烘烤。

程度（MSL，moisture seneitivity level）。產品的濕敏程度對應日後產品在組裝工廠裡應有的儲存條件和限制，在進行長期可靠度測試之前，須先確認產品的濕敏程度。

　　JESD22-A113 是一份用來規範 pre-conditioning 測試的文件，它針對使用表面黏著技術（SMT, surface mount technology）進行銲接的「非密合（non-hermetic）封裝」產品提供測試流程，模擬封裝後的 IC 零件在上板前所經歷的環境衝擊。這裡的非密合封裝，包括我們常見的塑膠封裝，而使用表面接合技術的封裝是指需要利用迴銲爐進行銲接的封裝類型，例如 QFP，SOIC 或 BGA 之類的產品，因此使用波銲（wave soldering）技術銲接的 PDIP 類型封裝產品就不適用這份規範。由於不同塑膠封裝構造對濕度具有不同耐受能力，依實驗觀察和長期統計結果 JESD22-A113 定義出幾個濕敏等級，用來模擬不同溫濕度儲存環境，也用來規範產品在一般工廠儲存環境下的儲存期限。這裡儲存期限指的是，當打開乾燥包裝後，採塑膠封裝的 IC 曝露在一般工廠環境的最長儲存時間，如果在這個期限內把 IC 組裝在系統板上，供應商能保證 IC 應具備預期功能和可靠度，這就好比食品在包裝上說明打開包裝後多久的期限內應食用完畢，以確保食物的原味之類的建議。

　　進行長期可靠度測試之前須要讓受測物先經歷適當的 pre-conditioning 以模擬產品未來的儲存環境和運輸過程。具體而言，進行長期可靠度測試之前先讓待測物經歷適當水準的 pre-conditioning 以模擬 IC 零件離開封裝廠之後的歷程，項目包括執行 IC 零件功能測試、外觀檢視、內部結構的超音波掃瞄（SAT）、模擬運輸過程溫度變化的溫度循環、烘烤、模擬環境水氣滲透等程序，這些項目對應積體電路開始工作前經歷的運輸、儲存、回銲等過程中的影響因子。表 12 是一個典型的 pre-conditioning 流程，所有受測產品須先經過電性測試或 SAT 來篩選，確保每一個即將經

表 12 典型的 pre-conditioning 步驟，用來模擬儲存環境和運輸過程對塑膠封裝產品的衝擊。

步驟	項目	內容
1	前電測	1. 依受測物的 Test Plan 進行電測。 2. 如果有不良品，取出不良品並且補足總數。
2	前目檢	1. 用 40 倍顯微鏡進行外觀檢視。 2. 若發現裂痕或是其他明顯瑕疵，應該考慮是否有必要先改善製程再來進行本測試。 3. 如果有不良品，取出不良品並且補足總數。
3	溫度循環	1. 模擬運送過程中的溫度變化。 2. 溫度區間 $-40 \sim 60°C$，5 次。
4	烘烤	1. $125°C$，24 小時。
5	溼度浸潤	1. 按照選定的溼敏等級，將受測物置於所設定的潮濕環境內浸潤。
6	迴銲	1. 讓受測物經過迴銲爐以經歷 3 次迴銲溫度歷程。 2. 兩次迴銲之間須有 5 分鐘以上的間隔。 3. 第一次迴銲必須在離開濕度浸潤環境 15 分鐘後至 4 小時內完成，如果未能在 4 小時內完成，需再重覆前項烘烤和濕度浸潤的步驟。 4. 依零件可能使用到的迴銲溫度曲線來測試。 5. 迴銲溫度高於銲錫熔點的時間需維持在 60 到 150 秒之間，溫度以受測物表面量到的溫度為依據。 6. 平均升溫速率須小於 $3°C$ / 秒，降溫速率須小於 $6°C$ / 秒，其他細節可參考 JESD-A113 文件。
7	沾助銲劑及清洗	1. 迴銲後讓受測物在室溫下靜置 15 分鐘以上。 2. 將受測物浸泡在水溶性助銲劑內 10 秒鐘以上。 3. 從助銲劑內取出受測物之後馬上用 DI 水攪拌清洗。 4. 在室溫下晾乾。 5. BGA LGA 和 CGA 產品不必經歷本步驟。 6. 如果要進行 Board Level 可靠度測試，可以跳過本步驟。 7. SMT 組裝廠可以跳過本步驟。
8	電測	1. 所有受測物都能通過電測才再前進至後續的長期可靠度測試。 2. 若有任何一個受測物無法通過電測，應該重新選擇 MSL level 然後再進行本測試。

歷環境因子和儲存條件因子衝擊的產品都是良品，亦即確認進入測試程序的受測產品是有效受測物，讓該次測試結果具統計上的參考價值。從第一次電性測試或 SAT 篩選出的良品，將依照實驗計畫進行 5 次溫度循環，這個步驟模擬到達組裝廠前的運送過程中 IC 可能經歷的最大環境溫度變化。若受測物內部不同材料間接合力不夠或材料強度不足以承受溫度循環伴隨而來的內應力，受測物會在歷經這個步驟後發生介面上的脫層（delamination），或在應力集中處產生材料內部的內裂縫。經歷 5 次溫度循環後，接著先利用 24 小時的高溫烘烤減少受測物內部的水分含量，然後再依據選擇的 MSL 等級讓受測物經歷表 11 內對應的環境溫度和相對濕度，用這些環境設定模擬在工廠裡打開防潮包裝後產品自環境中吸收水分的情況。例如進行 MSL-2 等級驗證時，讓受測物處在 85℃，60% 相對濕度的環境下停留 168 小時，這可以模擬產品在一般組裝工廠環境打開防潮包裝之後，暴露在一般的溫濕度環境下（溫度 30℃ 以下，相對濕度 60% 以下）一年之間所受到環境濕度的影響。若經過這個吸收水分步驟後還經得起後續迴銲爐及長期可靠度測試的考驗，即可確定相同產品只要能在打開防潮包裝後一年內組裝於電路板上，將不會產生可靠度不佳情形。受測物依測試計畫在已控制溫濕度的環境中吸收水分後，接著經歷迴銲爐溫度衝擊，可以模擬一般零件被迴銲在電路板上的實際情況。經過迴銲過程之後，可以選擇利用電性測試或是 SAT 來確認受測物是否達到所選定的濕敏等級，如果受測物無法達到選定的濕敏等級，應該針對肇因（root cause）改變材料或是製程，或者，也可以用相同批號的受測物降低測試條件的濕敏等級再進行驗證。

　　現在的電路板通常讓 IC 零件同時分布在兩個面上，一般 SMT 組裝方式是先把電路板反面的 IC 零件迴銲上去，然後再迴銲正面比較重要的零件，所以許多產品都需要經過兩次迴銲過程，經歷兩次迴銲溫度。有時

電路板作業可能發生小瑕疵，若進行重工，產品又可能再經歷另一次迴銲溫度，所以進行 pre-conditioning 時，通常讓 IC 零件經歷三次迴銲溫度衝擊，以模擬 IC 零件未來可能遇到的最嚴苛情況。一般塑膠封裝主要包覆材料是由環氧樹脂（epoxy）和二氧化矽（silica）組成，環氧樹脂能從環境中吸收水分，吸收水分後會稍微膨脹，如果環氧樹脂內部或是環氧樹脂和其他材料間存在裂縫，這些裂縫可能是製作時的瑕疵，也可能是在之前的溫度循環階段中產生，產品中的裂縫可以累積水分，造成迴銲時的爆米花（pop corn）現象。爆米花現象是一種發生在迴銲過程中的產品失敗模式，迴銲的高溫能讓所有的水轉換成水蒸氣，在一大氣壓下水轉變成水蒸氣時體積可以膨脹約 1700 倍左右，當產品內累積相當的水分後，如果水蒸氣被包覆在產品內無法立即離開，水分子迅速膨脹的體積變化能讓產品在迴銲爐中像爆米花一般炸開，就是所謂的爆米花現象。水分雖然可以藉由滲透方式緩慢的鑽過環氧樹脂進入塑膠封裝產品內，但是速度極為緩慢。進行迴銲時，孔洞或內裂縫裡的水分子溫度在短時間內從室溫升高到攝氏 260 度，這樣的高溫驅使所有水分子瞬時從液態變成汽態，造成體積膨脹超過千倍的汽態水分子被鎖在孔洞或內裂縫裡無法迅速逸出。水分子體積變大時會對四周施加壓力，但是環氧樹脂的強度無法承受這麼大的瞬間應力變化，結果就像爆米花一樣炸開。因此如果產品在製作過程中留下一些內部孔洞，或是在運輸過程中因為溫度循環而產生內裂縫，如果這些內部空間累積足夠的水分就容易在迴銲時發生爆米花式的破壞。

如果受測物內的晶片具有可測試的電路和適當的測試計畫，使用電性測試來判斷是否通過可靠度測試顯得比較有效率且更貼切實際使用狀況，若可靠度測試前後電性讀值差異在容許範圍內（例如 10% 或是 15% 之內），即可以判定通過該測試。一般來說，電性測試內容可直接依產品規格資料（datasheet）或產品設計特性來訂定，或依經驗訂出測試計劃和

判定標準。但是一般封裝廠在開發封裝製程時，通常沒有適當晶片以供驗證，所以常用亮片（dummy wafer）取代具有實際功能的晶片，這時只能靠檢視外觀和 SAT 掃描來判定可靠度測試結果，測試的標準大致是確認外觀有無異狀以及內部是否存在裂縫或脫層的現象。IDM 則可以同時具備電性測試和 SAT 檢視能力，通常優先以電性讀值為主要判斷依據，如果經過可靠度測試後仍能通過電性測試，則可省去 SAT 檢視步驟，但是當電性測試觀察到異狀時，則利用 SAT 掃描或是以其他方法輔助以確認測試結果，並找出導致電性測試失敗的原因，如果仍然找不出可能的肇因，還需要更進一步確認所使用晶片品質是否穩定。我們通常認為，利用電性讀值做為判定資料的模式可以有較大的過關機率，但也有例外，例如

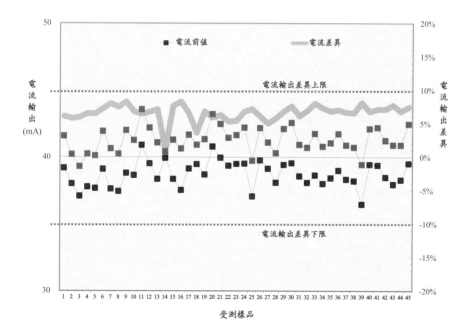

圖 94　產品可靠度測試前後的電性讀值。可靠度測試之後，針對同一受測物比較測試前後的電性讀值，如果受測前後差異在容許範圍內（一般常以 10% 或是 15% 做為參考標準），可視為通過測試。

當 IC 工作頻率較高時，電路間的介電材料能影響線路間的電容和電感，這時即便 SAT 或是其他方法找不到結構上的瑕疵，仍然可能因為材料吸水分使得介電係數改變讓產品的某些電路特徵無法維持在設計規格之內。

IC 封裝產品的 MSL（moisture sensitivity level）分級和其長期可靠度表現之間並不存在對應關係，也就是說，通過 pre-conditioning 測試不代表一定能通過長期可靠度測試，而且被歸類為 MSL-1 的產品在 TCT 測試的表現也不一定優於 MSL-3 的產品，因為 pre-conditioning 的測試內涵並非針對長期使用中經歷的應力衝擊，也和長期使用中應有的其他磨耗類型無關。MSL 是一種指標，它代表從產品離開封裝廠後，一直到被迴銲固定在電路板上之前，產品不受這段時間內環境因子影響而能維持後續正常運作的機率表現。換句話說，它代表產品能抵禦上板前環境濕度的能力分級，而和這個指標有直接而明確相關的失效風險可在迴銲過程之後立即顯現。因為 MSL 不能代表長期可靠度表現，為避免供應商及設計者對 MSL 有所誤解，J-STD-020D 在文件開始便開宗明義先讓大家知道，通過上板前環境條件測試並非能夠達到長期可靠度的保證。事實上，前面幾個單元的討論也告訴我們，和長期可靠度表現相對應的故障主要來自類似磨耗性的缺陷，可能是封裝材料老化，也可能是工作時反覆施載造成的材料疲勞，或是各個接點上介面金屬化合物成長帶來的副作用，或是水分對各種材料的侵蝕與電化學反應，或是電子遷移的長期效應，甚至是幾種長期損耗的綜效造成的。

熱應力是個影響封裝設計長期可靠度表現的重要因子之一，它和溫度一樣是無形的物理量，但溫度是個可以直接從溫度計上讀取得到的物理量，熱應力或是應力卻無法藉由簡單的工具讀取。事實上，應力是個張量，而不是純量，通常須要用量身訂作的方法量測或是估計應力。下個單元將回顧熱應力的基本道理和常見現象，了解熱應力之後應該能幫我們了

解 JEDEC 專家們設計可靠度測試方法的背後原因。其後的幾個單元將介紹幾種常用的長期可靠度測試方法，利用這些測試方法可以評估 IC 零件長期可靠度表現。

26. 熱應力

　　溫度循環試驗（TCT）過程中的主要破壞因子是熱應力，在介紹溫度循環試驗之前讓我們先回顧一下熱應力的成因。冷縮熱脹是大家都熟悉的一種生活經驗，溫度的變化除改變材料巨觀長度外，同時也使體積發生變化。若溫度變化的範圍沒有涵蓋到物質相變化，所有的物質都遵循冷縮熱脹的原則，但不同物質因為溫度變化而產生的脹縮程度不相同，表 13 所列為常用工程物質在室溫附近的熱膨脹係數（CTE，coefficient of thermal expansion）。

表 13　常用物質在室溫附近的熱膨脹係數。

金屬材料	CTE ($\times 10^{-6}$/°C)	非金屬材料	CTE ($\times 10^{-6}$/°C)
金（Gold, Au）	14	水（Water, H_2O）	69
白金（Platinum, Pt）	9	矽（Silicon, Si）	2.7
銀（Silver, Ag）	18	氮化矽（silicon nitride, Si_3N_4）	3.2
銅（Copper, Cu）	16.7	二氧化矽（Fused Silica）	0.55
黃銅（Brass）	19	二氧化矽（Silica Crystal）	12 / 20
鐵（Iron, Fe）	11.8	碳化矽（Silicon Carbide, SiC）	2.8
不鏽鋼（Stainless Steel, Fe-Ni alloy）	17.3	砷化鎵（Gallium Arsenide, GaAs）	6.8
碳鋼（Carbon Steel）	10.8	氮化鎵（Gallium Nitride, GaN）	3.5
鋁（Aluminum, Al）	23	鑽石（Diamond, C）	1
鎳（Nickle, Ni）	13	石英（Quartz Crystal）	0.33
鈀（Pladium, Pd）	14	藍寶石（Saphire）	5.3
鉛（Lead, Pb）	29	玻璃（Glass）	8.5

金屬材料	CTE (×10⁻⁶/℃)	非金屬材料	CTE (×10⁻⁶/℃)
水銀（Mercury, Hg）	61	氧化鋁 (Alumina, Al$_2$O$_3$)	6.5
鈦（Titanium, Ti）	9.5	環氧樹脂（Epoxy resins）	15-100
鎢（Tungsten, W）	4.5	混凝土（Concrete）	12
鍺（Germanium, Ge）	5.8	矽膠（Silicon Resins）	30-300
鉬（Molybdenum, Mo）	5.1	高分子聚合物（polymer）	50-200

表 13 所列數據是在物體沒有受到外在拘束限制下量測得到的數值，亦即不受外在拘束的情況下，當溫度發生變化時，物體長度膨脹或收縮的變化量和表 13 內數據一致。但是如果讓一根鐵棒的兩端固定在兩道極堅固的牆面之間，如圖 95 所示，這時鐵棒無法自由伸長或縮短，就算溫度上升，鐵棒長度也不變化（假設不考慮側潰（buckling）現象）。其實我們可以把圖 95 的現象想像成鐵棒伸長後，又被那兩道堅固的牆「壓」回來，讓鐵棒「縮回」原來長度。按這樣的假設，我們能計算出溫度上升時，圖 95 的情況中牆面對鐵棒兩端施加的外力 F，

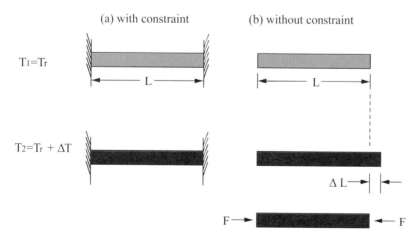

圖 95　溫度變化時物體體積和外力之間的關係。

$$F = -\,E \cdot A \cdot \Delta T \cdot CTE\_bar \tag{43}$$

其中 E 是鐵棒的「楊氏模數（Young's Modulus）」，A 是鐵棒的截面積，ΔT 是溫度上升量，CTE_bar 是鐵棒的熱膨脹係數，所以在圖 95 情況下，當溫度變化時，兩側牆面施給鐵棒的力量就是 $E \cdot A \cdot \Delta T \cdot CTE\_bar$，而鐵棒裡的內應力大小是 $E \cdot \Delta T \cdot CTE\_bar$，因為鐵棒被兩道牆壓回原來長度，所以鐵棒內的應力屬於壓應力。

　　理論上物體承受外力必然伴隨變形，所以前述例子裡兩道外牆也應該受到反作用力推擠而變形才合理。不過這裡假設外牆和鐵棒的尺寸差異極大，這種情況下外牆的變形量將小到可以被忽略而不會影響鐵棒內應力的計算結果，在其他的類似情況中，如果已知兩個物體的變形量規模差異夠大即可採用這樣的算法。但是當兩個相鄰的物體規模相當或是差異不夠大，它們相互推擠之後的變形量就不應該被忽略，圖 96(b) 的兩層平板堆疊就是這樣的例子。

　　如圖 96 所示，假設兩種材料有不同的熱膨脹係數，把這兩種材料的平板堆疊在一起觀察溫度變化對平板變形的影響。圖中第一種情況假設兩種材料的接觸界面可以自由的相對滑動，當溫度變化時，造成圖中所示各自獨立的變形方式，兩種材料自行變形而不相互干擾，所以伸縮量可以直接由表 13 裡的熱膨脹係數推算得到，圖 (a) 裡假設下層材料有比較大的熱膨脹係數，所以溫度上升時下層材料伸長量比上層材料大。在圖 (b) 裡的第二種情況中，假設兩種材料的接觸界面被緊密黏合，溫度發生變化時，接觸界面無法自由滑動。此時雖然上下層兩種材料熱膨脹係數不同，但因接觸界面被緊密黏合，在接觸界面兩側的材料會保持相同的位移量或變形量，這是這個物理問題裡的幾何箝制條件。利用這個幾何箝制條件加上基本的力平衡條件，即可找出兩種材料在介面上的變形量或伸縮量。當

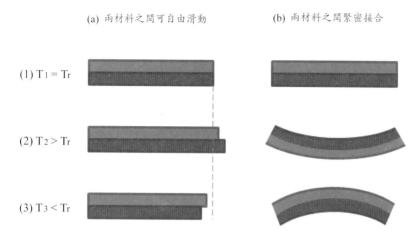

圖 96　溫度起伏時物體伴隨溫度變化產生之變形。假設圖中下層材料有較大的
　　　　熱膨脹係數，而且在溫度為 Tr 時上下兩層材料有相同長度。圖 (a) 假設
　　　　兩種材料接觸界面可以自由的相對滑動，當溫度變化時兩種材料各自獨
　　　　立變形而不相互干擾。圖 (b) 裡假設兩種材料的接觸界面被緊密黏合，
　　　　溫度發生變化時熱應力造成產品翹曲。

平板具有非常薄的斷面時，材料在介面上的伸縮量幾乎和另一側的伸縮量
相同。但如果平板的厚度效應無法被忽略時，材料在離接觸界面比較遠的
位置上所擁有的變形量受到另一種材料的箝制程度會比較小，如果材料夠
厚，上下兩平板外側的長度可以接近自由伸縮時的長度，因此容易產生其
他的變形方式，其結果如圖 96(b) 所示，當溫度上升時，下緣材料伸得比
較長，上緣材料伸得比較短，這使得疊板彎曲成為一個像是微笑的嘴形，
或者說是一個兩側微微向上的圓弧，這樣的變形是材料間相互拉扯，內部
應力達到平衡之後得到的形狀。經驗也告訴我們，若兩種材料的 CTE 或
是楊氏模數差異越大，圓弧彎曲程度就越顯著。反之若溫度下降時，下緣
材料會縮得比較短，變形成為一個兩側微微向下的圓弧。由此可知，當不
同材料接合在一起時，材料內部會因溫度變化產生內應力，這類因溫度
變化產生的內應力稱為熱應力（thermal stress），熱應力是造成產品翹曲

（warpage）的主要原因之一。

　　熱應力無所不在，只要將不同材料接合在一起，溫度起伏就能產生熱應力，熱應力有一個特徵，即在不同材料的介面附近強度較大，若不同材料介面附近有類似轉角的幾何形狀，那麼轉角位置將是容易發生應力集中的地方。我們日常看到的產品中其內部熱應力強度（stress intensity）都小於材料的破壞強度（material failure strength），也小於材料間的接合力，所以一般我們不會看到產品因熱應力而立即破壞。不過若溫度起伏頻率太高，材料也常被熱應力誘發材料疲勞（fatigue）的破壞形態。影響熱應力大小的因子除溫度差異、材料間熱膨脹係數差異（CTE mismatch）和幾何形狀之外，材料彈性模數也是一個重要影響因子。IC 產品有比較複雜的幾何構造和繁複的製程，其內應力分布很難利用過往經驗直接進行判斷，如果要對新產品進行應力分析，也無法以人力來計算，一般在分析時都採用類似 ANSYS 之類的商用數值分析軟體進行應力分析。

　　為了要讓產品維持長時間密合，早期開發用於密合封裝的材料如 Alloy42、Kovar 或銅鉬合金疊層，都具備 $5 \times 10^{-6}/°C$ 左右的巨觀熱膨脹係數，可降低晶片和載板間在熱膨脹係數上的差異。當這些複合材料被用來和矽、砷化鎵、陶瓷載板等材料搭配封裝時，材料間沒有顯著的熱膨脹係數差異，可達到降低熱應力的設計目的讓產品設計壽命高達數十年，經驗也告訴我們這類產品的確能維持長時間的可靠度。

27. 溫度循環試驗（Temperature Cycling Test, TCT）

在一般情況下，若物體所承受的應力尚未達到材料極限強度或破壞強度（failure strength），將不會發生破壞的情況。不過，如果外力周而復始施加在物體上時，即便巨觀應力遠小於材料破壞強度，也常見在應力集中的區域，材料因能量累積至一定程度後發生材料破壞，這種周而復始的應力起伏所造成的破壞稱為「疲勞（fatigue）破壞」。如果以日常生活中常見的鐵絲為例，常人很難徒手直接拉斷鐵絲，這是因為拉斷鐵絲所需的破壞強度遠大於常人力量。但是只讓鐵絲彎曲不是難事，我們彎曲鐵絲造成的巨觀應力遠小於鐵絲的拉伸破壞強度或是鐵絲的壓縮破壞強度，不過如果我們反覆在同一個位置反覆彎折鐵絲就可以折斷它，這種現象就是所謂的疲勞破壞。從巨觀角度，我們看到的現象是載重遠小於破壞材料所需的應力強度，但從微觀角度觀察，每次施載時，被嚴重彎折的位置上（應變（strain）最大的部位），都有一些材料由彈性變形區進入塑性區。還在彈性區的材料在卸載之後能恢復形狀，但是已進入塑性區的材料在卸載之後不會再恢復原來形狀，所以此後每次施載都繼續產生變形。從能量角度看，施載所作的功，部分被轉換成材料塑性變形所需的能量，直到變形程度超過材料應變極限，這時會產生幾何上的不連續，也就是巨觀上看到的裂縫。若要再更仔細探究裂縫行為，可以參考破裂力學（fracture mechanics）相關資料，不過簡單歸納可以發現，有時裂縫在後續載重狀況下繼續成長，直到整個材料結構被破壞，但有時裂縫出現後能改變局部幾何形狀，成為改變應力分布或是消除應力集中的一種方式，反而讓後續的載重不再沿原來方式繼續破壞結構。

在前面重覆彎折鐵絲經驗中，也可以把疲勞破壞看成是每次施載應力都蠶食掉一小部分的材料強度，在研究疲勞破壞的領域裡，以這種「蠶食」概念進行分析的方法，稱作「慢性疲勞（cumulative fatigue）」，直

覺上慢性疲勞理論和一般嚴謹而華麗的理論脫節，但它的模型具有統計數據的支持反而讓它更方便於工程應用。例如成熟零件經過許多次反覆施載後（也許數十萬次或幾百萬次）也會發生疲勞破壞，所以訂定保固期時可利用這種疲勞破壞機制，把時間和幾十萬次施載連結起來可以換算出合理的保固期。接下來我們要介紹的溫度循環試驗就是運用慢性疲勞的概念進行可靠度測試。

如前所述，環境溫度起伏時，物體內各種材料也跟著脹縮，由於各種材料熱膨脹係數不同，即使物體內溫度均勻分布，溫度變化時相鄰材料因體積變化而互相擠壓造成內應力。因此不論是外在環境溫度變化，或是內部元件工作時產生熱量，都能產生上下起伏的熱應力，隨著時間演進，這些熱應力將造成疲勞破壞進而引發產品失效。一般而言，環境溫度變化時，IC 零件上的溫度梯度（temperature gradient）較小，並且伴隨著較平緩應力梯度，而內部元件所產生的熱可產生較大的溫度梯度，若缺乏適當的導熱設計，將會讓熱或者是熱應力成為燙手問題。JESD 的溫度循環實驗（TCT，temperature cycling test）利用周而復始的環境溫度變化產生熱應力循環，再由反覆的熱應力循環誘發材料疲勞，用以模擬長期使用歷程中可能遭遇的疲勞負載，以檢視產品是否能完好度過這類型的可靠度考驗。具體而言，它利用高溫和低溫間的溫度循環，產生樣品內部應力強度變化的循環，同時也產生樣品內部應力分布變化的循環，藉此檢驗 IC 產品對溫度循環的耐受能力，或者是說檢驗 IC 產品日後對熱應力疲勞破壞的抵禦能力。

JESD22-A104 規範的 TCT 常被用來檢視各類電子零件內部結構以及零件的錫鉛接點（solder interconnects）承受週期性溫度變化的能力，具體而言，是承受週期性溫度變化所帶來的熱應力。它定義在單槽（single chamber）、雙槽（dual chambers）和參槽（triple chambers）情況下進行

TCT 應該符合的條件。使用單槽設備時，受測樣品放在槽體內不動，藉由槽內循環氣體控制槽體內溫度變化。在雙槽或三槽設計中，各槽的環境溫度固定不變，將受測物放在一個可在各槽體間移動的載具內，藉此讓受測物經歷不同環境溫度。進行測試時，我們可以把熱電耦（thermal couple）固定在某個受測樣品上，用來監控受測樣品所經歷的溫度曲線。

　　TCT 實驗設定通常持續 1000 個溫度循環週期，進行測試時受測物停留在實驗設備內的時間長達三百多個小時以上，甚至到達一千個小時，礙於成本考量，進行測試時每一組實驗樣品均無法單獨占用實驗設備，通常把幾組實驗樣品一齊放進溫度循環槽內以符經濟原則。另外，從開發產品的角度出發，越早將實驗樣品放進溫度循環槽體內，越能及早完成產品開發，好讓產品越早進入市場，所以溫度循環槽內常常需在不同時間點放入新的受測樣品組。JESD22-A104 規範雖然允許在完成預定溫度循環週期前可中斷實驗以便加入新進的實驗樣品，但為避免中斷實驗過於頻繁以致影響實驗結果，該規範也將得中斷次數和時機明確化以作為參考。事實上不僅新加入實驗樣品會中斷實驗，有時斷電或設備故障也被迫中斷實驗，又或者假設我們若計畫每 200 個週期做一次電性量測或進行外觀檢視，也需要中斷溫度循環。依規範允許每批實驗樣品在實驗過程中，可被中斷次數最多不得超過溫度循環實驗週期數的十分之一。

　　溫度循環實驗中，所設定的溫度上限和下限大致能決定受測物內的應力變化區間，也同時決定材料的疲勞壽命。也就是說，溫度的上限和下限直接反映溫度循環實驗的嚴苛程度，JESD22-A104 列出 10 個標準的溫度上下限，依據不同應用可選擇不同的測試條件。除此之外，選擇測試溫度的上限時也有限制，其背後原因為不應讓實驗結果出現在實際使用產品時不可能發生的失效模式（failure model），例如溫度超過受測物的材料玻璃溫度（glass transition temperature）時，不但使受測物內應力分布發生結

構性變化，也可能讓材料出現和實際應用時不同的機械性質，進而誘發不同的破壞模式。因此，如果產品在實際應用時不會發生超過材料玻璃溫度的情境，選擇測試條件時就不應該讓測試溫度的上限超過材料玻璃溫度，免得測試結果得到的失效模式和實際應用時所觀察到的失效模式不同，失去可靠度實驗的意義。另外，當樣品中有錫鉛銲點時，也不應選擇高於 125℃的測試條件，以免高溫時錫合金潛變（creep）行為過於明顯，反而使實際情況下的主要破壞模式被忽略。實務上我們常用測試條件 C 進行封裝後（package level）的溫度循環實驗，也常用測試條件 G 作上板後（board level）的溫度循環實驗。

表 14　JESD22-A104 對溫度循環實驗所建議的 10 個參考測試條件。

測試條件	溫度下限（℃）	溫度上限（℃）
A	−55 (+0, −10)	+85 (+10, −0)
B	−55 (+0, −10)	+125 (+15, −0)
C	−65 (+0, −10)	+150 (+15, −0)
G	−40 (+0, −10)	+125 (+15, −0)
H	−55 (+0, −10)	+150 (+15, −0)
I	−40 (+0, −10)	+115 (+15, −0)
J	0 (+0, −10)	+100 (+15, −0)
K	0 (+0, −10)	+125 (+15, −0)
L	−55 (+0, −10)	+110 (+15, −0)
M	−40 (+0, −10)	+150 (+15, −0)

　　如果受測物熱容（thermal mass）較大，或者實驗的目的是要確認錫銲點的金屬疲勞行為時，應該選擇比較平緩的升降溫速率以降低受測物內部溫度梯度，所以 JESD22-A104 規範建議使用的升降溫速率應在 10℃ /

min ~ 14℃ /min 的範圍內，目的在降低受測物內部的溫度梯度。這裡的升
降溫速率指的是量測得到的溫度曲線斜率，它的認定方式是由量測得到
的溫度曲線上 10% 到 90% 溫度區間計算得到的斜率。在這種限制下，單
槽實驗裝備很容易被選來執行這類的測試項目。JESD22-A104 規範認為
只要符合上述溫度梯度，升溫或降溫速率將對實驗結果無顯著影響，亦
即只要把握這個原則，就可避免讓測試樣品的內部溫度梯度（temperature
gradient）影響內應力的大小和分布。

　　實務上常見的溫度循環頻率為每小時 1 至 3 次，材料疲勞或產品內相
鄰材料間的剝離（delamination）是 TCT 最常見的失效模式，這裡的材料
疲勞包括錫銲點斷裂、產品內導線斷路（open）或阻抗增加等。若想針對
各類錫銲點進行和金屬疲勞有關的溫度循環實驗，JESD22-A104 建議溫
度循環頻率應小於或等於每小時 2 次，同時也針對不同檢視項目，建議不
同持溫條件（soak mode），例如利用持溫條件 1，可以看出熱應力帶來的
疲勞負載對 IC 封裝的衝擊，但是如果要檢視錫銲點的金屬疲勞或是潛變
（creep）則建議要用其他三種持溫條件。

表 15　JESD22-A104 對 TCT 所定義的 4 個持溫條件，持溫條件係實驗時在最高
　　　溫和最低溫的狀況下所停留的時間。

持溫條件	時間（分鐘）
1	1
2	5
3	10
4	15

　　熱衝擊測試（thermal shock）和 TCT 有些類似，兩者都利用溫度變化

伴隨的熱應力來誘發材料的疲勞破壞，不過在熱衝擊測試中，高低溫間的轉換時間較短，通常需在 10 秒內完成高低溫轉換，所以受測物內的溫度梯度也成為影響應力分布和應力大小的因子，而且熱衝擊測試中高低溫之間差異更大，使得內應力規模更大。兩者比較起來，熱衝擊測試可說是更嚴苛的測試，典型的方法是讓受測物在一個雙槽或是參槽實驗設備中測試，使其達到 20 ～ 25℃ /min 的溫度斜率，許多汽車零件需要經過熱衝擊驗證，熱衝擊相關規定可參考 JESD 22-A106 裡的詳細說明。

28. 壓力鍋測試（Unbiased Autoclave, PCT）

爲了在短時間內獲得檢測結果，「Accelerated Moisture Resistance - Unbiased Autoclave」把受測物放在一個高溫、高壓、高濕度環境中進行測試，以檢驗產品對水氣耐受能力，這樣高溫、高壓、高濕度的環境條件非常類似一般家庭烹飪使用的壓力鍋內部狀況，所以常被稱作「壓力鍋測試」（PCT，pressure cook test），也因爲有些受測物在實驗完成後出現材料間的分層（delamination）現象，也有人稱之爲「autoclave test」。壓力鍋測試藉著很高的蒸氣壓力幫助水氣穿過材料進入產品，或讓水氣沿著兩種材料介面滲透到產品內部，使封裝材料發生膨脹變形、分層、或金屬氧化等缺陷，甚至也可能誘發電化學反應，把產品潛在缺陷突顯出來。一般的電子產品使用者通常不會把 IC 零件直接放在濕度高到能結露水的環境中使用或在雨中使用，所以壓力鍋測試導致的失效類型並非一般產品在正常使用狀況下可以看到的典型失效模式，但這項測試仍是針對新開發的封裝產品，或打算更換新的封裝材料時，常用的一個快速且嚴格的測試。

表 16　JESD22-A102 對壓力鍋測試所定義的環境條件。

溫度	相對濕度	蒸氣壓力
121±2℃	100%	29.7 psia

表 16 所列即爲壓力鍋測試的實驗條件，其中蒸氣壓力 29.7 psia 相當於大氣壓力（13.76 psia）的 2.1 倍，換算成公制爲 205 kPa。目前的標準作法是把受測樣品放在實驗槽中升溫升壓，讓實驗槽達到表中定義的環境條件，並且讓產品處在這個環境下持續 96 小時承受濕氣滲透和腐蝕。目前的規範中建議 96 小時的實驗時間，但表 17 裡所列爲 JESD22-A102 在 C 版以前所提供的其他時間長度選項。進行壓力鍋測試時除了需維持壓力

鍋穩定的溫濕度及壓力條件外，也須注意如何讓受測物進出此測試環境，以及如何維護適當的測試環境。例如使用的水在室溫下要能有大於 1 百萬歐姆 - 公分的水阻值且不能有離子汙染，所以一般可使用蒸餾水或去離子水，而且也應對實驗槽內進行適當清潔維護以避免汙染。JESD22-A102 要求受測樣品在槽內應距槽壁 3 公分以上，也不能直接讓受測樣品接受輻射熱，而且受測樣品在槽內升降壓的期間內要避免曝露在溫度高於 100℃ 而濕度低於 10%RH 的環境中，以確保受測物受到的濕度衝擊符合測試所預期。此外，在取出受測樣品前的降壓、降溫程序也必須符合規範，以免因不當洩壓引發類似爆米花效應等等。

受測物須在實驗爐降壓 2 小時後到 48 小時內完成電性測試，電性測試之後，若還要再繼續壓力鍋測試以增加有效測試小時數，必須讓樣品在降壓後 96 小時之內返回表 16 的環境條件繼續實驗。若樣品離開實驗槽後存放在沒有抽真空，也沒有放乾燥劑的密封防潮袋中，則可以將前述時間限制延長，延長後分別是降壓後 144 小時之內內完成電性測試，和 288 小時之內返回表 16 環境條件接續實驗。進行電性量測時，我們可以用紙巾擦拭樣品表面水份，也可對封裝接腳表面進行清潔擦拭，以便得到內部 IC 的電性讀值。

表 17　JESD22-A102C 對壓力鍋測試所定義的時間條件。

時間條件	A	B	C	D	E	F
測試時間（小時）	24（−0, +2）	48（−0, +2）	96（−0, +5）	168（−0, +5）	240（−0, +8）	336（−0, +8）

對含有吸水材料的塑膠封裝來說，壓力鍋測試是非常嚴苛的測試項目，大部分情況下，只要量測得到的電性讀值合乎規範就視為通過考驗。

JESD22-A102 也認爲，若因封裝外部結構損傷造成內部 IC 電性失效，不能解讀成待測品在壓力鍋測試項目失敗，這個判讀方式對一般 IDM 而言是合理的。然而對專注在外包市場（outsourcing market）的專業封裝廠而言，取得具實際功能的晶片甚爲不易，且製程開發後要對來自不同晶圓廠的晶片進行封裝，而不同晶圓廠製造的晶片對水氣耐受能力不同，因此專業封裝廠在進行封裝製程開發和製程認證（process qualification）時一般只使用亮片（dummy wafer），而且測試結果還是得利用 SAT 檢視或是樣品切片來判讀，判讀的方式和標準大致上是限制材料分層的位置和面積比例。

29. 高溫儲存試驗（HTST）

高溫儲存實驗（HTST，High Temperature Storage Life）是個操作起來非常簡易但很耗時的檢驗項目。實驗時，只須把環境溫度持續固定在比室溫高的某個定值一段時間，若其後安排電性測試做為判讀依據，則應在樣品離開高溫爐後 96 小時內進行之。測試條件應依產品特性選擇，JESD22-A103C 提供 7 種標準測試溫度條件，原則上不能讓溫度高於封裝產品內任何材料熔點或玻璃溫度，以免產生在正常使用狀況下不會發生的失效模式。採用測試條件 B 持續 1000 小時是一種常見的高溫儲存實驗，可用來對塑膠封裝產品或對金屬接點進行驗證，觀察高溫加速下的材料老化或是介金屬化合物成長。HTST 測試之後若受測物失去正常功能或實驗前後的電性差異過大都算是 HTST 的失敗模式，觀察到的封裝外觀破損或任何裂傷，也被認為是這項測試的失效模式。

表 18　JESD22-A103 對高溫儲存試驗所建議的 7 個參考測試條件。

測試條件	儲存溫度（°C）
A	125 (−0, +10)
B	150 (−0, +10)
C	175 (−0, +10)
D	200 (−0, +10)
E	250 (−0, +10)
F	300 (−0, +10)
G	85 (−0, +10)

從溫度循環實驗的經驗中，我們瞭解溫度上的起伏能使物體內產生應力變化，但因 HTST 測試項目的溫度設定不具有反覆起伏，且熱應力低於破壞強度，所以這樣的內應力變化不至於對樣品造成損傷。反觀，高溫

加快物質擴散速率和化學反應，也加速塑膠老化和金屬接點上的介面金屬化合物成長。如果產品設計時並未預留足夠金屬材料量讓介面金屬化合物（IMC，inter metallic compound）能持續成長也可能構成產品瑕疵，經過長期使用後，有這種設計瑕疵的的產品在介面金屬化合物成長過程中會因為某種金屬材料完全消耗殆盡，導致產品中的某個或某些金屬結構消失。舉例來說，若受測物內有不同金屬層堆疊，或是不同金屬間的接合，像是金線和鋁墊間的接合或是金屬凸塊裡的錫和銅之間的堆疊，HTST 測試能讓這些不同金屬間的 IMC 加速成長。一般而言，若溫度上升，相鄰金屬間的介面金屬化合物成長速度會比室溫時快，大量介面金屬化合物成長有可能改變材料介面的物理性質和幾何形狀，所以經歷 HTST 測試之後，除須量測產品電性之外，也應觀察金屬間的介面構造，同時需再檢視相鄰金屬間的結合力，確保其機械性質仍符合產品規範。通常 IMC 能持續成長，且溫度越高的環境下成長速度越快，所以設計產品時應根據經驗預留 IMC 成長所需的緩衝結構，以確保 IMC 成長不致成為未來使用產品時發

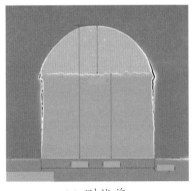
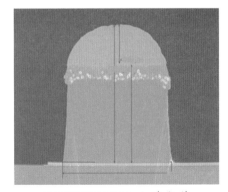

(a) 測試前　　　　　　　　　(b) HTST 1000 小時之後

圖 97　HTST 測試之後銅凸塊 IMC 厚度發生明顯變化，(a)進行 HTST 測試之前，IMC 不甚明顯，厚度約為 $1\mu m$，(b) 在 1000 小時 HTST 測試之後 IMC 變得明顯，厚度約為 $6\mu m$。

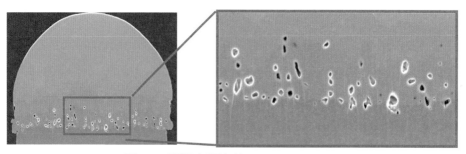

圖 98 銅錫介面上的 kirkendall void。

生故障的原因。

另外，我們知道組成物質的原子量與晶體內原子排列方式能影響物質的密度，所以如果相同原子使用不同晶格結構排列時，將呈現不同物質密度，以常見的碳原子為例，如果碳原子排列成石墨的形式時密度約為 2.27，如果以鑽石的形式出現時密度約為 3.52，但如果測量無定形碳的密度時會發現其密度介於 1.8 到 2.1 之間。由此我們不難想像，IMC 中的金屬化合物分子量和晶格排列方式都異於原來的金屬原子，因此其巨觀上的密度也必然不同，亦即在空間中占據的體積將會和原來組成金屬不同。因此 IMC 成長過程中，局部區域的體積變化很容易伴隨產生局部的幾何不連續，也就是在介面上常會看到的孔洞，這些孔洞稱作 kirkendall void。

以銅凸塊為例，據實驗觀察，若環境溫度高於 100℃時，銅－錫金屬界面上的錫原子擴散速率遠高於銅原子，因此在 HTST 實驗初期，錫原子能很快進入銅金屬區，這時銅金屬區裡的錫 - 銅原子混合區域裡銅原子數量遠高於錫原子，很容易形成 Cu_3Sn 的介面金屬化合物。因此如果拿實驗初期樣本觀察，介面金屬化合物以 Cu_3Sn 為主，但經過一段更長的時間之後，Cu_3Sn 漸漸轉換成更穩定的 Cu_6Sn_5 合金，所以巨觀上 Cu_6Sn_5 厚度隨時間明顯成長。由於銅 - 錫介面金屬化合物的成長過程需要同時供給兩種金屬原子，所以金屬原子擴散行為能左右 IMC 的成長和蛻變。以 IMC 的

厚度成長為例，其成長會因厚度增加而降低速度，這是因為新鮮的金屬原子須要擴散經過更長的距離才能到達反應介面，使得介面金屬化合物成長速度越來越慢。若是穩態（steady state）擴散運動，原子濃度梯度是固定的，所以擴散通量（flux）會是個常數，但是銅凸塊在進行 HTST 測試時不會是這樣的情形，剛開始時兩種金屬在介面上的濃度梯度都極大，能在介面上馬上生成明顯的 IMC，之後介面附近的擴散粒子濃度漸漸增加，但濃度梯度卻下降，所以擴散通量會隨著時間下降，IMC 成長速度也自然隨著時間減慢。圖 99 裡可以觀察到在一個金屬凸塊的銅錫介面上，經過第一個 500 小時的 HTST 測試後能長出 5.8μm 厚的介面金屬化合物層，但第二個 500 小時只再累積 0.6 μm 的介面金屬化合物。也就是說，同一個受測物在同樣的溫度下，第一個 500 小時長出的 IMC 比第二個 500 小時長出的 IMC 多出將近 9 倍的量。另外，除了擴散運動的濃度梯度和擴散距離之外，還有一個可能讓 IMC 成長漸緩的原因，即若 IMC 對錫原子具有輕微的阻障（diffusion barrier）能力，擴散通量自然和 IMC 厚度呈負相關。Kim[15] 和他的研究團隊對銅 - 錫 IMC 成長有一系列探討，頗值參考。

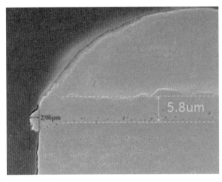

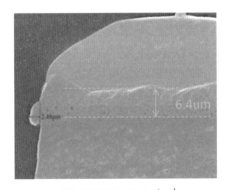

(a) HTST 500 小時　　　　　　　　(b) HTST 1000 小時

圖 99　同一批產品在 HTST 測驗之後量測得到的 IMC 厚度，(a) 進行 HTST 測驗 500 小時之後 IMC 厚度為 5.8um。(b) 進行 HTST 測驗 1000 小時之後 IMC 厚度為 6.4um。

30. 濕度耐受試驗（THB）

JESD22-A101 Steady State Temperature Humidity Bias Life Test，簡稱爲 THB，也是常被用來衡量產品長期可靠度表現的測試方法，THB 的實驗 設計偏重於在潮濕環境下使用產品的情境，它讓封裝後的晶片在高溫高濕 環境下運作，利用高於室溫的環境加速濕度對使用中產品的破壞能力。這 個測試適用於常見的塑膠封裝，爲了能在短時間內模擬被濕度侵蝕誘發的 缺陷，THB 同時把高溫、高濕和電流偏壓（bias conditions）加載在受測 物上，讓水分子能更快速穿透封裝材料或沿著材料介面進入受測封裝產品 之中，藉以產生變形、腐蝕，也可能讓產品基本特性發生變化，嚴重時甚 至發生漏電流（current leakage）、斷路或短路之類的故障現象。如果樹 脂吸收過多水分，除膨脹變型外，還可能因此產生脫層或斷裂現象。從耐 受濕度的角度來看，THB 不像 PCT 那麼嚴苛，但如果產品裡有間距小於 250 μm 的錫球，THB 很適合用來檢視錫鬚（whisker）生成，有時錫鬚能 造成漏電流或短路現象。

進行 THB 測試時需爲受測產品設計一專用的電路板以便施加電流偏 壓。這讓 THB 的成本和準備時間都高於前述的 TCT，PCT 和 HTST。進 行 THB 時，將待測物銲接在測試板上，並放在高溫高濕的環境腔體內， 再對受測物施加電流偏壓。由於測試板需和受測物一起被放置在高溫高濕 的環境中，所以設計測試板時要選用適合在高濕高溫環境下使用的材料， 以避免產品電性讀值受到濕度干擾。圖 100 爲一個爲 QFN 設計的 THB 測 試板，右側爲插入實驗設備的金手指設計，測試時讓測試板處在表 19 的 溫濕度環境中，並讓電流經由右側金手指流入每個受測物。結束 THB 實 驗測試條件後可以將量測設備和測試板上下方的端子連接，以便從每一個 受測物的電流輸出來判定受測物功能是否仍在規格內。

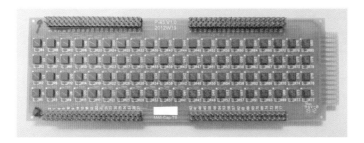

圖 100　用來對 QFN 產品進行 bHAST 或 THB 的測試板。測試時將受測物及測
　　　　試板置於高溫且高濕度的環境下，並依測試計畫透過右端金手指供給電
　　　　流偏壓至每一個受測物以進行測試，經歷設定的環境衝擊考驗之後將受
　　　　測物移出測試槽，再利用上下兩排端子讀取個別受測物的電路特性，作
　　　　為判定受測物是否通過該測試之依據。

　　　進行 THB 測試時有兩種施載電流偏壓的方式，即連續式（continuous
bias）和循環式（cycled bias），兩種方式對不同產品能產生不一樣的嚴
苛程度，測試時應選用較嚴苛的那一種方式。有一個簡單的方法可以判
定哪一種方式較為嚴苛，如果受測產品溫度在實驗槽內不會達到 95℃ 以
上時，連續式會比較嚴苛。如果受測產品溫度在實驗槽內達到 95℃ 以上
時，由於受測產品散發出的熱能可讓它本身保持很低的含水量，這樣無法
觀察和濕度有關的失效模式，讓測試結果失去 THB 原來的意義，所以對
那些會產生高溫的受測物來說，施加電流偏壓應採用循環式，也就是在每
個循環週期內先通電一段時間後再斷電一段時間，避免將水分蒸發，這樣
比較容易誘發出和濕度有關的失效模式。通電循環模式和週期並無規範，
但根據經驗，「每通電一小時再接著斷電一小時」的循環模式適用於大部
分塑膠封裝。除電流偏壓之外，THB 需要的環境溫溼度實驗條件應依據
表 19 來設定。由於額外的熱會影響測試結果，如果待測樣品能釋放出超
過 200mW 的熱，或是經數值模擬得知待測樣品在實驗槽內可達到 90℃ 以
上時，也應把情況記載在測試報告中。

表 19　JESD22-A101 所定義的 THB 測試條件

溫度	相對濕度	持續時間	蒸氣壓力參考值
85±2℃	85±5%	1000 小時	7.12 psia

　　JESD22-A101 要求將受測物放入測試槽內必須能在 3 小時內達到穩定的溫度和濕度設定值。實驗中的所有階段也都要避免讓水氣凝結在受測物或製具表面，這包括升降溫階段，所以選用的實驗設備需要能同時控制溫濕度來達到這個要求，也就是說，要能夠控制溫濕度使槽內溫度永遠高於對應的露點溫度。測試槽所使用的水可以採用蒸餾水或去離子水，不能有離子污染，其水阻值在室溫下必須大於 1 百萬歐姆 - 公分，為達此一標準，實驗槽、製具、導線等都應作適當的清潔維護，以避免汙染。此外，應儘量讓實驗槽內的空氣能在樣品間流動，縮小溫度和濕度在不同受測物間的差異。

　　為獲得有效測試結果，受測物離開實驗環境 48 小時內須完成電性測試，其後若還要再繼續 THB 測試，則必須讓受測物在 96 小時之內返回 THB 測試環境以繼續測試。如果樣品離開實驗槽後存放在沒有抽真空也沒有放置乾燥劑的密封防潮袋中，上述的時間限制可以延長成 144 小時內完成電性測試和 288 小時內返回測試環境。對 THB 而言，電性量測結果是主要的判斷依據，若受測物沒有喪失功能，電性參數和實驗前比較也沒有顯著的差異，就算通過 THB 的考驗。

　　除 IDM 或晶圓廠附屬的工程部門外，一般專業封裝廠不一定能取得具實際功能的 IC 進行封裝製程開發，所以專業封裝廠常使用亮片開發新的封裝製程，這時實驗條件只剩下溫度和濕度，也就是說，一般專業封裝廠中比較常見的是 un-biased TH，簡稱 TH（Temperature Humidity）。

31. 高速濕度耐受試驗（bHAST）

雖然 THB 提供一種快速檢驗方法來確認產品對濕度的耐受能力，但是長達 1000 小時的檢驗過程對於許多產品開發計畫來說是個冗長的等待，特別是針對消費性產品市場進行的新開發計畫，或是必須看到測試結果後才能決定下一步該怎麼做時，更需要有一個短時間就能獲得答案的檢驗方法。JESD22-A110 Highly-Accelerated Temperature and Humidity Stress Test 提供一個更快速版本來驗證產品耐受濕度的能力，整個測試時間最短能縮到 96 小時。雖然文件的標題沒有提到電流偏壓，但因其為需施加電流偏壓的測試項目，一般簡稱為 bHAST。由於整個測試過程被縮短到 96 小時，為確保濕氣能在測試過程發揮影響，採用 bHAST 有一先決條件，即受測物須在 24 小時內達到吸收濕氣的平衡點，若受測物無法在 24 小時內達到濕度的平衡點，就需額外增加時間讓受測樣品達到這個平衡點。既然 bHAST 是一個加速版本，預期它應該會產生和 THB 一樣類型的產品失效模式。標準的 bHAST 必須使用測試晶片和測試板進行測試，由於測試晶片不易取得，加上成本考量，一般封裝廠在開發封裝製程或是認證新材料時常改用 HAST，也就是以不加電流偏壓的測試方法取代 bHAST，客戶如果認為某個 IC 產品在 bHAST 的表現是其關心的關鍵考量，才會針對該 IC 進行 bHAST 測試。畢竟塑膠封裝和密合封裝的設計概念不同，在塑膠封裝領域裡，如果要讓 IC 產品通過 bHSAT 考驗，並不單僅需要 IC 製造端具備適當防水能力，也無法期待在塑膠封裝階段提供完全的防水能力，而是除了要讓 IC 本身和封裝設計都具有基本的防水能力之外，還要讓 IC 在封裝產品內不因應力擠壓產生防水上缺陷，這樣才能通過這類測試的考驗。bHAST 是一個加速版本的 THB，因此它們可以共用同一測試板設計，在實驗參數的設定上，bHAST 和 THB 二者主要差異在於環境溫度的設定，但由於在高含水量的情況下某些封裝塑膠的玻璃溫度會下

降，所以有時候看到塑膠封裝產品在 bHAST 和 THB 的失效模式有些許差異。

表 20　bHAST 試驗測試條件。

溫度	相對濕度	持續時間	蒸氣壓參考值
130±2℃	85±5%	96 小時	33.3 psia
110±2℃	85±5%	264 小時	17.7 psia

　　bHAST 施加電流偏壓的情形和 THB 類似，也分成連續式和循環式兩種施載方式，測試時應選用較嚴苛的那一種。然因測試環境溫度設定不同，實際的判斷細節也稍有不同，當受測樣品溫度不高於 140℃以上時，連續式會比較嚴苛，如果待測樣品溫度高於 140℃以上時，將會讓含水量變的很低，無法模擬出和濕度有關的失效模式，讓這個測試失去意義，此時若通電一段時間，然後再斷電一段時間，仍可以讓和濕度有關的失效模式被誘發出來。JESD22-A110 建議以每通電一小時再接著斷電一小時的循環模式施加電流偏壓，這樣的循環模式適合使用於厚度大於 2mm 的封裝產品，但當封裝體厚度小於 2mm 時可以改用「15 分鐘 / 15 分鐘」的循環模式。如果受測樣品釋放出超過 200mW 的熱，或是經數值模擬得知受測樣品在實驗槽中能達到比槽內設定溫度高 5℃以上時，應該和 THB 一樣把測試情況記載在報告中。

　　選用的實驗設備必須能在 3 小時內達到穩定的溫度和濕度設定值，同時要能避免在升降溫過程中（在 50℃以上時）讓水氣凝結在受測物或製具表面之上，以避免產品在受測過程中表面被凝結的水滴覆蓋。如果從露點和絕對濕度的方向去思考，我們不難理解只要讓樣品測試槽的溫度維持在比儲水槽高的溫度，就能確保在任何時候都不會讓蒸氣凝結在受測物或

治具上。測試過程使用的水不應有離子汙染，建議使用水阻值大於 1 百萬歐姆 - 公分的去離子水。施加電流偏壓所用的電路板和導線必須選用適合在高溫高濕環境下使用的材料，以避免實驗數據受到干擾。此外，受測物要避免直接接受輻射熱，也應和槽壁相距 3 公分以上。

受測物經歷 bHAST 的溫 - 濕度考驗之後，在降溫減壓（ramp-down）的過程中須避免快速壓降的情形發生，因爲如果待測樣品承受過大的壓力變化梯度，可能會和其他因子結合而共同產生非因濕氣所造成的失效模式。實務上如果槽內高密度的氣態水蒸氣在短時間之內凝結成液態的水分時，即有可能產生一個陡峭的壓降。所以 bHAST 測試槽的「降溫減壓」過程應分爲兩個階段進行，第一個階段先降溫，讓儲水槽溫度逐漸降到接近 104℃，同時確保槽內壓力仍維持略大於一大氣壓，此時要確定降溫速度夠慢，而這個階段需要在 3 小時內完成。另外，在第一個階段還要讓實驗槽內的濕度保持在 50% 以上，以維持封裝塑膠內的水含量。溫度降至 104℃ 之後即可進行第二個階段的降溫減壓，這個階段沒有時間限制，允許對儲水槽進行快速冷卻，而且在把儲水槽從 104℃ 降到室溫的同時，可以打開洩壓閥門，也可以和槽外空氣進行對流來降溫。

bHAST 和 THB 一樣，受測物應在離開測試環境後 48 小時之內完成電性量測，如果電性量測之後還要再繼續 bHAST 測試，則必須讓受測物在 96 小時之內返回 bHAST 的環境條件。但是如果受測物離開測試槽後存放在沒有抽眞空，也沒有放乾燥劑的密封防潮袋中，就可以把前面講的時間限制延長爲 144 小時之內完成電性測試和 288 小時之內返回測試環境條件。電性量測結果是 bHAST 的主要判斷依據，若受測物仍維持正常功能，電性參數和測試前比較也沒有顯著的差異，就可視爲通過 bHAST 的考驗。

32. IC 封裝可靠度驗證計畫

前面我們提到，IC 產品在開發階段，設計者針對日後應用和市場定位，決定產品應該具有的功能規格和品質水準等，在此同時也決定產品應有的可靠度。其實更精確一點的說法應該是，在規劃產品的階段中常在做完市場分析和決定產品的市場定位後，再參考競爭對手的產品並針對客戶群決定產品需要具備哪些功能、什麼特性和應有的價格與成本，接著便可以規畫產品上市的時間表和規格，這時才能確定 IC 零件應具備的功能、細部規格和可靠度，負責 IC 零件的部門便能從市場上找出適當的 IC 和封裝方式以滿足各種需求。以大家比較熟悉的 3C 產品如電腦、數位相機、行動電話和電視機之類的產品為例，如果產品沒有特別設計或強調，通常都假設它們不是防水產品，產品被放在日常生活環境中使用，保固期大致在一到三年之間，在正常使用情況下，產品裡的每個零件要能維持 3 年內不故障，以有效降低售後服務的負擔，成為具競爭力的產品。

通常 IDM 自行開發 IC 零件時能依據其既有的一套流程和標準，或參考過往經驗，決定產品裡的 IC 零件應具備的功能、可靠度水準、和適當的規格，然後才帶出對應的材料和製程。相對的，專業封裝廠為了要讓開發出來的產品（封裝製程）能被主要的產品設計者採用，在開發封裝製程時先找出已被市場接受的可靠度水準和相關驗證項目，然後透過這些可靠度驗證項目證明所開發出來的製作流程或是產品能符合市場需求和使用習慣。接著便能將開發出來的產品（封裝製程）放在公開市場中，提供封裝製程的外包服務。有這類需求的設計者或是製造商，就能從市場上找到符合需求的 IC 封裝服務。這就好像就業市場上有許多人希望藉著各種證照來證明自己的能力，雇主（公司）則依據工作的內容來設定具有哪些證照的人能勝任工作職缺。大家都能理解，在就業市場上並非每一種證照都有用處，也就是說，不是每一種證照對證明勝任任何工作都有幫助，我們

需要取得能被雇主認可，而且和所需技能相關的證照。從類似的角度思考，專業封裝廠通常採用普遍被認可的驗證方式檢視產品可靠度水準，而JEDEC 建議的驗證方式可說是這個產業裡的共通語言。此外，如果採用同一個認證規範，外包工程人員便可以利用相同的標準比較不同公司產品的可靠度水準。

表 21　典型電子零件可靠度認證項目。

	項目	目的／內容
焊錫性試驗（Solderability Test）	迴焊試驗（Reflow Test）	利用實際迴焊過程觀察產品焊點品質。
	浸錫爐試驗（Solder Bath）	將產品銲點浸入 235 度的錫爐中，觀察上錫的狀況。
	沾錫天平（Wetting Balance）	讓產品銲腳和融錫接觸，由表面張力和附著力作用於產品的情況來判別產品銲點的沾錫能力。
	蒸氣老化（Steam Aging）	對產品進行蒸汽老化，以模擬惡劣儲存環境下的銲接性能。
機械應力衝擊（Mechanical Test）	Bending Test	檢視組裝電路板時的彎曲變形是否會對產品或是產品銲點構成損傷。
	Cycle Bending Test	對電路板施予反覆的彎曲變形，檢視產品銲點對應的疲勞壽命。
	Mechanical Shock	讓產品沿斜滑軌下滑與底部的障礙物相撞而產生衝擊，藉以評估產品承受劇烈震動的能力。
	Vibration	模擬地面運輸或使用產品時可能經歷的震動環境。
	Drop Test	讓產品由固定高度釋放而自由落下，以一定方式撞擊，評估產品撞擊時之強韌性。

	項目	目的／內容
環境衝擊（Environmental Test）	Pre-conditioning	評估 IC 零件在迴銲前對濕氣敏感的程度（MSL），讓產品不會因為儲存條件而影響 SMT 組裝與使用等過程中的品質。
	TCT（Temperature cycle test）	可模擬產品承受熱應力疲勞載重能力。不同膨脹係數的材料在溫度起伏的過程中會因熱應力相互推擠。
	Thermal shock	類似 TCT，但藉著快速溫度變化節奏，讓產品內不均勻的溫度分布也能產生熱應力，形成更嚴苛的衝擊。
	HTST（High temp storage test）	利用高溫讓元件加速老化，確認產品經過一定程度老化之後是否仍能工作。
	Low temp storage	在極低的溫度下材料趨於脆化，確認產品結構不會在極低溫時因熱應力而崩裂。
	THB（Temperature Humidity test）	讓產品處在高溫且潮濕的環境中工作，加速產品劣化的速度，測試產品承受溼度的能耐。
	bHAST	和 THB 的原理相同，但測試條件更嚴苛，可說是 THB 的快速版。
	PCT	讓產品處在高溫、潮濕且高壓的環境中，讓水分更容易滲入產品中，測試產品承受高溼度的能力。
工作壽命試驗（Operation life test）	HTOL（High temperature operation life）	利用高溫與電流偏壓加速的方法加快產品老化和故障速度，用統計方法來評估產品可使用周期的長短。
	BI（Burn-in）	藉由 BI 篩出早夭產品，或是評估早夭階段的故障率。

	項目	目的／內容
靜電防護測試 （ESD Test）	HBM （Human Body Mode）	產品在人體放電模式下的靜電承受能力。
	MM （Machine Mode）	產品在設備／工具放電模式下的靜電承受能力。
	CDM （Charged Device Mode）	產品在元件充放電模式下的靜電承受能力。

　　表 21 是一些典型電子零件可靠度認證項目，它涵蓋幾個影響電子產品可靠度的主要因子，包括焊錫性、機械應力衝擊（mechanical tests）、環境衝擊（environmental test）、工作壽命試驗（operating life test）、和靜電防護測試（ESD，electro-static discharge），生產者希望透過這些認證項目產生符合需求的電子產品。這裡講的電子零件泛指所有放在電子產品裡的零件，包括但不限於 IC 零件，所以也包括已經完成組裝的電路板。因此測試項目並非針對 IC 零件設計，但受測物也常常包含 IC 零件，例如機械應力衝擊裡的 cycle bending test 須先將封裝後的 IC 銲接在電路板上，之後再利用四點彎曲製具（four-point bender）對電路板施以彎曲變形，藉此來檢視電路板內及電路板上的所有構造是否能承受這樣的彎曲變形衝擊，例如，檢視 BGA 和電路板之間的銲點能經歷多少次彎曲變形而不被破壞，或是檢視電路板內的導線會不會被彎曲變形扯斷。落下測試（drop test）則是檢視產品由高處自由落下時所受到的衝擊，例如選擇固定的落下環境，依固定的高度和角度讓組裝好的手機自由落下，然後再依損傷的狀況判定是否達到設計目標。落下測試也可以針對完成組裝的電路板，用來考驗零件銲點是否具有足夠韌性，檢視 IC 在封裝體內是否能承受震波，以及電路板的變形是否會影響其整體功能。如表 21 所示，機械

應力衝擊常包含彎曲測試（bending test）、連續彎曲測試（cyclic bending test）、剪力測試（shear test）、機械撞擊測試（mechanical shock）、震動測試（vibration）、和落下測試，有些測試計畫也將銲錫性測試（solderbility）歸類在機械應力衝擊範圍內。這些機械性衝擊的項目裡，有些和前述浴缸曲線裡的磨耗故障相互連結，例如震動測試（vibration）和連續彎曲測試（cyclic bending test），有些測試項目則和隨機的外在故障因子連結，包括落下測試、機械撞擊測試等。環境衝擊考慮的因子主要包括來自環境中的濕度和溫度，相關的測試項目則和進行封裝前後的 IC 有關，例如溫度循環測試、熱衝擊測試、高溫高濕測試、高溫儲存測試、和低溫儲存測試。如果產品製造過程中並無嚴重瑕疵，測試結果能幫助找出產品設計上的問題點以提升產品有效使用年限。如果產品在設計上、或是製造過程中出現明顯瑕疵，則測試結果能將某些早夭期的故障模式顯現出來。工作壽命試驗（Operating Life Test）藉著升高工作溫度與施載電流偏壓來評估 IC 在長時間工作下之產品壽命，若受測物表現合乎預期，測試結果可以呼應前述浴缸曲線裡的磨耗與老化，也可以藉此估算 MTTF 之類的產品特徵使用年限。常見的工作壽命試驗方法有 HTOL（high temperature operating life） 和 WHTOL（wet high temperature operating life）。HTOL 結束之後可以用 Arrhenius 模型配合統計手法來估算單位時間故障率，再利用第 21 節裡推演導出的關係式就能估計產品的 MTTF。除此之外，電子遷移（EM，electro-migration）和 TDDB（time dependent dielectric breakdown）等測試也常被用來評估 IC 零件在老化期的表現。臺灣的潮濕氣候中，鮮少有在乾燥空氣中累積靜電和靜電放電的生活體驗，在乾燥的生活環境中，靜電放電是很難避免的日常經驗，所以有人認為超過 50% 的電子產品失效原因應歸咎於 ESD 影響，被靜電打穿或燒毀的情況時常在產品失效分析裡看到，事實上許多無法被確認原因的產品故障也

很可能是產品發生 ESD 問題造成的，因此電子產品的靜電防護測試是個不應被忽略的測試項目，靜電防護測試主要用來確定產品是否在設計中加入能夠保護元件的電路或是保護措施，讓 ESD 發生時不至於破壞產品，常見相關 ESD 的測試分為 HBM（human body model）和 HMM（human machine model）兩種模式。

　　表 22 是一個典型專業封裝廠的封裝製程認證計畫，這個認證計畫可以用來認證封裝設計與材料，同時也認證製造體系中的生產工具、生產方法、和作業人員。專業封裝廠希望透過這個認證流程產生符合市場需求的封裝製程，以利上游的產品設計者使用外包型封裝製程服務。這個認證流程也能用來讓特定 IC 透過它確認封裝製程的適用性。假設我們打算進行

表 22　專業封裝廠基本製程的典型認證計畫。

Item	Conditions	Duration	Code
Pre-conditioning	−40℃ to +60℃， 125℃， 30℃ /60% RH (Level 3)， reflow	5× 24 hr 192 hr 3×	JESD 22-A113
TCT	−65℃ to +150℃，	1000×	JESD 22-A104
PCT	121℃， 100%RH， 29.7 psi	96 hr	JESD 22-A102
HTST	150℃	1000 hr	JESD 22-A103
TH*	85℃， 85% RH	1000 hr	JESD 22-A101
HAST*	130℃， 85%RH， 33.4 psi	96 hr	JESD 22-A110

* 由於專業封裝廠的資源並不像 IDM 一般豐富，鮮少有機會使用具有功能的晶片，所以進行製程開發時通常不把 THB 或是 bHTST 列入測試項目，但有時候會加入沒有施加電流偏壓的對應版本，也就是 TH 或是 HAST。

三項長期可靠度測試,一開始我們會先挑選 77×3 = 231 個待測物,並選定一適當的 MSL level 進行 preconditioning 測試。經過 preconditioning 程序後,如果受測物無法通過檢驗門檻,就表示選定的 MSL level 對這個封裝製程或是對這些受測物太過嚴苛,應該要改變 MSL level,並且重新挑選受測物再進行測試。直到所有受測物能通過所選定的 MSL level,才能進一步進行後續的長期可靠度測試。進行長期可靠度測試時,把 231 個通過 preconditioning 測試的受測物均分成三組,分別進行 PCT、TCT、和 HTST。我們以 TCT 為例,如果 77 個受測物裡,至少有 76 個經過 TCT 的溫度循環之後仍能通過檢驗標準,就算是通過 TCT 的考驗,也就是說,如果只有 1 個或是 0 個測試樣品失敗,就可以說已經通過該項可靠度檢驗,這也就是常說的「1 收 2 退」。如果通過上述每項長期可靠度測試,就可以說這個製程是經得起考驗而可被認證的,不過在品質系統上,一般會要求重複上述流程三次,三次流程所使用的受測物須在不同時間點製作,而且最好由不同作業人員和不同組的生產設備製作,這樣可以讓客戶知道不只這樣的封裝設計和製程設計經得起考驗,負責製造這些受測物的生產系統也是穩定的。有時我們無法湊足 231 個受測物,或想要減少使用周邊資源,常會減少受測物的數目。根據 MIL-STD-883, Test Methods and Procedures for Microelectronics 的統計經驗,也可以用 45×3 = 135 個受測物執行相同認證流程,不過,這時候每一項長期可靠度測試只能分到 45 個受測物,而前面 1 收 2 退的機制就變成「0 收 1 退」。整個可靠度驗證流程跑下來通常需要超過 3 個月的時間,如果一開始選錯 MSL level,至少還需要從頭再跑一次,所以為強化時效,在不知道新產品能達到那個 MSL level 時,常常會同時進行幾個 MSL level 的測試。另外,如果因為周邊資源有限或是因為受測物取得不易,實務上常以降低受測物數量的方式處理,但是只要受測物數目是 45 個或是 45 個以下,例如 22 個或是 11

個，統計經驗判斷的機制都是 0 收 1 退。

　　一般專業封測廠在開發新封裝製程時，基於成本及可行性考量往往無法準備專用的測試晶片，雖然有些重要計畫能用到 daisy-chain 晶片加強對 open/short 的檢視，然而大部分的情況都使用假片或亮片（dummy wafer）進行製程開發和製程認證，所以前面說的 preconditioning 流程被修改成類似表 23 裡的流程。當無法實施電測時，可以將主要的判定方式改爲用超音波掃描（SAT，scanning acoustic tomograph）檢視受測物。SAT 的工作原理是利用超音波掃描受測物，當超音波經過缺陷，或超音波從缺陷位置反射時，它的相位、振幅和反射率可透露出和正常狀況下不同的訊息，藉此可偵測封裝內各材料間的剝離（delamination）和孔洞，也可以發現晶片上的裂縫，或封裝材料內的裂縫。J-STD-020 對目檢或 SAT 下看到的瑕疵有相當詳細的描述，該規範認爲如果目測或 SAT 下看不到任何裂縫或脫層，就可以認定這一組受測物通過測試，反之如果目檢或 SAT 下能看到下列的瑕疵，即認定選定的 MSL level 並不適合受測樣品，需要另外選取新的待測樣品，並選定其他的 MSL level 進行測試。

1. 於 40 倍顯微鏡下可以看到裂縫。

2. 外觀已經變形而且足以影響到銲點的共面性，可能造成迴銲作業困難。

3. 內裂縫跨過金（銅）線或是跨過和外引腳連接的銲墊（lead finger）。

4. 內裂縫長度已經超過從起始點延伸到距離任何一個表面的三分之二長度。

5. 內裂縫已經延伸到足以連接基板上的銲墊和任何其他基板上的重要元素，包括晶片、晶粒座（die attach paddle）或是其他基板上的銲墊。

6. 任何發生在晶片正面的脫層。

7. 任何涵蓋載板銲墊的脫層。

8. 設計上使用導電膠或是導熱膠的產品，如果在黏晶膠（die attach glue）

的區域裡有任何大於 50% 的脫層。

9. 任何 10% 以上的脫層成長（preconditioning 後與 preconditioning 之前比較）。

10. 任何發生在覆晶封裝底膠（underfill）的脫層。

　　根據經驗，如果由測試前後得到的 SAT 影像觀察到脫層面積增加，就可以判定脫層成長，但是如果無法確認內裂縫或脫層時，應該利用斷面切片來輔助判別。

表 23　泛用型 preconditioning 流程。

步驟	項目	內容
1	前電測	1. 如果受測物內無電路則跳過本步驟。 2. 依受測物的 Test Plan 進行電測。 3. 如果有不良品，取出不良品並且補足總數。
2	前目檢	1. 用 40 倍顯微鏡進行外觀檢視。 2. 若發現裂痕或是其他明顯瑕疵，應該考慮是否有必要先改善製程再進行本測試。 3. 如果有不良品，取出不良品並且補足總數。
3	前 SAT	1. 篩檢脫層孔洞或是裂縫等瑕疵。 2. 若發現不良品，應該考慮是否有必要先改善製程再進行本測試。 3. 如果有不良品，取出不良品並且補足總數。
4	溫度循環	1. 模擬運送過程中的溫度變化。 2. 溫度區間 $-40 \sim 60°C$，5 次。
5	烘烤	1. 恢復受測物在尚未打開防潮包裝前的濕度。 2. 烘烤 $125°C$，24 小時。
6	濕度浸潤	1. 模擬在組裝廠裡打開防潮包裝後，等待組裝時所吸收的水分。 2. 按照選定的濕敏等級和條件，將受測物置於所設定的潮濕環境內浸潤。

步驟	項目	內容
7	迴銲	1. 讓受測物經過迴銲爐以經歷 3 次迴銲溫度歷程。 2. 兩次迴銲之間須有 5 分鐘以上的間隔。 3. 第一次迴銲必須在離開濕度浸潤環境 15 分鐘後到 4 小時內完成，如果未能在 4 小時內完成，需要再重覆前項烘烤和濕度浸潤的步驟。 4. 依零件可能會使用到的迴銲溫度曲線來測試。 5. 迴銲溫度歷程中高於銲錫熔點的時間需維持在 60 到 150 秒之間，溫度以受測物表面量到的溫度爲依據。 6. 平均升溫速率須小於 3℃ / 秒，降溫速率須小於 6℃ / 秒，細節可參考 JESD-A113 文件。
8	沾助銲劑及清洗	1. 迴銲後讓受測物在室溫下靜置 15 分鐘以上。 2. 將受測物浸泡在水溶性助銲劑內 10 秒鐘以上。 3. 從助銲劑內取出受測物之後馬上用 DI 水攪拌清洗。 4. 在室溫下晾乾。 5. BGA、LGA 和 CGA 產品不必經歷本步驟。 6. 如果要進行 Board Level 可靠度測試，可以省略本步驟。 7. SMT 組裝廠可以省略本步驟。
9	電測	1. 如果受測物內無電路則跳過本步驟。 2. 所有的受測物都通過電測的標準才能再進一步進行後續的長期可靠度測試。 3. 若有任何一個受測物無法通過電測，應該重新選擇 MSL level 然後再進行本測試。
10	目檢	1. 用 40 倍顯微鏡進行外觀檢視，針對外部裂痕、變形或是其他明顯瑕疵。 2. 若有任何一個受測物無法通過目檢，應該重新選擇 MSL level 然後再進行本測試。
11	SAT	1. 篩檢脫層孔洞或是裂縫等瑕疵。 2. 若有任何一個受測物無法通過 SAT 檢測，應該重新選擇 MSL level 然後再進行本測試。

在長期可靠度測試項目裡，PCT、TCT、和 HTST 都屬於不必使用到測試板的測試項目，所以它們不必花費時間和資源在設計和製作測試板，

可以省下相關的時間及成本，雖然如此，它們代表的長期失效模式亦涵蓋封裝材料的高分子材料老化、反覆施載所造成的材料疲勞、各個接點上的介面金屬化合物成長、水分對各種材料的侵蝕、和高濕環境可能引起的電化學反應等主要長期磨耗型態，因此測試結果足以代表產品長期可靠度水準，所以許多機構採用表 22 做爲泛用型的封裝製程認證計畫。

33. 失效分析誤判的可能

前面提到使用 SAT 偵測內部裂縫或脫層時曾建議，如果無法確認是否為內裂縫或脫層的情況下，應利用斷面切片來輔助判別以避免誤判。我們從 SAT 得到的直接訊息是超音波的相位變化、或是振幅和反射率之類的資料，藉由經驗把這些訊息轉換成用來判斷是否含有內裂縫或脫層的依據。但是有時得到的訊息並不明顯或剛好在解析度的臨界值附近，或者有的產品結構恰好會讓某些訊息無法被有效分辨，又或者新產品結構無法藉由過往經驗判斷，這時就須借助斷面切片來判斷，斷面切片不僅可以用來輔助判別，也能累積經驗，有助提供日後判別類似情況時的適當參考標準。

眼見為憑可說是大家深信不疑的信念，古人甚至說「耳聞不如目睹」，不過也有時候單憑眼睛告訴我們的故事反而會誤導我們。例如，切片是最普遍且最好用的失效分析（FA，failure analysis）手法之一，在進行 FA 時，如果看到像圖 101 顯示的斷面切片圖，有的人可能馬上會覺得「……破案了，上下兩層金屬沒有導通，自然測不到該有的訊號……應該

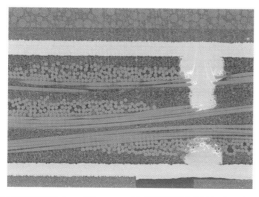

圖 101　在失效分析的過程中，對 LGA 的塑膠載板進行切片時觀察到此一斷面圖，此斷面給人的第一印象是上下兩個金屬層之間並無有效連接。但經過更進一步的分析之後可以確認，這個第一印象並未反映實際狀況。

要求載板廠解決問題……」。但是若這個失效樣品分析到此就結束，將可能永遠找不出眞正肇因，甚至下錯結論。半導體工業既保守又很有執行力，有經驗的讀者可能能夠察覺，錯誤的結論遇上執行力的結果就是，在實務上我們偶爾能看到一些不切實際的行動準則被徹底的執行。

接續前面探討，有經驗的工程人員看到圖 101 斷面圖不會直接在此處下結論，因爲圖中兩個金屬層之間的通孔（through via）未被有效連接，很有可能是因爲切片尙未磨到適當斷面位置。圖 102 是用來說明這個假設的一個斷面位置示意圖，我們認爲圖 101 的斷面位置離通孔中心軸太遠，很可能是切到圖 102 裡 A 斷面的位置，所以只看到通孔上半部和下半部，缺少中間部分，讓它看起來像是沒被導通一樣，如果繼續研磨，直到離通孔中心較近位置就可以看到圖 103 的斷面影像而很容易得到合理的 FA 結論。

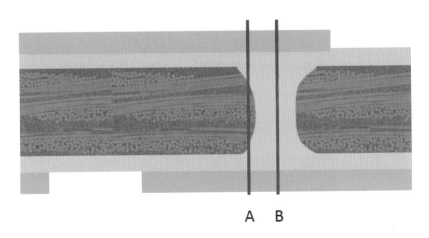

A　B

圖 102　這個示意圖可以說明稍微改變斷面位置可能影響切片得到的影像。如果打算要檢視的標的物不是由均勻而簡單的幾何形狀構成，從不同斷面位置常會看到不同的影像，例如上面示意圖中 A、B 兩斷面可以觀察到的影像即存在明顯的差異，它們分別對應類似圖 101 和圖 103 的影像。

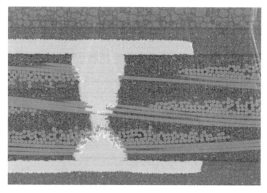

圖 103　進行 FA 時，對 LGA 塑膠載板進行切片所得到的影像，此圖顯示上下兩層金屬間具有有效的連接。

(a) 受嚴重汙染之銲墊　　　　　(b) 正常銲墊

圖 104　進行測試時如果讓受測樣品表面遭到汙染很可能導致電性讀值無法反映銅墊下方電路的實際狀況。(a) 疑似測試槽內受到某些物質汙染，使得測試樣品表面呈現嚴重氧化現象，常會影響測試讀值 (b) 通常樣品完成長期可靠度測試後仍然可以保持適當的潔淨度，以便得到穩定的電性讀值。

　　有相關製程經驗的人也能看出端倪，避免被圖 101 誤導，因為在製作塑膠載板通孔時，通常先在兩層金屬之間鑽出上下導通的孔洞，接著完成孔洞內部表面處理後，即可利用電鍍方式將孔內以銅金屬填滿，形成上下兩個導電層之間的通路。雖然圖 101 斷面上看到的銅並未形成上下導通結

構,反倒是該有電鍍銅的位置卻出現完整的玻纖,也就是說圖 101 也告訴我們這個「通孔」在電鍍前並未被貫穿,因此形成兩個類似盲孔(blind via)的構造。事實上,這類產品是以通孔電鍍來形成上下兩層電路的導通,所以圖 102 的斷面給的直覺訊息應該要被質疑,在進一步確認之前,不應該直接拿來當作有效證據。

若我們判斷可靠度測試結果主要是依據電性測試讀值,進行量測時,應該要確認受測物的銅墊是否適合進行電測,也就是說銅墊表面不應被水或水汽以外物質汙染,甚至腐蝕,否則透過已經被過度氧化或是被過度汙染的銅墊,很難讀取受測物內部 IC 的現況,極可能讓測試分析結果歸納得到的故障肇因和真實狀況不同。例如在一般的 PCT 測試項目裡,受測物受到的破壞因子,應該包括來自高溫影響以及被兩大氣壓壓力推擠進入封裝塑膠內的水分。如果經過壓力鍋考驗之後產品沒有結構上的脫層或是嚴重變形之類的變化,一般產品不會因為封裝塑膠及介電材料內含水量升高而產生顯著改變,但是如果受測物的銅墊被化學物質汙染、腐蝕或是在 PCT 實驗槽內進行某些電化學反應,常可能讓探針無法突破銅墊表面氧化層,電測結果可能會看到不屬於壓力鍋測試應有的產品變化。例如壓力鍋測試後發現像圖 104(a) 所見到的銅墊汙染,這種情況下,如果壓力鍋測試前產品特性有幾乎一致的水準,但壓力鍋測試後某些受測物的表現和其他受測物有很大的差異時,將很難確定這樣的差異是來自受測物內的晶片,或者是來自探針和受測物銅墊之間的接觸情形。如果要排除探針和銅墊之間接觸阻抗造成這樣差異的可能性,常見做法是先對銅墊表面進行清潔,然後重測,如果重測結果顯示受測物間差異不大,則可以很快下結論,但是如果重測結果仍然無法縮小不同受測物間的差異,這時可能無法輕易下結論,因為重測後仍有差異的原因不只一種,有可能因受測物內晶片經過壓力鍋測試後導致功能衰減,也有可能是對銅墊表面進行清潔時損

傷受測物內的結構或是壓傷晶片，甚至也有可能是重測時探針和銅墊間的接觸情況仍不佳等等。為避免類似的誤判，除了要依規範建議使用夠乾淨（阻值夠高）的水外，也要對實驗槽進行適當維護，避免實驗槽內累積過多化學物質。

　　雖然有前面的例子，切片仍然是最常使用且最佳的 FA 方法之一，它不但能讓人有眼見為憑的感覺，也是一種便宜又快速的方法。適當的切片技術可以提供產品的幾何尺寸，也能從斷面上判斷不同構造間的幾何資訊是否合乎預期，例如圖 105 除了提供斷面上的幾何尺寸，也能觀察到凸塊和下方金屬墊之間的位置偏移量。所以切片的斷面資訊除了能在被客戶退回的樣品中找到產品的瑕疵，也可以在可靠度測試之後幫忙找到產品缺陷，平時也能幫助製程開發，提供修正產品設計的資訊。所以切片可以說是一個便宜又多功能的 FA 工具。不過有時執行 FA 分析的同事可能對新產品的結構不夠熟悉，或是某些原因使得研磨產品時產生額外缺陷，這些額外缺陷可誤導工程師對問題的判讀，也可能進一步影響工程資源分配。以圖 105 為例，圖 105 是一張在開發銅凸塊產品時，電子顯微鏡下拍到的切片斷面影像，切片除提供應有的尺寸資訊外，也從照片中看到許多的孔洞，如果對自己的製程品質不具信心，可能會把注意力集中在這些孔洞上，而浪費一些工程資源和時間，不過如果對相關的產品或製程已經累積足夠的經驗，可能就不會被這些雜訊干擾或誤導，因為產品在這個時期可能看到的孔洞不是 kirkendall void，就是電鍍製程異常所造成的孔洞，而照片中的孔洞和這兩類孔洞的特徵並不相符，所以應該不是製程缺陷造成的瑕疵，可以不必太在意。不過為了確認孔洞的來源以提升信心，可以另外採用不同手法分析，圖 106 就是使用不同方法對類似產品所做的斷面切片。

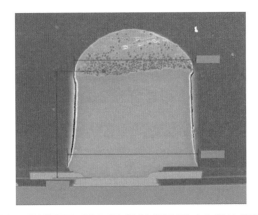

圖 105　樣品切片得到的斷面圖除了能提供產品尺寸之外也能看到其他的資訊。
　　　　例如，從圖中斷面量取幾何尺寸的同時，也能觀察到凸塊和下方金屬墊
　　　　之間的位置偏移量以及其他瑕疵。

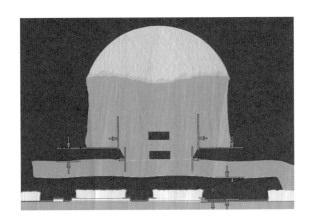

圖 106　有時使用不同切片手法交叉比對可以消彌某些疑慮。圖中凸塊為類似圖
　　　　105 裡的產品，使用不同方法進行切片可以確認產品在錫合金內並無如
　　　　圖 105 裡所觀察到的群聚孔洞。

第五章

熱和應力與 IC 封裝設計

　　電子產品走進人類的歷史已經超過一個世紀，IC 成為電子產品核心零件也超過五十年。對 IC 封裝的要求，最初只是希望讓昂貴的積體電路得到有效保護，所以密合封裝技術雖然不是非常經濟的解決方式，但也很快被大家接受而且成為一種成熟的技術。長久以來電子產品不斷追求進步，然而消費者的期待似乎越來越不容易被滿足，消費者希望電子產品好用、環保、便宜、耐用，而且不占空間，所以現在對 IC 封裝的期待除要能保護好內藏的 IC 外，也要在成本、性能和體積間取得最佳化的平衡點，使用少量且低價的材料來保護 IC。

　　除水分、異物和化學物質等有形的破壞因子外，應力和高溫也是破壞 IC 的潛在因子。IC 封裝利用外殼或是利用包覆材料來阻絕水份、異物和化學物質這些有形破壞因子，避免 IC 受到它們的影響。阻絕的效果則和材料的吸水性、透氣性及不同材料間的接合面性質有關，廠商除利用現有經驗和材料科學知識開發封裝材料外，也透過各種實驗手法確認材料是否能阻絕這些有形的破壞因子。不過熱或應力這類無形的破壞因子無法藉由封裝體的外殼阻絕，相反的，不良的封裝設計有時候反而會把熱圍阻在封裝體內，甚至加劇熱應力對晶片的破壞，這樣反而加速老化或甚至直接讓產品故障。從熱力學的基本道理中我們可以了解能量轉換效率永遠低於 100%，正在工作中的積體電路會把部分的電能轉換成熱能，如果讓一個幾十瓦的產品持續工作，所產生的熱甚至足夠用來烹調食物。適當的封裝設計可以有效的把熱疏導離開晶片，讓 IC 在適當的溫度環境下工作，有效的散熱設計除了可以避免因為高溫而降低產品效能，也能避免高溫加速材料老化。適當的封裝設計可以降低熱應力規模，也可以利用封裝材料分攤熱應力，避免過高的應力讓晶片本身斷裂、或是讓產品中其他部分發生斷裂或脫層。後面的幾個單元將從 IC 封裝設計的角度探討熱和應力這兩個因子，並且利用 ANSYS 模擬軟體進行分析，再從基本力學的觀點解讀某些產品在設計上常見的問題。

34. 溫度對 IC 的影響

　　IC 是很精密的工業產品，它的設計方式、製造技術及材料都和一般機械零件不同，它的使用限制或損壞方式也和一般機械零件不同，不過兩者之間仍有類似之處。舉例來說，雖然背後的原因不同，但兩類產品都不希望在高溫環境下工作，一般機械零件在高溫下會加速老化，而 IC 裡的 junction 溫度越高也能讓 IC 的使用壽命越短。

　　主要的半導體材料例如矽或是砷化鎵，其熔點都遠高於攝氏一千度的高溫，但是經驗告訴我們，在到達那麼高的溫度之前積體電路早已崩壞。根據實際觀察結果，專家們建議應把矽半導體晶片的 junction 溫度保持在 125℃ 以下以維持產品的穩定性，文獻中也看到氮化鎵（GaN，gallium nitride）元件可以在 225℃ 的高溫下正常工作，不過就算在室溫附近工作，溫度越高仍然會讓 IC 使用壽命越短。

　　雖然 IC 工作時我們觀察到的晶片溫度並未超過產品溫度限制，但製作積體電路所植入的外來原子如 Br、P 等，在這樣的溫度環境下也具有較高的擴散速率，後面我們會說明什麼我們用各類溫度計量測到的 junction 溫度會比實際溫度來得低。高溫的擴散環境讓這些原子的濃度和位置隨時間發生變化，這有可能讓半導體基板的導電特性偏離原來設計，進而影響產品性能，甚至有可能造成元件失效。此外，如果產品處在比較高的環境溫度下，相鄰金屬層間的介面金屬化合物（IMC）也因為金屬元素擴散速率升高而加速成長，例如錫銲點在錫和銅之間的 IMC 將因高溫而促進成長，而 IMC 成長時由於體積上的變化和內應力的影響，往往在兩層金屬之間的介面附近產生孔洞，這些孔洞（void）的數目和尺寸也和 IMC 厚度一樣隨著時間成長，而且如果溫度越高，情況惡化速度也越快。當孔洞大到一定程度將直接影響接點的機械強度，有時也可能影響產品電性。

　　從微觀的角度來看，在室溫附近如果將溫度升高會降低 Si 或是 GaAs

的材料能隙，也能增加逆向電流。從實驗的結果可以發現，升高溫度不但降低元件的工作效率，也縮短 IC 使用壽命。前述將矽晶片 junction 工作溫度限制在 125℃的概念屬於一個指標式的溫度限制，其背後的原因是因為目前的溫度量測方法所能得到的解析度多在數個 μm 等級以上，由此量測到的溫度是數個平方 μm 區域裡的平均溫度，也就是說，如果可以量測到電晶體中局部位置或更微觀的溫度，應該能觀察到遠比目前獲得的溫度讀值要高許多，這個論點可以利用不同解析度的溫度計來證實，也能由 ANSYS 之類的軟體模擬得到。

電子在電路中產生的熱，絕大部分是來自電晶體工作時的副產品，因此可以說電晶體是主要的熱源，如果再從更微觀的角度觀察，電子在汲極和集極間流動時，熱能應該是從 p 型區域和 n 型區域的接面（junction）處被釋放出來。電子在電場的驅動下能在不同的原子之間移動，當穿越 p-n 接面時，電子不但在不同的原子之間移動也在不同能階之間移動，這個能階之間的移動伴隨著幾個不同形式的能量轉換，因此可以理解這個位置便是主要的熱源所在，也是電子產品在工作時溫度最高的位置，所以大家在談論電子系統的散熱問題時常把 junction temperature 當成一個指標。因此如果量測溫度的工具擁有能辨識到汲極、集極的解析度，甚至能聚焦在 junction 那麼細微的構造，量測得到的最高溫度應與現有設備所看到的溫度不同，也許那時候就能解釋許多由目前知道的溫度分布無法說明的現象。

IC 產品的使用壽命通常被幾個因素所決定，包括產品本身產出的熱量，產品可以容許的最高 junction 溫度、產品熱阻、產品所處環境的溫濕度和使用者操作習慣等。產品工作時可以允許的最高 junction 溫度和產品設計、使用的製程以及使用的半導體材料有關，但即便工作時沒有超過這個溫度限制，電晶體的線性度和增益等特性在溫度升高時也可能偏離設計

者的期待。

　　如果電子產品的系統熱阻夠小，IC 工作時產生的熱通常可以快速且有效地離開產品而進入周圍環境之中，這樣便能降低 IC 工作時的溫度。然而產品外在環境溫度和使用者使用方式也能影響產品內的 IC 工作溫度，例如煉鋼廠裡熱軋線上使用的壓力感測器和相關的控制零件，即便有極優的熱阻，它的四周環境溫度仍迫使這些裝置長期暴露在高溫環境下工作。除了高溫對 IC 有前述各種負面影響之外，溫度的升降起伏也帶來熱應力，雖然熱應力的規模不至於直接破壞產品，但是長期溫度起伏的循環所造成的疲勞載重，常讓材料在應力集中處發生斷裂而導致產品故障。這種現象可能發生在 PC 裡，也可能發生在放置於汽車引擎蓋下面的零件，或是人造衛星上有機會被太陽光直接照射的零件，它們的工作環境在高溫和低溫之間反覆循環，在設計上除要考慮須讓產品能在高溫及低溫環境下工作之外，還要考慮如何避免熱應力造成的疲勞破壞。

35. 熱阻和散熱設計的基礎概念

　　既然熱或說是高溫是一個危害 IC 產品的潛在因子，進行產品設計時應該設法降低熱的產生，否則就應該將適當的散熱技術放進產品設計中，以期降低產品工作溫度。降低功率應該是減少產生熱的方法中最直覺的一個，不過電子產品的發展趨勢是期待有越來越強大的功能，所以反而常常需要把越來越多的電晶體放在同一個設計中，因此要降低功率似乎不見得可行，反觀因為產品的體積越來越小，單位體積裡產生的熱密度一直持續增加，使得散熱設計（thermal management）在電子產品市場中越來越受重視。實務上電子系統的散熱能力大致由幾個因素決定，包括 IC 裡熱源的密度和分布方式、封裝體的散熱能力、系統內部的熱傳遞設計、系統和外部環境的熱交換機制、以及系統所處的使用環境。一般我們從封裝類型就能估計 IC 產品的散熱能力範圍，但是產品設計者更希望能有一個簡單而量化的指標來衡量散熱能力，以便在進行系統設計時作為決策的依據，熱阻就是一個這樣的參考指標，我們可以利用熱阻的概念比較不同電子系統的散熱能力，也能對電子系統散熱設計進行初步規劃。熱阻這個名詞來自電阻的概念，兩者有許多相似的地方，在計算公式中也能互相類比，例如電場中的電位差和溫度場中的溫度差有類似的地位，具體而言兩個端點間電流量和電阻的乘積為兩點之間的電位差，在一個「熱」系統中，流過兩點間的熱量乘上兩點間熱阻，其乘積則為兩點間的溫度差。更重要的是，熱阻和電阻之間也存在數學上的類比關係，例如並聯或是串連的情況下，熱阻的計算和電阻的計算公式是一樣的，所以很方便利用熱阻的概念對電子系統的散熱能力進行初步評估。有關熱阻的概念和應用會在後面的單元詳細介紹，除熱阻之外，還應該具備某些基本的熱傳遞知識才能做出更有效率的散熱設計，以下先針對和封裝散熱設計有關的熱傳遞理論作一整理。

35.1 熱的移動和溫度變化

　　熱是一種能量，它和動能、位能或是光能一樣都是一種能量形式，而溫度是熱能的一個實用指標。自然界裡的熱能由高溫處向低溫處移動，就好像電由高電位處向低電位處流動一樣是不變的道理。在一個封閉的系統裡，如果把時間拉得很長，系統裡的各點溫度會趨向一致，也就是說，不管初始溫度分布狀況如何，之後溫度在空間中的分布狀函數隨著時間演進會有平滑化趨勢，也就是說如果系統內沒有熱源，只要經歷的時間夠長，系統內各點溫度趨向於一致。舉一個生活中的例子，倒在杯子裡的熱水剛開始很燙手，但它會慢慢降溫，最終水溫趨向和室溫相同。

　　歸納起來自然界裡有三種熱能傳遞模式，包括傳導（conduction）、對流（convection）和輻射（radiation）。「熱傳導」（thermal conduction 或是 heat conduction）是熱能在介質之間移動的現象，這裡講的介質可以是固體、液體或氣體。在熱傳導的傳遞模式下，可以把熱能想像成粒子，熱粒子濃度越高代表熱能密度越高，或是說溫度越高，熱能在介質之間移動的模式很像我們在糖水裡看到的糖分子擴散運動，糖分子由高濃度的地方往低濃度方向擴散，而熱能則由高溫的地方移向低溫的地方。如果我們定義「通量（flux）」為在單位時間內流過單位面積的某個物理量，依此定義我們可以觀察到糖分子的擴散速度，或者說糖分子的通量和糖分子濃度梯度成正比，而事實上熱能的通量也和溫度梯度成正比。因此他們在數學上可以共用一個控制方程式，在一維的穩態情況下，熱在質點間的擴散行為可以用一維傅立葉定律描述：

$$q = -k \, A \, T_x \tag{44}$$

式 (44) 也稱作一維熱傳導方程式，式中 q 為熱通量（heat flux），即通過

面積為 A 的一個截面的熱能，T_x 是溫度在 x 方向上的梯度。如果傳遞熱量的介質質點不具有效位移，上述一維熱傳導方程式可以適用於固體、液體和氣體。

「熱對流」（convective heat transfer）是另一種傳遞熱的機制。在熱對流機制裡，熱被流體從一個地方帶到另一個地方，這個機制可以發生在流體和流體之間，也可以發生在固體表面和流體之間，這裡講的流體包括液體和氣體。在冷縮熱脹的作用下，同一物質的密度因溫度變化而不同，如果在流體內進行局部加熱，受熱處流體質點密度會變小，同時也伴隨著體積膨脹，這將使得受熱質點在流體裡受到浮力逐漸上升，它們原有的位置則由周圍溫度較低、密度較高的質點補充，如果新補充的質點再受熱上升，周圍質點又會繼續補充，這樣循環不已的結果能讓熱量隨著流動的流體傳播到遠處。這種流體內藉由溫度差異驅動流體質點間相對運動的現象叫做「自然對流」，它的特徵是流體中沒有外加的壓力差，也不存在既有的流場，因此自然對流的機制下，系統單靠擴散和流體體積變化帶來質點運動，然後藉著這類質點運動運送熱能。因質點受熱造成體積變化和隨之而來的浮力是引起自然對流的機制，由此可知，由於在失重狀態下不存在浮力，所以在太空中，或是人造衛星上都不存在自然對流現象。

物體表面和流體之間也存在自然對流機制，流體力學告訴我們，在物體表面附近流體邊界層（boundary layer）內的質點和物體表面之間不存在相對運動，所以熱在物體表面和邊界層之間僅有類似熱傳導一樣的機制，讓熱能由高溫處向低溫處擴散。假設物體表面溫度高於流體溫度，這會使得在界面上的流體溫度上升，同時也伴隨著體積膨脹現象，接著這些體積變大的流體質點將被浮力推向上方，同時附近的流體質點被推移過來補充空下的位置產生相對運動，藉著這樣的機制自然對流把熱帶離物體表面。

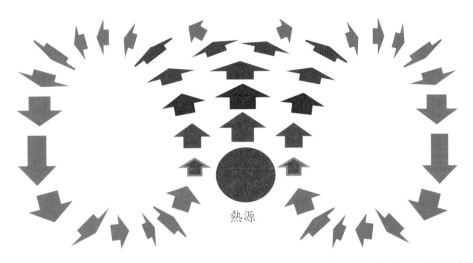

熱源

圖 107　自然對流示意圖。自然對流的驅動力為浮力，液體或氣體粒子受熱後體積變大而獲得上升浮力，反觀上方或是周圍體積較小的粒子向熱源移動以填補上升粒子所騰出的空間。

　　單靠自然對流進行散熱的效率通常不大，有時可以利用外加流場強迫流體運動，這樣可以藉著流體質點運動把流體中的熱帶走以提高熱交換效率，我們稱這種方式為強制對流（forced convection）。例如當風吹過高溫物體時，通過物體表面的空氣被加熱，而物體表面的熱則隨著風被空氣帶走。在日常生活中，我們打開電風扇降低體溫也是利用強制對流的例子。熱傳導像是熱「粒子」之間的擴散行為，熱粒子擴散速度和所處環境有關，所以熱在不同材料內的傳導效率不同。對流則像是熱粒子附著在流體質點上而隨著流體質點運動，流體質點運動速度可以決定熱對流效率。一般而言，靠外加流場驅動的流體運動速率遠比靠浮力驅動的質點運動快，因此強制對流的熱交換效率遠高於自然對流。熱對流的效率可以用這個方程式來計算：

$$q = h\,A\,(T_s - T_f) \tag{45}$$

這裡 q 代表被帶離開物體表面的熱通量，h 是熱對流系數，它和流體的種類和流體通過物體表面的速度、方向都有關，對應不同對流強度，A 是物體和流體接觸的有效表面積，T_s 是物體表面溫度，T_f 是距離物體一段距離的流體溫度。

表 24　常見流體在強制對流模式下的熱對流係數經驗值。

介質	熱對流係數 h (W/m²K)
空氣	20 - 300
水	300 - 6000
蒸氣 *	6000 - 120000
油	60 - 1800

* 內含氣態到液態的相變化

** 自然對流情況下，空氣熱對流係數 h 介於 5 ～ 25 W/m²K

　　「熱輻射」（thermal radiation）」指經由物體表面並且與電磁輻射伴隨的熱能傳遞，這個熱傳遞機制存在於不同物體表面之間，它可以在空氣裡傳遞，也可以在眞空環境下進行，甚至可以穿透玻璃等物質傳遞。以常見的輻射式電暖爐爲例，它散發出的紅外線輻射即是波長落在紅外線頻段的電磁波，電暖爐藉此把電能轉變爲熱能並傳遞出來。當電熱絲被加熱後，金屬原子內的電子變得非常活躍，當這些電子在不同能階之間跳躍便釋放出電磁波，而電磁波的頻率和電熱絲溫度高低及金屬原子種類有關。熱輻射並非單一頻率輻射，即便在特定溫度下，熱輻射頻率分布範圍仍相當廣，不同頻率對應不同的顏色，而當溫度升高時，對應的輻射頻率也隨著溫度上升而增加。在電暖爐的例子裡，外觀看起來是紅色的電熱絲，其

主要輻射波長對應可見光中的紅色光，但實際上除紅色之外也伴隨其他顏色的輻射，只是其他顏色的輻射強度相對較弱所以不易被察覺。當物體溫度持續上升時，所發出的可見光頻率同步逐漸升高，對應的可見光顏色則由紅轉成黃、甚至變成白光。藉著這種頻率和溫度之間的關係，我們可以由太陽表面射出來的電磁輻射頻率判斷太陽的表面溫度。根據史蒂芬 - 波茲曼定律（Stefan–Boltzmann law）可以知道，輻射能量與絕對溫度的四次方成正比，因此當物體溫度上升到絕對溫度 600 度時，其單位時間的輻射能量約為室溫（約絕對溫度 300K）下的十六倍，由此可知物體表面溫度越高時，熱輻射的效應就越顯著。史蒂芬 - 波茲曼定律也可以用來計算從物體 1 經由輻射方式傳遞到物體 2 的熱能：

$$q = \varepsilon A \left(T_1^{\,4} - T_2^{\,4} \right) F_{12} \tag{46}$$

式中 q 代表由物體 1 輻射到物體 2 的熱通量，ε 是史蒂芬—波茲曼常數，A 為物體 1 的有效面積，T_1 是物體 1 的表面溫度，T_2 是物體 2 的表面溫度，F_{12} 為一和兩個物體之間照射面積相關聯的常數。

　　在常見的電子系統中，物體表面溫度還不至於高到讓熱輻射成為系統散熱設計裡的主角；在一般的情況下進行系統散熱分析時，熱對流行為幾乎決定高功率電子系統的散熱能力，熱傳導則扮演將熱由熱源傳遞到可以銜接熱對流活動的位置，也可以說是負責將系統的散熱能力貫通到核心熱源處；功率較小的電子系統通常只需利用熱傳導機制將熱傳遞到產品表面即可。

　　一般塑膠封裝產品利用封裝塑膠將產品填充成實心固體，所以如果封裝塑膠的外圍溫度已知時，封裝產品內部的溫度分布可以單獨由熱傳導的機制決定。在三維熱傳導模式下，假設空間內部有一熱源，由傅立葉定律

（Fouriers Law）出發再結合能量不滅定律，可以推導出一個能夠描述溫度在空間中分布又同時描述溫度隨著時間歷程變化的微分方程式：

$$c \cdot \rho \cdot T_t = k \cdot (T_{xx} + T_{yy} + T_{zz}) + Q \qquad (47)$$

其中 T(x, y, z, t) 是這個方程式所要描述的物理量，也就是在某一個時間點，空間中某個位置上的溫度，這裡 x、y、z 是空間座標，t 是時間，Q 代表內部熱源產生的熱量，c 為材料單位質量內所含有的熱能，ρ 是材料的密度，k 是材料的熱傳導係數。方程式中下標 t 表示對時間的導數，下標 xx 表示在 x 方向的二次微分。依據這個微分方程式，如果已經掌握有關邊界條件，即可決定封閉系統內的溫度分布。進一步分析可以發現，由這個微分方程式找到的溫度分布函數有個特徵，那就是把任何的初始溫度分布函數變得平滑化的趨勢，這個特徵呼應前面提到在自然界觀察到的現象，即如果不存在熱源，系統內各點的溫度會隨著時間演進趨向於一致。

雖然理論上只要能提供和熱相關的邊界條件就可以從 (47) 式得到封裝體內部的溫度分布，不過根據經驗，只有教科書裡精心設計的例子才會剛好具備簡單而特殊的幾何形狀和邊界條件，讓我們能用筆就找得出溫度分布函數。一般封裝產品和其內部各種材料的幾何形狀都不具有類似教科書裡的簡單形狀，所以要找到符合這個微分方程式的解析解（analytic solution）應該是不可能的事，實務上可以使用數值方法（numerical method）或是模擬軟體以取得封裝產品內的溫度分布數據。

35.2 熱阻

系統設計團隊通常希望能在設計初期就進行初步的系統冷卻設計，亦即利用熱阻之類的簡單工具進行評估，以確認選用的封裝型式是否得當，

熱阻的概念可以由一維熱傳導或一維的傅立葉定律開始探討：

$$q = -k\,A\,T_x \tag{48}$$

這裡 q 是熱通量，指的是通過斷面的熱能，A 為熱流動方向上的斷面面積，T_x 是溫度在 x 方向的上的梯度。如果熱通量 q 是一個定值，也就是說系統處在一個穩定狀態（steady state）之下，(48) 式描述的一維熱傳導變成一個簡單的遞增或是遞減函數。例如，假設有一根金屬圓柱，其周圍被熱絕緣材料包覆，則圓柱上的熱傳導情形就適用一維的熱傳導。我們在圓柱上的 a 和 b 兩個任意點之間進行積分之後可以得到：

$$T_a - T_b = q\,L/K\,A \tag{49}$$

這裡 T_a 和 T_b 分別是在 a 和 b 兩個位置上量測到的溫度，L 是 a、b 兩點之間的距離。(49) 式告訴我們兩點之間的溫度差和兩點之間的距離成正比，也和單位面積熱通量成正比，但是和材料熱傳導係數或是圓柱截面斷面積成反比，也就是說若流過 a、b 兩點間的熱通量固定，則圓柱材料導熱性越好時，a、b 兩點間的溫差就越小。

舉例來說，某個面積為 20mm×20mm 的積體電路裡，假設主要發熱的電晶體平均分布在整個晶片上，晶片背面被銀膠固定在載板上，銀膠的熱傳導係數為 2W/mK，厚度為 25μm，整個晶片上產生的 30W 熱量均勻的經由銀膠傳遞至載板，如果要知道銀膠兩側的溫度差，我們可以把問題簡化成一維的問題，並且直接採用 (49) 式的結果：

$$T_a - T_b = q\,L/K\,A = 30 \times 0.000025\,/\,(2 \times 0.0004) = 0.94\ ^\circ\text{C}$$

根據這樣的計算，可以估計銀膠兩側的溫度差是 0.94℃，不過要注意這個估計方式隱含幾個假設，即幾乎所有的熱量都流經銀膠，而且銀膠在斷面上有一致的的溫度，這樣才能使用一維熱傳導定律。

如果定義熱阻為 R = L / KA，可以進一步把 (49) 式改寫成：

$$\Delta T = q R \tag{50}$$

這和大家熟悉的基本「電壓 - 電流 - 電阻」關係看起來很像，

$$\Delta V = I r \tag{51}$$

他們的相關計算公式也很類似，如果把幾個熱阻材料以串聯的方式連接起來，有效熱阻 R_{eff} 可以利用類似電阻串聯的方式計算：

$$R_{eff} = R_1 + R_2 + R_3 \cdots + R_n \tag{52}$$

又如果將幾個熱阻材料以並聯方式連接起來，有效熱阻 R_{eff} 也能利用類似電阻並聯的方式求得：

$$1/R_{eff} = 1/R_1 + 1/R_2 + 1/R_3 \cdots + 1/R_n \tag{53}$$

在計算機還不很發達的年代，如果能確認電子產品內的幾個主要熱傳遞路徑時，可以運用 (52) 式和 (53) 式估計封裝產品的有效熱阻，也能用它們來評估整個電子系統的散熱效率和可行性。

36. 實用封裝熱阻定義與應用

在系統散熱設計的領域裡，熱阻是個實用的基本工具，對某些特定封裝產品而言，它類似生物學中藏在某個 DNA 密碼裡的特徵，常被當作封裝產品的散熱能力指標。不同封裝設計必然有不同的熱阻，不過要注意的是，對同一個封裝產品而言，在不同的應用環境下測試將觀察到不同熱阻，也就是說依據不同的「應用環境」定義，同一個封裝設計擁有對應不同應用環境的熱阻數值，在實際應用時要選擇適當的熱阻進行散熱分析，才能模擬得到接近實際狀況的系統冷卻能力。熱阻和電阻一樣，不同量測設定對應不同的阻值，以電阻為例，如果對一塊平板狀的金屬塊量測電阻，觀察到的阻值會受到探針的「下針位置」或是「端點位置」影響，如圖 108 所示，當探針分別接觸 A 點和 Ȧ 點時，所看到的電阻比探針從 B 和 Ḃ 之間量測到的阻值來得高。這個現象可以提醒我們，物體電阻值除了和構成材料有關，也和物體幾何形狀和探針接觸的位置有關。封裝產品的熱阻有類似情況但稍微更複雜一些，雖然量測封裝熱阻的「端點位置」固定為「晶片上的 junction」到「環境」之間，乍看之下「端點位置」是固定的，但實際應用時封裝產品可以放在不同的電子系統中，也就是說它

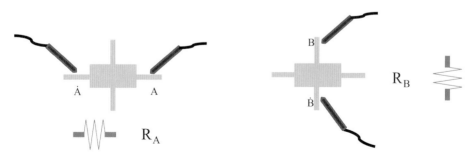

圖 108　不同定義方式下，或透過不同的量測點，我們能在同一物件上觀察到不同的電阻值，以上圖圖中金屬塊為例，將探針放在（A, Ȧ）點上能得到異於（B, Ḃ）點上所量得電阻。熱阻也有類似情況，但定義方式稍微更複雜一些。

周遭環境中的散熱機制常常不同,當外在的散熱機制不同時,封裝體內部的熱傳遞路徑也跟著變化,所以看到的阻值自然不相同,其中的道理可以從後面介紹的幾種常用熱阻中看出來。

　　如果能夠收集足夠熱阻數據,電子系統設計者能在產品設計初期進行系統散熱設計並選擇適當的封裝型式。但是如果熱阻由不同的機構定義,或由不同的方式量測,很可能無法得到足夠而客觀的資料庫。這好比如果農業部要統計不同地區的豬隻生長情況,假設在沒有適當磅秤提供「重量」數據的情況下,雖用尺提供豬隻的「長度」是另一個方便的做法,但如果沒有定義清楚,各地傳回的長度數據有可能是身長,也可能是身高、腿長、頭圍、或腿圍等,這些可能是各地豬農自認為最具代表性的長度指標,但相互之間卻無法進行簡單的比較。類似這種情況,如果不知道終端產品所處的散熱環境,各個供應商常選擇使用方便且能展現優勢的定義來描述自家產品熱阻,這將讓使用者很難單由提供的熱阻數據進行客觀比較。為讓大家能在一個共同平台上溝通,JEDEC 針對單晶片封裝產品定義幾種基本封裝熱阻和散熱特徵值,讓電子系統設計者在選用 IC 零件時能有方便的指標,可對不同產品進行同類性質之比較,同時也讓工程師有機會快速估算晶片表面溫度。在量取標準熱阻和熱特徵值的過程中,我們可以很清楚掌握所使用的功率、量測到的溫度、使用的材料、產品幾何形狀和實驗時散熱系統的邊界條件等,所以除了可以用標準熱阻進行不同產品間的比較以及使用熱特徵值進行快速散熱設計外,也可以利用在量測標準熱阻和熱特徵值時所掌握的直接數據,拿這些實際數據來調整模擬軟體之不足,以提高模擬軟體所建立模型之準確性。所以如果能把這些量測阻值時建置的量測環境和模擬軟體有效整合,應該有助在開發新產品時,預估實際應用情況下的電子系統散熱情形。

36.1　晶片和空氣之間的熱阻（junction to air thermal resistance），Θ_{ja}

Θ_{ja} 是最常被引用的封裝產品熱阻，它被設計來衡量那些封裝後被放在基本電子系統中的晶片和環境空氣之間的熱傳遞效率。量測 Θ_{ja} 時，晶片被放在封裝產品裡並且組裝在測試用的電路板上，然後通電讓晶片成為系統中的熱源。測量 Θ_{ja} 的系統環境設定比較接近一般低功率晶片的實際應用，這類應用中電晶體工作時產生的熱量有些直接經由封裝塑膠表面進入環境空氣中，有些熱量則經過電路板才進入空氣中。Θ_{ja} 是封裝產品散熱能力的一項基本指標，它被設計來衡量在一般簡單電子系統中的晶片和周遭空氣溫度之間的關係，但是有些使用者更進一步利用 Θ_{ja} 來估計晶片上的最高溫度。如果設計的電子系統具有和量測 Θ_{ja} 時類似的散熱模式，估計得到的晶片溫度可被採信。但是如果兩者不屬於相同的系統散熱設計，其結果可能與實際情況相去甚遠，所以如果要進行這類的應用時應該要檢視實際應用環境，以確認這個用法的合理性。讀者可以參考以下的步驟來量測這個熱阻，EIA/JESD 51-2 對這個熱阻及其量測方式有更詳細的描述，並且規範標準測試環境以便讓使用者比較各種不同封裝設計的散熱能力。

1. 選用校正過的溫度晶片，將該晶片依設計進行封裝，建議選擇利用二極體或金屬電阻設計的溫度晶片。

2. 將待測封裝樣品組裝於標準測試板上。

3. 將標準測試板水平放置在一個內部空間為一立方英呎的標準正立方體容器內，由於此立方體容器接近密閉環境，待測封裝樣品和測試板處在一個只有自然對流而沒有外在流場的環境中。

4. 立方體容器的構造可參考圖 110 或 JESD 51-2 文件，如果規格不同，需要記載在報告當中。待測樣品的位置應位於立方體容器的幾何中心，並且讓待測樣品坐落於測試板上方。

5. 施予受測樣品一個固定的功率，待達到穩態（steady state）時記錄當時
   環境溫度，然後根據溫度晶片校正記錄來解讀 junction 溫度。

　　系統達到穩態之後，可以由施加的功率、環境空氣溫度、和晶片上的
junction 溫度計算得到熱阻 Θ_{ja}，

$$\Theta_{ja} = （junction \ 溫度 - 環境溫度）／功率 \tag{54}$$

量測熱阻時，理論上需要很長的時間才能達到穩態，但實務上一般設備精
度不適合用來找到理論上的穩態，而且也不希望等那麼久才讀取溫度，所
以如果考量 Θ_{ja} 所需要的精度以及一般溫度量測工具所具備的精度，我們
可以在接近穩態時讀取晶片溫度作為決定產品熱阻的數據。一般認為晶片
溫度在 5 分鐘之內變化不大於 0.2℃ 就可以視為接近穩態。讀取環境溫度
的熱電偶應該放置在比待測樣品所在的電路板低 1 吋的高度上，並且至少
距離容器內壁 0.5 吋的位置。

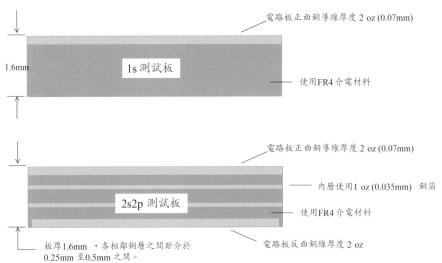

圖 109　量測封裝熱阻時使用的測試板標準斷面示意圖，使用標準斷面設計的測
　　　　試板能縮小不同機構之間的差異，讓同一產品在不同機構測試能獲得相
　　　　同的熱阻。

　　在自然對流的情況下，IC 產生的熱大部分經由電路板傳遞到空氣中，所以電路板設計能影響觀察到的 Θ_{ja} 熱阻。為了盡量讓測試條件標準化，避免測試板設計影響實驗結果，JEDEC 針對測量封裝熱阻的測試程序制定電路板規格，讓不同電路板製造商製造的測試板具有相同導熱能力，以便縮小不同機構測得數據之間的差異，也能用來模擬實際使用情況。

表 25　量測封裝熱阻時使用的測試板依其導熱能力分成 1s 和 2s2p 兩種等級，兩者皆採用 FR4 為板內介電材料，外觀厚度也都是 1.6 mm，差異在金屬銅層的數目與厚度。這些測試板適用於採用 SMT 組裝方式的 IC 零件。

測試板	特性	尺寸（mm²）	板厚	導線厚度	導線最短長度	power 及 ground 銅層厚度
1s	低導熱設計	101.6×114.3*	1.6mm	0.07mm (2 oz.)	25mm	n/a
2s2p	高導熱設計	101.6×114.3*	1.6mm	0.07mm (2 oz.)	25mm	0.035mm (1 oz.)

* 若待測物邊長小於 27mm，改用尺寸為 72.6mm×114.3mm 的測試板。

　　為避免測試用立方體及其內部各種構造成為有效熱傳遞路徑而影響系統溫度讀值，熱電耦的導線需採用比 30 號線（AWG30）還細的材料，製造立方體容器和內部支撐構造所用的材料也應採用低導熱材料，而且立方體容器的厚度須大於 1/8 吋以避免內部測試環境受到外界溫度影響。如果待測樣品功率超過 3W，或環境溫度在實驗過程中升高超過 10% 以上時，都應該換用更大的容器。又如果在量測過程中，室溫變化大於 3℃，就應該在標準正立方體容器外，再用另一個容器包圍起來，以降低外在環境的影響。通常在量測熱阻時 junction 溫度會上升 30℃ 至 60℃，EIA/JESD 51-2 認為量測熱阻時 junction 至少須升溫 20℃ 以上，才能獲得比較準確的

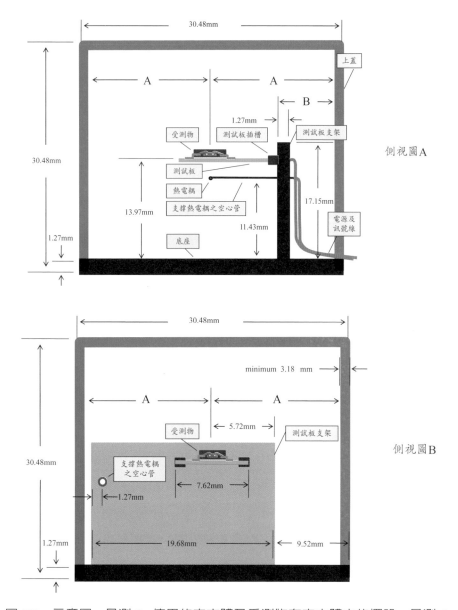

圖 110　示意圖，量測 Θ_{ja} 使用的立方體及受測物在立方體內的擺設。量測 Θ_{ja} 使用的設備其外觀為一各邊邊長一英尺的立方體，測試時將受測物放置於該立方體幾何中心處，同時讓上蓋和底座之間維持適當密封程度以形成自然對流環境。上下兩圖分別為不同方向的側視圖及主要幾何尺寸，測試板之幾何尺寸需和上圖中尺寸「B」搭配，以便讓受測物位居立方體形心處。

熱阻計算，也讓量測得到的熱阻不受選用的晶片功率所影響，所以建議針對不同熱阻範圍的封裝產品需要使用不同功率晶片以進行量測。

表 26　根據經驗進行 Θ_{ja} 量測時使用的溫度晶片功率需配合封裝產品熱阻，下表為晶片功率和適用熱阻之間的關係。

溫度晶片功率（watt）	適用熱阻範圍（℃ /watt）
0.5	$\Theta_{ja} > 100$
0.75	$100 > \Theta_{ja} > 60$
1	$60 > \Theta_{ja} > 30$
2	$30 > \Theta_{ja} > 20$
3	$20 > \Theta_{ja} > 15$

　　JEDEC 定義的幾個參考熱阻裡，Θ_{ja} 的量測環境和一般低功率晶片的使用狀況最為近似，因為大部分的晶片在電子系統裡並不需使用額外的散熱機制或是強制對流的方式來散熱，而且多數產品都被組裝在密閉的空間中使用，這種情況下系統散熱設計的重點在於如何把熱有效的傳遞到電路板上，以獲得更大散熱面積來達到降溫目的。除此另外，用來量測 Θ_{ja} 所需的額外治具和設定也最簡單，所以 Θ_{ja} 是 IC 封裝產業裡最常被用來衡量產品散熱能力的指標。實務上有些設計者利用 Θ_{ja} 估計晶片溫度或是做為其他用途，但是當實際應用狀況和當初量測 Θ_{ja} 時的環境設定之間存在差異時，應該要檢視 Θ_{ja} 的適用性，並思考如何修正所得來的估算結果。

　　經驗告訴我們，熱阻 Θ_{ja} 不是單由封裝設計（包括幾何形狀和材料組合）就能決定的物理量，Θ_{ja} 代表的是該封裝設計處在特定環境下的熱阻。進一步檢視可以發現，量測 Θ_{ja} 時晶片產生的熱高達 70% ~ 95% 經由電路板傳遞到周圍空氣中，所以不同導熱效率的電路板能讓量測結果不同，推算得到的熱阻自然也不同。事實上，JEDEC 也瞭解電路板帶來的

差異可以高達 60% 以上，因此建議如果無法確認不同廠商在量測 Θ_{ja} 時所建置的環境是否都符合標準時，就不應將不同廠商提供的熱阻數據拿來互相比較。此外，晶片大小或晶片厚度也能產生影響，不過影響程度不如電路板來得明顯，如果只改變晶片輸出功率或是環境溫度，對量測到的 Θ_{ja} 影響不大。因此如果要比較不同供應商提供的產品熱阻，或是直接將產品的 Θ_{ja} 使用在電子系統散熱分析中，可能還需要累積足夠經驗或是借助更進一步的資料，才能讓獲得的資訊和實際情形相符。無論如何，使用 Θ_{ja} 之前應該要瞭解，JESD 51-2 定義 Θ_{ja} 的目的在讓使用者能有一個標準的環境和方法比較不同封裝設計的熱阻。

36.2 晶片和流動空氣之間的熱阻（junction to moving air thermal resistance）， Θ_{jma}

單靠自然對流無法讓高功率 IC 有效降溫時，因此設計者面對高功率 IC 時常常考慮加上散熱器（heat sink）幫助降溫，散熱器的工作原理為增加有效散熱面積，讓 IC 產生的熱量能有更寬廣的有效途徑進入空氣中。晶片功率更高時，單用散熱器也無法符合散熱需求，這時設計者可以在設計中導入強制對流機制以降低 IC 的工作溫度，常見的強制對流是在系統裡加裝風扇，利用流動空氣把熱能帶離電子系統。雖然對大部分的晶片而言，他們的功率並未高到需要外接散熱器，但如果系統中有任何需要使用強制對流降溫的晶片，其他晶片也將同時處在有流動空氣的環境中工作。這種情況下對應的熱阻就應選用這個單元介紹的定義方式，在流動空氣的環境中量測產品熱阻，而不是使用前面提到的立方體量測熱阻，這個在流動空氣環境中量測得到的熱阻用 Θ_{jma} 來代表，它的下標 jma 意指這個物理量是 junction 和流動空氣（moving air）之間的熱阻。EIA/JESD 51-6 規範定義一個小型風洞可用來產生標準流場，讓受測物處在一個可以量化的

強制對流環境。下列幾點為這個風洞應符合的規格和相關注意事項：

1. 由於封裝後的電子零件通常不會直接暴露在 10m/s 以上的流動空氣中，所以這個用來量測電子零件熱阻的風洞只需要能產生 10m/s 以下的各種風速。

2. 風洞在產品測試段的斷面要夠大，讓空氣流經受測物時，風速和流動方向不致有太大變化。風洞斷面可以是圓形也可以是方形，為了產生潔淨且接近均勻的層流（laminate flow），驅動流場的風扇應該位於測試段的下游，並在測試段的上游放置空氣濾網和蜂窩狀的導流板，再配合收縮管徑的設計替空氣加速，以利產生均勻的層流。

3. 受測物應放置在接近風洞斷面正中央的位置，好讓風洞斷面在受測物的上下左右都能維持足夠淨空，如圖 112 所示，受測物的左右和風洞內壁之間的距離至少要達到兩倍受測物寬度以上，受測物上下方和風洞內壁之間的距離至少要多於兩倍受測物高度加上兩倍測試板厚度的總合。

4. 將受測物和測試板組裝在風洞裡時，受測物、測試板和支撐測試板的結構體的總迎風投影面積必須小於測試段斷面的 5%。

5. 在風洞內流動的空氣需具備穩定品質，當沒有受測物時，空氣在測試段的斷面上溫差不可大於 ±1℃。

6. 風洞必須能確保待測樣品所在斷面上的流場品質，也就是說，風洞在受測物所在斷面上的中央 90% 區域中，各點空氣流速和平均流速之間的差異需控制在 ±5% 之內，以提供均勻的層流進行產品熱阻量測。

7. 用 10kHz 以上的風速計在受測物所在風洞斷面上測得到的紊流需維持小於 2%。

8. 進行產品熱阻量測期間，平均風速的變化要能保持在 5% 之內。

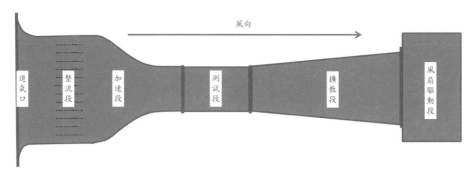

圖 111　風洞主要構造示意圖。

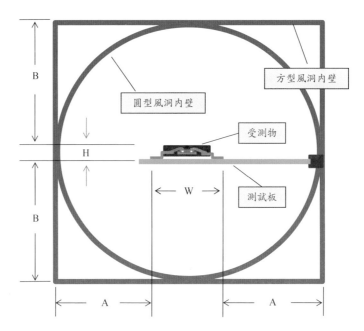

圖 112　風洞斷面和受測物間之尺寸限制。如圖中所標示，B＞2H，且A＞2W，
　　　　其中 W 為受測物及上方 heatsink 在水平面上的投影尺寸，H 為受測物、
　　　　測試板和 heatsink 三者之高度總和。

設計風洞時，可以把測試板的插槽直接放在支撐結構上，讓測試板可
以水平或是垂直的方式放在風洞裡。如果把測試板水平的放在風洞裡，為
了增加結構強度，可以在測試板上距離插槽較遠的位置再利用一根直徑小

於 3.5mm 的支撐桿以穩定測試板附近的結構，避免空氣流經測試板時引起振動，但要確認支撐桿被放置在靠下游處以免影響流場，同時支撐桿和測試板之間也需有適當的熱絕緣。此外，應避免使用導熱係數高的材料製作支撐桿，以免在風洞中增加不被預期的有效散熱途徑。用來監控空氣溫度的熱電偶應放置在測試板上游，大約在插槽前方 10 到 15 公分處，但需位於比測試板插槽低 25mm 的位置，熱電耦線徑應小於 0.5mm，支撐熱電耦的支撐物應選用比 2mm 細的桿件。測試板也可以垂直放置在風洞中，這時測試板自重完全由風洞下方側壁支撐，所以不必在測試板另一端利用支撐桿補強，但是監控冷卻空氣溫度的熱電耦仍應放置在測試板的上游，相對位置和水平測試板的情況類似，也就是應放在沒有受測物的那一側。

當空氣流速接近靜止時，如果將測試板以水平方向放置在風洞裡可以讓主要的散熱機制很接近自然對流的模式，這樣的情況下量到的熱阻將會和前一單元中利用立方體裝置所量到的熱阻 Θ_{ja} 很接近。但是在同樣的風速下如果垂直擺放測試板，可以讓晶片週圍的上升熱空氣和補充冷空氣的動線更為順暢，這時將待測物放在風洞裡能得到較自然對流低一些的熱阻。如果空氣流速高達 2m/s 時，強制對流已經成為風洞系統裡的主要散熱機制，觀察到的熱阻就不再受測試板方向影響。

量測風速時應該將風速計放置在受測物的上游，但要避免風速計所造成的紊流流經過受測物，風速計精度不但要優於 ±4% 的水準，也要能達到 ±0.05m/s 的能力才符合這個測試系統的需求。量測風速時可以假設空氣密度是 1.2kg/m³，這個數據是空氣在 20℃時內含 50% 相對溼度情況下的密度。EIA/JESD 51-6 和 EIA/JESD 51-2 對系統穩態的見解一樣，建議如果觀察到的溫度在 5 分鐘內沒有大於 0.2℃的變化，就可以認定系統接近穩態。以下是一個可以用來量測 Θ_{jma} 的參考流程和注意事項：

1. 選用校正過的溫度晶片進行封裝。

2. 將待測封裝樣品組裝在 1s 的標準測試板上。

3. 將測試板固定在風洞內,讓待測封裝樣品位於風洞斷面上大約中心處,如果以水平方向放置測試板,須讓待測物位於測試板上方。

4. 施予一個固定的功率和空氣流速,待達到系統穩態(steady state)時根據校正記錄讀取晶片溫度,同時記錄所提供的空氣溫度和流速。

　　得到溫度數據之後,便能依下面這個關係式計算封裝設計中晶片和流動空氣之間的熱阻 Θ_{jma},

$$\Theta_{jma} = (\text{junction 溫度} - \text{環境溫度}) / \text{功率} \tag{55}$$

量測 Θ_{jma} 時,為確保量測工作的品質,應該將空氣溫度控制在 20℃ 到 30℃ 之間,量測期間空氣溫度變化要小於每小時 2℃,且量測熱阻時應限制 junction 的最小升溫為 20℃ 才能達到適當的精度。對於風速低於 1m/s 的情況,這個風洞內量到的數據和前面立方體內量到的類似,因此產品熱阻範圍和測試時使用的功率晶片應互相匹配,匹配的方式可以參考表27。

表 27　風速低於 1m/s 的情況下,Θ_{jma} 規模和適用的溫度晶片功率。

溫度晶片功率(watt)	適用熱阻範圍(℃/watt)
0.5	$\Theta_{jma} > 100$
0.75	$100 > \Theta_{jma} > 60$
1	$60 > \Theta_{jma} > 30$
2	$30 > \Theta_{jma} > 20$
3	$20 > \Theta_{jma} > 15$

　　一旦風速高於 2m/s,junction 溫度變化和施加的功率變得相當線性,而且當風速越高,達到穩態所需要的時間可以越短。

36.3　晶片和封裝外殼間的熱阻（junction to case thermal resistance），Θ_{jc}

　　如前一單元提到的，當 IC 的功率提高時，如果只靠電路板幫忙將電路中累積的熱帶走常會顯得效率不足，通常可以在封裝外殼外加裝散熱器（heatsink）幫助散熱，如果功率更高時會再增加一個專用風扇進行強制對流，讓熱被更有效率的帶離 IC，這類電子系統冷卻設計並不罕見，我們常常可以在 PC 裡看到他們。一般而言，外加 heatsink 的設計主要是靠 heatsink 進行散熱，這類設計以通過 heatsink 的熱傳遞路徑為產品主要散熱路徑，所以晶片到 heatsink 之間的熱阻幾乎能決定晶片表面溫度。對這類型設計進行系統散熱分析時可以觀察到，晶片和 heatsink 之間的熱阻大約是兩個熱阻的加總，一個是由晶片到 heatsink 接觸的封裝外殼之間的熱阻，另一個是 heatsink 和封裝外殼之間導熱介面材料（TIM，thermal interface material）的熱阻。對這類電子產品而言，這個由晶片到與 heatsink 接觸的封裝外殼之間的路徑上所具有的熱阻顯得非常重要，一般使用 Θ_{jc} 代表這個熱阻，符號裡的下標 jc 指的是 junction to case 的意思，也就是指 junction 到外殼表面之間這段路徑的熱阻。一般只要電子零件上帶有外加 heatsink，不論系統中是否使用強制對流，設計者通常期待大部分由晶片產出的熱經由散熱片傳遞到周圍的空氣中，這種情況下適合使用 Θ_{jc} 判斷採用的封裝設計是否符合期待。JEDEC 針對外加散熱器的封裝應用方式，設計一個測試環境來量測晶片和封裝外殼間的熱阻 Θ_{jc}，為了得到這個特殊熱阻，該測試讓受測樣品和一個幾乎恆溫的銅製導熱裝置接觸，同時用熱絕緣材料阻止測試系統裡的熱經由其他路徑傳遞到空氣中，這樣才能讓所有由電路產生的熱都被恆溫銅製導熱裝置帶走，使得藉由這個方法量測得到的 Θ_{jc} 成為名符其實的熱阻。下面是 Θ_{jc} 的量測流程：

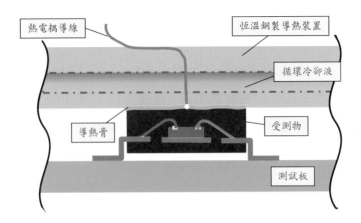

圖 113 量測 Θ_{jc} 的實驗中主要散熱路徑示意圖，由於其他潛在有效導熱路徑已被熱絕緣材質阻斷，電路中產生的熱幾乎全部先流經圖中受測物上方的恒溫導熱裝置，然後才進入大氣中。

1. 選用校正過的溫度晶片產生待測封裝樣品。

2. 將待測封裝樣品組裝在標準的測試板上。

3. 在測試板周圍施以熱絕緣材料包覆，讓晶片產生的熱能無法經由測試板這個路徑離開系統。

4. 讓待測封裝樣品的上表面和銅製導熱裝置接觸，為了降低熱阻應在待測封裝的上表面和銅製導熱裝置之間塗佈散熱膏。

5. 將熱電耦固定在待測封裝上表面以讀取待測封裝上表面的溫度。

6. 提供恆溫水在銅製導熱裝置內部流動，並持續循環以便把熱帶走。

7. 施予晶片一固定功率，待達到穩態時記錄晶片上的 junction 溫度和位於封裝上表面熱電偶的溫度讀值，再依關係式 (56) 計算熱阻。

$$\Theta_{jc} = （junction\ 溫度 - 封裝上表面的溫度）/ 功率 \qquad (56)$$

(56) 式是一維系統中熱阻、熱適量和溫度之間的關係式，適用於像圖 113 裡那個為了量測 Θ_{jc} 所設計的系統。

(56) 式並非任何情況下皆適用的恆等式，重新整理後可以從 (56) 式得到一個似是而非的關係式

$$\text{junction 溫度} = \text{封裝上表面的溫度} + \text{功率} \times \Theta_{jc} \tag{57}$$

因為 (57) 式看起來簡潔，而且要取得封裝上表面溫度並非難事，有些工程師直接用 (57) 式估計電子系統裡的晶片 junction 溫度，他們先使用紅外線影像或熱電偶得到封裝上表面溫度，然後再從產品規格表裡查到 IC 功率和封裝熱阻 Θ_{jc}，有了這些數據再依據 (57) 式估計 junction 溫度。但很明顯這樣的做法高估晶片溫度，這些使用者可能沒有注意一個重要的前提，那就是在上述量測 Θ_{jc} 的過程中假設所有的熱都經由封裝外殼上表面，然後才被傳遞到後續的構造中（散熱器或是空氣中），所以 Θ_{jc} 是在一個只有一條散熱途徑的系統中萃取得到的數值，如果把 (56) 式或是 (57) 式使用在類似的一維（one-dimensional）系統中是完全正確的，但是一般電子系統裡的情況並非如此，通常晶片產生的熱量除了能經由封裝外殼上表面再向外傳遞之外也還有其他的有效熱傳遞路徑，例如透過電路板將熱能傳遞到周圍空氣中。所以只有部分的熱經由封裝外殼上表面，這時使用 (57) 式會高估 junction 溫度。如果要修正這項差異需要對電子系統做進一步分析，先找出所有有效熱傳遞路徑再依等效熱阻的方式推估 junction 溫度，例如一般塑膠封裝裡晶片產生的熱約有 50% ～ 90% 經由電路板傳遞到空氣中，如果有外加散熱器的設計，這個比例就會降低。在修正過程中，除了需要知道熱通量在主要熱傳遞途徑之間的分配比例之外也還需要獲得對應的溫度資料，使得修正使用 (57) 式的過程變得比較複雜。實務

上如果要估計晶片溫度，使用 JEDEC 另外定義的熱特徵參數 Ø$_{jt}$ 會比較恰當，後面的單元將會針對這個特徵參數做比較詳細的介紹。

　　經過上面的討論之後，我們應該更容易察覺另外一個看起來非常好用的熱阻等式也是個似是而非的關係式，只在特殊情況下它才能算是有效的估計。這個關係式把 junction 和空氣之間的熱阻分解成兩部分：

$$\Theta_{JA} = \Theta_{jc} + \Theta_{ca} \tag{58}$$

這個式子裡 Θ_{jc} 即本單元所提到的熱阻。Θ_{ca} 是封裝外殼和空氣之間的熱阻（case to air），如果外殼上方有一個外加的散熱器，Θ_{ca} 便是一個和散熱器有關的熱阻，它對應的熱傳遞路徑由外殼經散熱器然後再到達空氣，所以 Θ_{ca} 包括封裝外殼和散熱器之間的熱阻、散熱器下緣到周圍空氣之間的熱阻，以及路徑上相鄰材料介面的接觸熱阻。如前所述，這裡把 Θ_{JA} 當作是 junction 和冷卻空氣之間的熱阻，在一維的情況下可以直接從冷卻空氣的狀況推估得到 junction 溫度。因此有些人認為找到散熱器的熱阻資料和導熱介質的基本資料之後就能由 (58) 式求得 junction 和空氣之間的熱阻，進而依據環境溫度估計晶片 junction 溫度。但是 (58) 式能成立的前提是晶片產生的熱絕大部分都經由這個路徑傳遞到空氣中，也就是近似一維的熱傳遞行為，所以對一般塑膠封裝產品而言，熱的傳遞模式和這個前提並不相符，其結果也和誤用 (57) 式時相同，將會高估晶片表面溫度。

　　(58) 式在一維的前題下能成立，亦即所有晶片產生的熱都經由封裝外殼傳遞到空氣中或是經過封裝外殼上方的散熱器傳遞到空氣中，但是這樣的塑膠封裝設計似乎不存在。不過如果封裝設計中只有一個主要的熱傳遞路徑時，(58) 式即可帶出不錯的溫度估計，例如在以前金屬罐（TO metal can）封裝時代，絕大部分的熱都流經金屬外殼和跟外殼上連接的散熱

器，那種情況下 (58) 式便能獲得相當準確的估計。所以雖然 (58) 式不適用於一般塑膠封裝，但它卻能對某些早期的封裝產品做出不錯的溫度估計。

36.4 晶片和電路板間的熱阻（junction to board thermal resistance），Θ_{jb}

　　許多塑膠封裝產品不具特殊散熱設計，當封裝塑膠比較厚時，晶片上產生的熱大部分會經過外引腳傳遞到電路板，而這些熱到達外引腳之前必須流經封裝塑膠之類的低導熱性材料，然後才流經外引腳。理論上這類設計的熱阻都不低，而且其導熱途徑瓶頸在晶粒座和外腳之間的塑膠載板或是封裝塑膠，這個瓶頸大致決定該封裝設計的熱阻。由於這類封裝的主要散熱傳遞途徑經過外引腳，而且這些供低功率產品使用的封裝類型在數量上或是種類上都占塑膠封裝產品的大宗，因此 JEDEC 針對這些利用電路板散熱的產品，定義一個晶片和電路板間的熱阻 Θ_{jb} 以利進行電子系統散熱分析。由字面上來看，Θ_{jb} 可以視為 junction 和電路板之間（junction to board）的熱阻，不過也有人將之視為 junction 和外腳（junction to pin）之間的熱阻，如果進一步瞭解 Θ_{jb} 的實驗設計之後便能明白這兩種講法之間並無明顯差異。

　　JESD51-8 設計 Θ_{jb} 時假設晶片產生的熱大部分都流經封裝外引腳，然後再傳導至電路板上。所以有兩類封裝設計被排除在 Θ_{jb} 的適用範圍之外，一個是常見用在稍微高功率產品的封裝設計，它們在封裝外殼上有一埋入式金屬散熱片（heat slug），藉著這個金屬散熱片可以增加有效的散熱面積，因此讓比較多的熱不必流經外引腳，由於 IC 產生的熱之中有許多不流經外引腳，Θ_{jb} 對這類產品不具實質意義。另外，在一般的導線架封裝裡，晶粒座和外引腳相互分開，封裝塑膠阻擋在晶粒座和外引腳中間。某些導線架封裝設計故意讓晶粒座和部分外引腳直接連接，這種情形

之下大部分的熱會直接由晶粒座流向那些和晶粒座連接的外引腳，然後流入電路板內，只有少部分的熱由晶粒座流經其他的外引腳，這樣的設計也不適用這裡介紹的 Θ_{jb}。

在量測 Θ_{jb} 的時候須使用一組特殊製具確保大部分的熱都流經電路板才傳遞到大氣中，以精確計算 junction 和電路板之間的熱阻。這組製具是一對用銅或者是熱傳導係數大於 300W/mK 的銅合金製成的冷板，測試時讓冷板和電路板直接接觸以帶走 IC 工作時產生的熱。平面圖上冷板的外觀像是一塊方型銅板，在銅板的中央挖出一塊方形缺口，產生的空間可以露出電路板以容納待測封裝樣品，缺口尺寸要足以讓待測封裝樣品四周和冷板的內壁維持 5mm 以上距離。進行測試時，利用保溫遮板擋住製具中央缺口，讓受測物和電路板不與外界低溫空氣接觸。保溫遮板應採用熱傳導係數低於 0.1W/mk 的材料，面向受測物的表面也須塗布類似鋁漆之類的低熱輻射薄膜。此外，受測物上表面須和保溫遮板間維持 1 至 5mm 間隙，電路板下方的保溫遮板和電路板之間的間隙也是 1 至 5mm。為了增加冷板的恆溫性，冷板內部在接近和電路板接觸的位置附近需要置入能讓冷卻液循環的設計，利用冷卻液把流入的熱迅速帶走以避免溫度變化，所

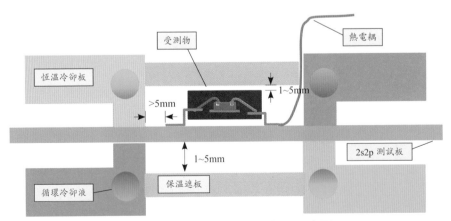

圖 114　量測 Θ_{jb} 的冷板治具斷面示意圖。

以這樣的冷板設計在斷面上看起來像是一對分別向左倒和向右倒的凹字型銅塊，但凹字型銅塊被電路板從中間平分成兩塊左右對稱的大寫英文字母 L。電路板上和製具接觸的綠漆受壓後會稍微變形，不必利用散熱膏（thermal grease）降低冷板和電路板之間的接觸阻抗，可以讓冷板均勻地直接接觸測試板上的綠漆，設計上應讓製具和電路板接觸的部分寬度大於 4mm。

如果待測物是導線架封裝類型，應將熱電耦固定於離 IC 最近的外腳和電路板連接的位置。離 IC 最近的外腳通常就是位在長邊中央的外腳，可用銲接的方式（或是用導熱膠）把熱電耦固定在外腳和電路板連接的位置。如果待測物是 BGA 之類的封裝產品，熱電耦的銲接位置則選擇在封裝體長邊中點在電路板上的投影，在該位置附近找一條自封裝體下方向外伸出的電路線，銲接前把電路線上方的綠漆刮除，然後將熱電耦銲接在露出來的銅線上。建議用 T 型熱電偶，因為 T 型熱電耦比較容易銲接，選用的熱電偶要夠細，以免產生額外的熱傳遞路徑影響量測準確性，實務上通常選用導線粗細為美規 40 號（AWG 40）或是更細的熱電耦。銲接之後可以用導電性確認熱電耦是否和外腳或電路線之間存在有效接觸，但同時也要確保熱電偶儀表和熱電耦之間的接線不會影響量測熱阻時的輸入電壓。為了要減少熱電耦和被量測點之間因溫度梯度產生的溫降，可以用導熱膠把接觸點包覆住，不過應控制導熱膠的量和形狀讓導電膠的直徑小於 3mm。

對導線架封裝產品而言，從上述實際量測溫度位置所測得的 Θ_{jb} 可以定義晶片到封裝外腳之間的熱阻。對 BGA 之類的封裝而言，上述實際量測溫度位置所測得的 Θ_{jb} 等同於晶片和電路板間的熱阻。從電子系統冷卻分析的角度來看，二者之間並無太大差異，算是同一個熱阻。進行熱阻 Θ_{jb} 量測時可以參考下列步驟：

1. 選用校正過的溫度量測晶片進行封裝。

2. 將待測封裝產品組裝在有兩層導線（2S2P）的標準測試板上。

3. 用銲接的方式（或是用導熱膠）把熱電耦固定在離 IC 最近的外腳和電路板連接的位置，細節如前所述。

4. 以前述冷板製具包圍待測封裝樣品四週，並在測試板上下兩側均勻施力夾住測試板，同時盡量讓待測封裝產品位於冷板凹槽的中心。

5. 實驗時利用內部循環冷卻液控制冷板製具的溫度，將冷卻液溫度設定在室溫附近的一個定值（–5℃ /+2℃），而且讓它在整個實驗過程中溫度變化不大於 0.2℃，冷板上和測試板接觸的表面須有相當的均溫性，各點間的溫差須在 0.4℃ 之內。

6. 施予一個固定功率，待達到穩態時，記錄晶片溫度和熱電偶讀取的溫度，然後可以依這個關係式計算熱阻 Θ_{jb}

$$\Theta_{jb} = （junction 溫度 - 測試板表面的溫度） / 功率 \qquad (59)$$

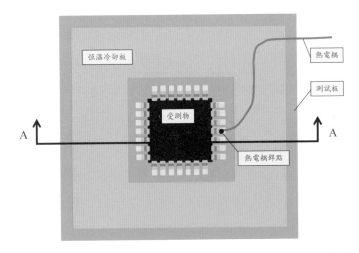

(a) 將圖 114 中受測物上方的保溫遮板移除之後，俯視即得本圖。反之，本圖圖中 A-A 斷面看到的畫面即為圖 114。對導線架產品量測 Θ_{jb} 時，將熱電耦固定在圖中參考位置的外腳上以讀取溫度。

圖 115　量測 Θ_{jb} 時熱電耦位置示意圖。

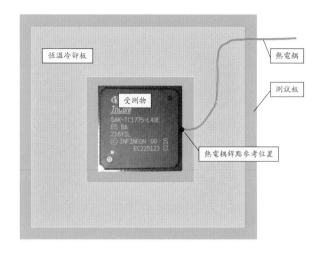

(b) 對 BGA 類產品量測 Θ_{jb} 時，在圖中參考位置附近找一條由 BGA 下方向外延伸的金屬導線，讓熱電耦固定於導線表面藉此量取電路板溫度。

圖 115　　量測 Θ_{jb} 時熱電耦位置示意圖。（續）

36.5　常用的熱特徵參數 $\varnothing_{jt}$ 和 $\varnothing_{jb}$

　　站在進行電子系統冷卻的設計者立場，應該會希望在實際應用情況下能藉由某個容易被量測到的指標溫度直接估計 Junction 溫度，這樣可以很容易的確認整個電子系統冷卻設計的成敗，也能在進行系統優化的過程中，輕易看出所做的設計變更對晶片溫度的影響。直覺上藉由量測封裝外殼的表面溫度估計晶片溫度是個實用的選擇，實務上不論用紅外線影像或使用熱電耦來量測封裝外殼表面溫度都沒有困難，而且一般人認為封裝外殼的表面和晶片間距離很近，不至於在這麼短的距離內產生太多變數。在採用散熱器的產品設計中也能將熱電耦放在封裝外殼表面和散熱器之間來獲得封裝外殼的表面溫度。基於上述理由，也同時防止熱阻被使用者誤用，JEDE 定義一個熱特徵參數 $\varnothing_{jt}$，利用 $\varnothing_{jt}$ 可以由下式算得 junction 溫度：

$$\text{junction 溫度} = \text{封裝上表面的溫度} + \text{功率} \times \emptyset_{jt} \qquad (60)$$

　　這裡需強調，$\emptyset_{jt}$ 不是熱阻，而是用來進行這類快速估算的熱特徵參數，它的下標 jt 指的是晶片到封裝上表面（junction to top），如果供應商能提供封裝產品的熱特徵參數 $\emptyset_{jt}$，設計者可以在類似應用環境下利用(60)式估計晶片溫度。這是一個實用概念，但是從前面幾個熱阻討論中，讀者可以了解這樣的應用應該有一個前提，那就是要確認晶片實際工作環境和量測這個特徵參數時的物理環境要儘量類似，因為 $\emptyset_{jt}$ 是一個會受到封裝設計及環境影響的特徵值，JEDEC 文件中並沒有針對它定義一個標準的測試環境。如果確定該塑膠封裝在未來應用環境中不使用外加的散熱器，可以參考以下的步驟來計算對應的 $\emptyset_{jt}$。

1. 選用校正過的溫度晶片進行封裝。

2. 將待測封裝樣品組裝在測試板上。

3. 用導熱膠把熱電耦固定在 IC 上方的封裝外殼表面以確保熱電耦和封裝上表面直接接觸提高量測的準確性。

4. 導熱膠用量越少越好，以避免熱傳遞路徑有任何改變，經驗上希望讓導熱膠只附著在和溫度讀取頭距離不到 2.54mm（0.1 inch）的小範圍內。

5. 選用的熱電耦要夠細以免產生額外熱傳遞路徑影響溫度讀值，建議選用美規 36 號線徑（AWG 36）或更細的熱電耦線。如果不用熱電耦，也可以使用紅外線影像溫度計來讀取表面溫度。

6. $\emptyset_{jt}$ 只能使用在類似的應用環境中，所以應該記錄下受測封裝設計和測試板周圍是否有空氣對流、對流的強度，以及測試板的尺吋、材質、金屬線路層數和厚度等設計資料。

7. 施予一個固定的功率，待達到穩態時，記錄晶片上的 junction 溫度和熱

電耦讀取得到的上表面溫度，再由 (61) 式可得到這個特徵值 $\varnothing_{jt}$。

$$\varnothing_{jt} = （junction 溫度 － 封裝上表面的溫度） ／ 功率 \qquad (61)$$

$\varnothing_{jt}$ 雖然和前面介紹的幾個熱阻有一樣的物理單位（℃ /watt），計算公式也很類似，但在測量前面介紹的幾個熱阻時，周圍環境經特別設計讓晶片產出的熱，全部或絕大部分都由晶片向外流經和熱阻對應的傳遞路徑後才離開該電子系統，反觀在測量這個特徵值 $\varnothing_{jt}$ 時，並非所有的熱都流經封裝上表面，而且流經封裝上表面的熱量比例常和選用的測試板或測試環境有極大關聯性，因此 $\varnothing_{jt}$ 不被稱做熱阻。

$\varnothing_{jb}$（junction-to-board thermal characterization parameter）是另一個實用的熱特徵參數，它是晶片和電路板間的熱特徵參數。在計算 $\varnothing_{jb}$ 的過程中，可以沿用定義 $\varnothing_{jb}$ 時熱電耦在電路板上和封裝產品之間的相對位置，好讓得到的特徵參數和封裝設計有關，而不是和電路板有關。不過計算 $\varnothing_{jb}$ 時的物理環境是一般的應用環境，不必具備用來夾住電路板的特殊冷板製具，但在應用上也要限制不應使用於含有埋入式金屬散熱片的封裝類型，或是晶粒座和某些外引腳直接連接的封裝類型，而且也應把量測晶片熱特徵參數時和散熱有關的物理環境記錄下來，以便提供後續使用時參考。

37. 以數值方法模擬產品中的溫度和應力

前面提到用來描述封裝體內溫度場的控制方程式 (47) 是一個包含時間變數和空間變數的偏微方程式，它定義空間中某一位置的溫度在任意時間點隨著時間變化的歷程，也可以用來描述某一時間點溫度在空間中的分布狀況。通常進行產品設計時最常用到的是穩定狀況下的系統溫度分布，也就是方程式的穩態解（steady state solution），這時候可以剔除 (47) 式裡面和時間變化有關的項目，變成一個只和空間有關的偏微方程式。

$$Q = - k (T_{xx} + T_{yy} + T_{zz}) \tag{62}$$

和 (62) 式對應的就是穩態解，我們在大學的工程數學課程裡曾經見過這一類的方程式，當物件具有特別幾何形狀，例如圓、無限長的邊、或者具特別對稱性質的形狀，如果再配合適當邊界條件，我們常常可以找出解析解。如果形狀或邊界條件比上述情況稍微複雜一些，或許還有機會找出答案，但那並非一般人能完成的工作，因此這類方程式的解析解通常只在一些比較深奧的數學期刊或博碩士論文中才看得到，而且通常曠日費時，無法在短時間內求得。在實際情況中，電子產品內常存在任意形狀，邊界條件也很難簡化，這時只有以數值方法才能找出溫度分布。如果沒有把和時間變化有關的項目移除，我們也可以從方程式 (47) 式獲得一個暫態解（transient state solution），也就是一組隨著時間變化的物理量。通常設計電子產品時不必檢驗暫態解，不過若要進行製程最佳化，有時候也需要檢視暫態解，因為有些熱應力分布狀態只在某些時間點看得到。暫態解多了時間的偏微分項目，通常比穩態解要來得複雜，所以實務上暫態解只能用數值方法來處理。

最常用來解答這類問題的數值方法非有限元素法（finite element

method）莫屬，有限元素法把物體分割成許多非常小的單元，因為可以把這些個單元分割得非常細而小，所以在每一個單元上只需用線性函數描述物理量即可獲得足夠精度，通常在每一個細小的單元上，那些線性函數的描述和真實物理量之間的誤差能夠小到接近電腦計算時使用的最小位數。有限元素法用許多分割得非常細小的單元來模擬真實物體，這就好像我們可以用非常多的直線線段來取代圓形，當線段的數目越多時，這些線段的組合就越來越接近圓，這不單是視覺上的感覺，若有興趣的話，可以嘗試計算圓的內接多邊形或外切多邊形的周長，當等邊多邊形的邊越多，其周長就越接近對應的圓周，當邊的數目趨近於無限多個時，多邊形的周長會等於對應的圓周。許多數值方法使用這種概念，利用線性函數在微小單元上描述物理量，讓本來需要從聯立微分方程式找的答案，移轉到線性代數的世界，再從線性代數方程式裡找到我們有興趣的物理量。有限元素法把物體分割成許多小單元後，先讓每個單元保有該相對位置上應有的材料特性以及對應的邊界條件，然後利用連續條件（condition of continuity）令連接相鄰元素的共用節點（node）具有相同物理量。重複對所有的共用節點使用連續條件可以得到一組線性聯立方程式，只要求解這組聯立方程式便可以知道各個物理量在每個元素或每個節點上對應的值，這樣得到的物理量分布就是所謂的數值解。數值解和解析方程式或實際物理量之間雖然存在一定差異，但是以現代計算機精度產生的數值解已足夠滿足一般工程應用，由於利用商用套裝軟體（數值解）來輔助設計可縮短產品開發時間，目前利用套裝軟體來輔助設計已經是在各個領域執牛耳的公司必備手法。有限元素法和其他的數值分析方法比起來還有另一個優勢，有限元素法劃分的元素可以有不同的形狀和尺寸，這樣可以在物理量梯度較高的區域使用較細小的元素以產生較高的元素密度，這樣能同時兼具分析的效率和精度。市面上有許多商業模擬軟體採用有限元素法為其核心以求解各類物理

問題，ANSYS 就是一例，大部分的 IC 封裝業者都利用它進行應力模擬或是和溫度有關的模擬，它有非常好用的前處理使用介面，也有非常強大的後處理使用介面，使用者只需對有限元素法和物理問題具備粗淺瞭解就能得到問題的數值解，這是好處，有時也是壞處，好處是容易入門，壞處是在分工比較細的情況下，對問題不夠了解或經驗不足的工程師也能得到一組解答，但是如果這組解答和實際物理現象不相符時有可能會誤導產品開發的方向。

幾乎所有的新進工程人員都會參加類似「QA 七大手法」的訓練課程，課程中有些具經驗的講師會建議你，當遇到問題時連續問幾個「why」，常常能讓真因浮現，解決問題的方法很可能伴隨而來。例如，假設某人上班常遲到，如果連續提出幾個 why 可能會看見這樣的場景：

問 1：為什麼常遲到？
答：因為所搭的公車（班次）剛好常常被塞在半路上。
問 2：為什麼不換一班不會被塞在路上的車？
答：因為沒趕上另一班車。
問 3：為什麼沒趕上？
答：因為太晚出門。

問完這三個 why，大概已經可以確定真因，也許可以根據它擬定解決問題的方法。

當產品發生問題時，也常常可以使用類似手法分析，但是因為產品本身不會講話，需要使用各種方法替產品回答 why。最常用的方法是利用「失效分析（FA，failure analysis）」回答某些問題的 why。問題可以是「為什麼產品會失效？」，能夠找到讓產品失效的位置和現象就能回答這

個 why。例如，當產品的功能出現異常，或是可靠度測試後的電性讀值偏離正常，我們大概會先確認工作條件和產品測試條件是否正常，然後再檢視產品外觀並使用掃描式聲波顯微鏡（C-SAM, c-mode scanning acoustic microscopy）、X 光攝影、紅外線攝影之類的工具確認是否有外部損傷或是內部的缺陷，例如孔洞、脫層、或是斷裂。如果發現異常，再用切片之類的破壞式檢驗方法，在特定斷面上擷取電子顯微鏡影像例如 CPSEM、FIB、或 TEM 等，這些特定斷面上的電子顯微鏡影像可確切告訴我們問題發生在哪個位置上、是什麼結構發生問題、該結構斷面上發生了何種異狀，例如燒毀、脫層、斷裂或是形狀、尺寸不符合預期之類的訊息。

舉例來說，假設有一批已經進入量產階段的產品在進行例行性檢驗時發現，在 Preconditioning 驗證過程的 TCT 之前，產品功能正常，但是 TCT 之後的電性讀值異常，而且發生率高達 30%，依經驗判斷可能是 TCT 期間造成斷路的現象，但尚需進一步確認。經過 C-SAM 掃描發現某區域的超音波影像有疑似孔洞或是脫層的陰影，再利用 CPSEM 檢視該區域的斷面，發現斷面上相鄰金屬層間的確發生脫層的現象，再做進一步的 EDX 檢視，發現脫層的金屬層之間存在有機物殘留，這些有機物殘留可能是沉積上層金屬之前的顯影程序有瑕疵而造成光阻殘留。這整個過程可以看成幾個簡單的問與答：

問 1：為什麼 TCT 之後的測試讀值異常？
答：因為 TCT 測試期間產品內部相鄰金屬層之間發生脫層的現象，在電路上形成斷路。
問 2：為什麼金屬層之間發生脫層？
答：因為兩層金屬之間夾雜著一些有機物殘留，造成兩層金屬之間的接合力不足以承受 TCT 期間的熱應力反覆拉扯。

問 3：為什麼兩層金屬之間存在有機物的殘留？

答：因為前面的顯影製程中發生作業瑕疵造成光阻殘留。

　　至於顯影程序的瑕疵到底是甚麼原因？或許是人員疏失、或許是顯影液發生變異、或許是顯影設備出了狀況、甚至可能用錯顯影程式，這些都和製造系統有關，可以藉著一個接著一個的 why 找出肇因（root cause），然後再依據肇因進行修正避免發生相同的問題。

　　利用各種 FA 手法尋找不良品中的瑕疵已是各家大廠的必備能力，一般 FA 手法背後的道理來自差異分析（gap analysis）的概念，主要是利用「和正常產品進行比對」的方式來找出異常，進行 FA 時雖然並非真的拿正常產品進行比對，但都依據過往經驗來檢視和推斷所「看到的」影像是否正常、量測到的訊號是否合理、或是分析出來的成分是否合乎預期，藉此找出以前在正常產品裡沒看過的「異常」現象。縱使可能因為經驗不足無法解釋所看到的現象，成熟的 FA 工程師仍能點出不良產品和一般產品之間的差異，因此 FA 非常適合用來替量產的產品釐清製造過程中的異常、也適合利用過往經驗找出成熟產品內的任何異狀。

　　如果開發中的新型產品遇到問題時，FA 手法「看到的」事物可能無從比較，這時也可能沒有適當的經驗來解釋所看到的現象。也許基礎科學可以幫忙分析問題，但如果從常見基礎科學的微分方程式出發也許緩不濟急，幸好可以用某些商用模擬軟體代替部分基礎科學的分析探討，所以市面上有些成熟的商用模擬軟體已經被使用在分析問題及輔助產品設計的用途，也能在產品原型（prototype）還沒出現之前用來估計製程開發階段可能遭遇的問題。除此之外，善用模擬軟體也能幫忙找出產品失效的肇因。有時 FA 過程中能找到失效位置，但找不到製程變異或是材料異常的證據，這時可結合模擬軟體提供的資訊來評估，幫忙確認看到的失效位置是

否在理論上屬於可因小小的變異導致失效的高危險設計。下面是一個使用模擬軟體的例子。

　　假設有一個還在開發階段的產品，認證中的樣品在 Preconditioning 的 TCT 之前具有正常功能，但是 TCT 之後發現訊號異常，依經驗判斷應是斷路現象。雖然此案例和前面的例子一樣都是 TCT 期間造成的斷路，不過如果能確認製作樣品時並無製程疏失，後續用來確認問題的方法將會不同。如果樣品經過 C-SAM 掃描發現某區域的超音波影像有疑似脫層的異常，利用 CPSEM 檢視該區域的斷面時更進一步發現該處金屬導線斷裂，這整個故事也許會演變成這樣的場景：

　　問 1：為什麼 TCT 之後訊號異常？

　　答：某金屬導線斷裂造成電性上斷路。

　　問 2：為什麼發生產品內部金屬導線斷裂？

　　答：因為金屬導線的強度（或是幾何形狀）不足以承受 TCT 期間所承受的熱應力。

　　問 3：為什麼金屬導線的強度（或是幾何形狀）不足以承受 TCT 期間所承受的熱應力？

　　回答第 3 個問題需要藉助基本力學分析，如果一維的粗略估計無法提供足夠的分析，完整理論模型對應的又是一組偏微分方程式，因此需要藉助模擬軟體以獲得數值解答以便找出對應的應力分布圖來判斷 TCT 的熱應力是否為肇因，同時也能利用模擬軟體預估如果改變導線結構是否能得到不同的結果，藉此幫助設計者對產品進行最佳化。如果軟體模擬的結果顯示金屬導線強度明顯低於其所經歷之熱應力，也許增加金屬導線尺寸就可以解決問題。有時候模擬的結果顯示，其他位置金屬導線承受的應力強

度高於被破壞處所經歷的熱應力，但是其他位置金屬導線並未遭到破壞，很可能的情況是產品中某處其他材料先產生裂縫或是脫層之類缺陷，該缺陷在成長的過程中把金屬導線扯斷，這時應該先克服其他的缺陷，然後目前被分析的這個問題有可能自然消失。

使用模擬軟體輔助設計產品有許多好處，例如可以用模擬軟體提供某些特別的訊息，包括 TCT 期間最大熱應力發生的位置，或是某個位置的熱應力強度，或是在系統工作時的晶片溫度等，其中某些資訊屬於無法用量測方法得到的物理量，或者是需要耗費許多資源才能擷取的訊息。如果這些物理量是設計上的重要訊息，在設計階段可以利用模擬軟體，針對不同幾何形狀，不同材料組合，甚至可以把製造時無可避免的變異都帶入模擬之中進行全盤分析和考量。透過模擬可以在尚未製作出產品原型時就能獲得需要的訊息，例如在電子系統冷卻設計中，各種零件還不存在時就能預測該有的溫度分布，如果不符合預期，可以從模擬的分析結果找出瓶頸所在並進行修改。製作產品原型或是工程樣品通常花費比較長時間與較高成本，如果可以在設計階段先利用模擬軟體規劃產品，不但能節省時間和成本，也可進行產品最佳化設計以提供競爭力。

使用軟體模擬物理問題時，首先要針對物理問題建立產品的物理模型，建立產品模型時難免需要簡化物理問題，無論是由 3D 簡化成 2D，或是省略產品中微小而複雜的構造，在簡化前都應作好適當的規劃和研究，以確保不過度簡化或是把錯誤的元素摻在簡化模型中，這會讓模擬得到的結果和實際問題之間差異過大。另外，也需留意廠商取得材料物理性質時的測試環境條件，以確認材料性質的適用性。在無法完全掌握所有材料物理性質的情況下，模擬軟體不見得能提供精準的物理量預測，但是仍能提供定性分析來幫助產品設計。

38. 利用 ANSYS 模擬軟體進行 BGA 焊點失效位置預測

　　這個單元將透過一個實例展現 ANSYS 模擬軟體檢視產品中熱應力的能力，並且利用實驗數據驗證模擬結果。雖然我們無法像量溫度的方式一樣用儀器讀取某個位置的熱應力，但是可以藉由實驗數據間接驗證模擬所得熱應力分布的正確性。

　　BGA 封裝產品的外腳設計具有很明顯的優勢，即其外腳數目和外腳位置都具有彈性，不像一般導線架封裝只能由固定位置伸出外腳。除此之外，內引腳位置也讓 BGA 展現設計上的彈性，所以 BGA 產品被商業化之後很快就被主流設計者接受並且普及至許多商業應用。雖然如此，BGA 在產品設計上的彈性也同時替 BGA 帶來某些不確定性，例如在有些長期可靠度測試之後觀察到的主要失效模式常因設計不同而異，這裡就以 BGA 產品銲接在電路板上的構造為例子。當 BGA 被銲接在電路板表面之後，經由溫度循環帶來的反覆熱應力載重有時能讓承受最大應力的那幾個銲點發生疲勞破壞，但實際統計數據卻顯示，即便具有相同外觀尺寸的 BGA14×14，歷經反覆熱應力載重後，最先產生疲勞破壞的銲點位置卻不完全相同，似乎除了銲點位置之外仍有其他影響因子，例如內部晶片的位置和尺寸也對銲點破壞位置具有影響力。一般常用 JESD 22-A104-B，Condition G 的溫度循環測試，評估 BGA 產品上板後的錫銲點長期可靠度表現，Condition G 的溫度循環區間介於 −40℃ 和 125℃ 之間，為了要檢視錫銲點金屬疲勞或是潛變造成的影響，可讓受測物在 −40℃ 和 125℃ 的持溫（soaking temperature）時間維持 15 分鐘，再利用 15 分鐘的時間進行升溫或是降溫，這個安排可以使整個溫度循環周期剛好是 1 小時，讓可靠度實驗的時程計畫表上不致出現非整數小時單位。

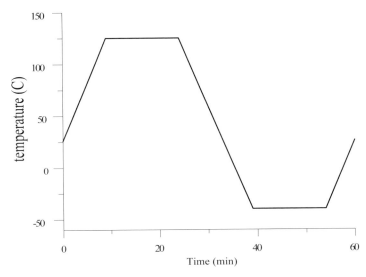

圖 116　JESD 22-A104-B，condition_G 的溫度循環設定。

　　根據實驗數據，經過長時間溫度循環之後，銲接固定在電路板上的
BGA14×14 其銲點失效比例和銲點位置之間的關係如圖 117 所示，這和
許多其他類型產品的銲點失效高風險位置不同。根據經驗，大部分產品的
銲點失效高風險位置在產品外圍，也就是在圖中第一列的位置，但是圖
117 顯示，這個 BGA14×14 的銲點失效高風險位置異於上述經驗法則，
高風險區並非在第一列，而是落在第四列。雖然實驗數據呈現和一般經驗
法則不同的現象，但是如果能對這個物理問題進行基本力學分析，就不會
對這個數據背後的現象感到意外。

　　直覺上，如果利用銲接方式將 BGA 固定於電路板上，位於銲點兩側
的材料之間不存在相對位移，而位於 BGA 和電路板上在幾個銲點之間的
材料，由於受到銲點的箝制也不應產生相對位移，所以如果由直覺判斷，
位於這個區間裡的材料應只有剛體運動。但經驗告訴我們，在經歷溫度起
伏的過程中，由於 BGA 和電路板之間存在 CTE 差異，電路板會隨溫度起

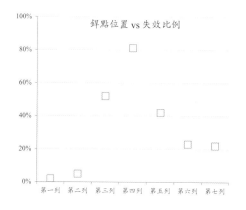

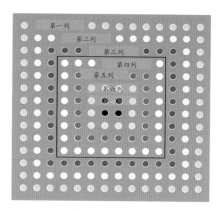

(a) 銲點位置和失效比例之間的關係 (b) 銲點位置之定義

圖 117 銲接固定於電路板上的 BGA14×14 經過 1000 小時溫度循環之後，銲點失效比例和銲點位置之間的關係。

伏產生反覆翹曲的現象，這是由於幾種材料因溫度變化所獲得的伸長量不同，或是收縮量不同，使得相鄰材料之間相互拉扯或是相互擠壓的效應帶來外觀上的變形，在外觀發生變形的同時材料也承受著反覆施載的內應力，前述溫度循環期間銲點失效的原因就是這類型內應力反覆作用下所導致的疲勞破壞。

　　如果要對上述銲點失效物理問題進行詳細力學分析，完整分析應涵蓋的範圍包括溫度循環測試過程中的應力分布和變化，銲錫材料在測試過程中對應應力狀態產生的彈性變形、塑性變形和可能發生的潛變，銲錫材料的疲勞破壞行為模式，以及與銲點斷裂相關的破裂模式等。有些和這些項目有關的核心資訊未必能由公開文獻中找到，如果要深入了解這些物理行為不但需要耗費許多資源，也可能曠日廢時而違背這個產業的時效性。但是如果能退而求其次地簡化這個物理問題，讓熱應力做為這個物理問題裡一個介於定量和定性之間的指標，用這個指標找出銲點疲勞破壞的高風險位置，也就是說用熱應力作為指標來比較不同位置上銲點疲勞破壞風險的

相對高低。這樣簡化雖然無法很詳細的把整個系統在溫度循環測試過程中的力學行為勾畫出來，但卻能在短時間內提供有用的資訊給設計者，方便做為修正產品設計的依據。這個單元利用 ANSYS 模擬軟體檢視上述溫度循環測試過程中的熱應力分布，並且將模擬得到的銲點熱應力分布和溫度循環測試後銲點破壞位置的統計資料進行比對，以確認依此方式簡化問題的適當性。

　　利用 ANSYS 模擬軟體分析物理問題須先建立物理問題的幾何模型。在前述溫度循環測試過程中，發生反覆翹曲的主要原因為 BGA 銲點及銲點附近各種材料間因熱應力相互拉扯，所以進行模擬所建立的幾何模型只需要把 BGA 及 BGA 附近的構成元素納入模型即可。早期電腦運算速度遠低於現在的電腦，運算時所需的記憶體資源也常常成為電腦裡的幾個昂貴成本之一，所以進行模擬時常常利用物理問題的對稱特性來縮小幾何模型規模，以降低運算時所需的資源。雖然以一般現有電腦資源分析常見封裝問題已經綽綽有餘，但是如果縮小幾何模型規模仍能縮短所需計算時間，所以這個單元仍然利用產品的對稱性建立幾何模型。前述實驗中的 BGA14×14 在底部佈滿 0.5mm 直徑的錫球，錫球和相鄰錫球之間的中心距離為 1.0mm，所以一共在底部放置 14×14 = 196 顆錫球，封裝載板厚度為 0.22mm，晶片尺寸為 7.5mm×7.5mm×0.36mm，保護晶片的封裝塑膠厚度為 1.0mm，而整個 BGA 被銲接在 2.0mm 厚的電路板表面進行實驗。由這些資訊建立幾何模型，再依所要處理的物理問題選擇適當元素類型，我們可以在 ANSYS 軟體中利用對稱的特徵建構如圖 118 所示四分之一模型。ANSYS 的前處理模組除了將元素網格顯示在畫面上，也能用不同顏色代表各種材料，方便使用者確認幾何模型的正確性，也讓調整網格密度成為輕易的工作。因此，ANSYS 這類軟體出現之後便鮮少有人自行撰寫有限元素分析程式來解決物理問題了。

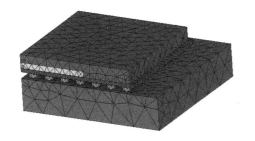 

圖 118　ANSYS 模擬軟體環境下，利用產品對稱性產生對應圖 117 之物理問題的 1/4 幾何模型。

　　完成幾何模型之後再輸入對應每種材料的相關物理性質，接著在幾何模型表面施加適當的邊界條件，ANSYS 便能由此模型找出各種我們想知道的資訊。以前工程師自行撰寫有限元素程式求解物理問題時，得到的數值解是一堆數字，需要極細心安排才能從這些數字中找到我們關心的物理量，所幸像 ANSYS 這類軟體在後處理模組中提供圖形化輸出，讓我們可以很輕鬆的由圖形化輸出檢視被關注的物理量。例如在前述溫度循環測試過程中，如果將 X- 軸座標原點放在對稱軸上，ANSYS 完成運算之後便能提供如圖 119 的位移（displacement）分布圖和應變（strain）分布圖，這類分布圖可以利用不同顏色代表物理量的大小，直接在 2D 或是 3D 的幾何模型上用顏色顯示位移量或是應變的分布，方便使用者或是非專業人員由輸出圖形便能掌握模擬結果。

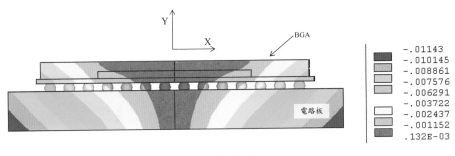

(a) x-方向位移量分布圖

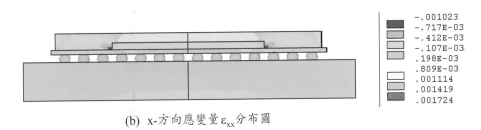

(b) x-方向應變量ε_{xx}分布圖

圖 119 ANSYS 軟體的後處理模組能將運算結果以圖形化方式輸出，讓使用者能很輕鬆的藉由視覺判讀物理問題。在前述溫度循環測試過程中，如果將 X- 軸座標原點放在對稱軸上可以得到如上圖所示的位移量和應變分布圖。在這個物理問題中，由於晶片出現在第四列至第七列的銲點上方，使得這個區域的應變量與其他位置明顯不同，圖 (b) 裡銲點兩側的顏色和其他位置不同剛好能用來說明這個現象。

　　經由能量觀點討論前述銲點失效的物理問題時，一般認為可以用來判定銲點是否失效的物理量應該是某個「應力與應變的乘積」，如果要從數值模擬中獲得這樣的物理量並且判斷是否達到讓銲點失效的能量規模時，我們需要提供的資訊至少包括：錫金屬及各種材料在不同溫度時的應力 - 應變曲線、錫金屬在不同溫度下的彈性限度（elastic limit）、錫金屬進入塑性區之後的行為模式、以及錫金屬在疲勞載重下的斷裂能量等。這些材

料性質皆非輕易可得的資訊，一般工程人員無法輕易收集這些資訊，甚至可預見某些新近開發的材料並無相關資料。畢竟電子產品裡使用的材料並非都像常用的鋼鐵材料一樣曾經被徹底研究過，所以要完整的提供材料性質等資訊常常是不可能的任務。雖然如此，我們仍能在商用軟體中找到一個容易掌握的指標來預估不同銲點在前述溫度循環測試過程中因材料疲勞而斷裂的傾向。例如熱應力即是一個簡單又容易掌握的指標，雖然從單位上就能看出不應用熱應力取代「應力與應變的乘積」，但通常材料應變正比於所受到的應力，所以「應力與應變的乘積」大致上正比於應力的平方。所以用熱應力作為指標應不致於喪失代表性。再進一步檢視這個分析的方向可以發現，熱應力和一般的內應力一樣是個張量（tensor），內含九個分量，單用任何一個分量都無法代表熱應力的規模，所以這類分析常採用 Von Mesis Stress 當作評估材料內應力大小的依據，ANSYS 軟體也將 Von Mesis Stress 當作一個標準的輸出選項。圖 120 根據 ANSYS 輸出資料製作，從圖 120 可以看出前述溫度循環測試中，不同銲點位置經歷的最大 Von Mesis Stress。為了能和實驗數據比較，這裡所謂「銲點位置」的定義和圖 117 裡的定義相同，簡單的將銲點依列數由外而內依序分組。

　　比較圖 117 的實驗數據與圖 120 的數值模擬結果可以發現，如果將此 BGA 銲接固定在電路板表面，在反覆的溫度循環作用下，最高的 Von Mesis Stress 將發生在第四列，這和實驗統計數據相互呼應，實驗統計數據裡第四列銲點疲勞破壞的比例最高。除此之外也能在這兩個圖中看到，不論是最高的 Von Mesis Stress 或是銲點失效的統計數據都由第四列的峰值向內或是向外遞減。這說明我們拿熱應力當作銲點失效傾向的指標具有有效性。不過雖然圖 117 和圖 120 的趨勢大致相符，但讀者應能從圖中發現銲點疲勞破壞比例第二高的位置發生在第三列銲點，而不是發生在應力第二高的第四列銲點，這個現象無法單由目前這個數值模擬結果解釋，但

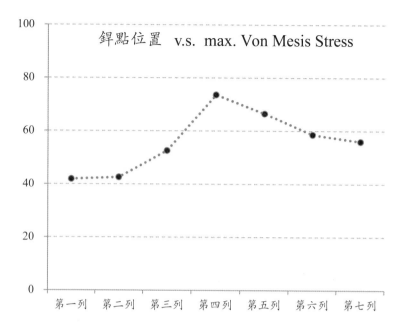

圖 120 假設 BGA 銲點的錫合金為線彈性材料，根據 ANSYS 軟體分析，溫度循環測試過程中，銲點在 –40℃時的 Von Mesis Stress 達到最大強度，若由銲點位置的角度觀察，圖 118 BGA 上的最大 Von Mesis Stress 發生在第四列，次大值在第五列。

一個合理的可能性是，當某些位於第四列的銲點失效之後，整個結構裡的應力被重新分配而異於目前的模擬結果，也就是說，如果移除失效銲點之後再進行模擬將得到和圖 120 不同的 Von Mesis Stress 數據，這個新的數據應能解釋為何在第三列處看到第二高比例的銲點疲勞破壞，這點就留給讀者自行驗證了。

　　既然已經確定熱應力能當作預測銲點失效機率的指標，我們應該可以進一步利用數值模擬工具對各種可能的設計改變進行熱應力分析，例如改變晶片載板厚度、改變電路板厚度、改變錫球排列方式、改變晶片厚度、改變錫球尺寸、改變封裝塑膠厚度、或是更換任何一種材料，數值模

擬工具可以找出哪一種設計可以讓銲點承受較小的熱應力，設計產品時可將模擬結果當作是提升銲點可靠度表現的參考依據。如果不用數值模擬工具，要藉由實驗手法從上述各種可能的設計改變中找到最佳化設計，可能需要耗費相當多的資源和時間，相對的，數值模擬工具只需改變所建造的幾何模型或是材料性值即可在短時間內完成幾種設計的評估。不過數值模擬工具的應用範圍也有限制，例如如果要評估不同銲墊表面處理（surface finish）對可靠度的影響（假設希望利用化學鎳鈀金取代電鍍鎳金作為銅銲墊表面處理時），數值模擬工具就無法取代以實際樣品測試的方法了。

⟁ 參考資料

1. 電子封裝工程，田民波，清華大學出版社，2002。

2. IC 封裝製程與 CAE 應用，鍾文仁，陳佑任，全華，2013。

3. R. Tummala. Fundamentals of Microsystems Packaging McGraw-Hill Companies. Inc. 2001.

4. 半導體 IC 產品可靠度，傅寬裕，五南圖書出版公司，2011。

5. H. Hsiao, J. Chen, C. Chen, K. Sung, W. Yu and J. Li, Reliability study of flipchip BGA package, Taiwan ANSYS user conference 2001, pp279-283.

6. A Guide to Board Layout for Best Thermal Resistance for Exposed Packages, SNVA183A, September 2006, Texas Instruments.

7. 圖解半導體，科技業的黑色鍊金術，菊地正典著，羅煥金校訂，世茂出版社。

8. 半導體元件物理學，施敏，伍國珏著，張鼎張，劉柏村譯，國立交通大學。

9. Rose, George Jr., US Patent 2,538,593, filed on April 30, 1949, issued on January 16, 1951.

10. IPC standard, J-STD-012, "Implementation of Flip Chip and Chip Scale Technology".

11. B. Varia1, X. Fan, and Q. Han, International Conference on Electronic Packaging Technology & High Density Packaging, 2009.

12. 林宗賢，微小型體聲波元件之設計與製造，清華大學博士論文，2006。

13. 戴豐成，李世欽，余瑞益，微凸塊技術的多樣化結構與應用，工業材料雜誌，pp190-197，第 256 期。

14. Impact of Junction Temperature on Microelectronic Device Reliability and

Considerations for Space Applications, IEEE International Integrated Reliability Workshop, Lake Tahoe, NV, October 20-24, 2003.

15. B. Kim, G. Lim, J. Kim, K. Lee, Y. Park, and Y. Joo. 〝Intermetallic Compound and Kirkendall void growth in Cu Pillar bump during annealing and current stressing", Electronic Components and Technology Conference, 2008.

16. H. Hsiao, Prediction on failure location of BGA package during board level reliability test, Taiwan ANSYS user conference 2002, pp121-125.

17. TriQuint Foundry Services, 2013.

18. Semiconductor and IC Package Thermal Matrics, Application Report SPR-A953B, Texas Instruments, July 2012.

19. H. Hsiao, "Role of Adhesive Modulus on Reliability of FCBGA with Heat Spreader," Int'l Symposium on Electronic Materials and Packaging, pp161-166, 2002.

20. H. Hsiao, "Study on the Reliability of HFCBGA with the Influence of Parametric Adhesive Modulus," 2002 ANSYS Taiwan User Conference, pp29-33, 2002.

21. EIA/JESD51-2, Integrated Circuits Thermal Test Method Environment Conditions – Nature Convection (Still Air).

22. EIA/JESD 51-6, Integrated Circuit Thermal Test Method Environmental Conditions-Forced Convection (Moving Air), March 1999.

23. JEDEC JCB-95-40, Low Thermal Conductivity Test Board for Leaded Surface Mount Packages.

24. EIA/JESD51-1, Integrated Circuits Thermal Measurement Method-Electrical Test Method (Single Semiconductor Device).

25. EIA/JESD51-7, High Effect Thermal Conductivity Test Board for Leaded Surface Mount Packages, February 1999

26. The Source of Innovation, Eric von, Oxford University Press, 1988

27. J. Franka, C4 makes way for electroplated bumps, Solid State Technology

28. E.M. Davis, W.E. Harding, R.S. Schwartz, J.J. Corning, "Solid Logic Technology: Versatile High Performance Microelectronics," IBM Jounnal of Research and Development, p.102, 1964

29. A.D. Aird, Method of manufacturing a Semiconductor Device Utilizing a Flexible Carrier," US Patent 3689991, 1972

30. Low Cost Flip Chip Technologies, John H Lau, McGraw-Hill Companies. Inc. 2000

31. 陳建銘，無鉛錫球封裝晶片之掉落衝擊測試，中山大學碩士論文，2005

32. 鄭士萃，逐步型一區間設限之韋伯壽命試驗抽樣設計，中央大學碩士論文，2009

33. 吳雅婷，貝氏 Weibull 模式應用於加速壽命試驗，政治大學碩士論文，2003

34. 王元亭，放電結球細微銅導線抗拉強度之韋伯解析研究，成功大學碩士論文，2005

35. 鍾承翰，銅－錫系統生成介金屬中主要擴散元素之研究，中央大學碩士論文，2007

36. 吳育仁，weibull 非常態母體下全距管制圖界線修正之探討，雲科技大學碩士論文，2002

37. Michael G. Pecht, Electronic Packaging Materials and Their Properties, CRC, 1998

38. 劉心怡，洪雅慧，何宗漢，伍玉眞，鄧希哲，銀膠種類及厚度對構裝後晶片可靠度的影響，工程科技與教育學刊，第七卷，第四期，民國九十九年十月。

39. John H. Lau, Thermal Stress and Strain in Microelectronics Packaging, VAN NOSTRAND RELNHOLD, 2001

索 引

E

國家圖書館出版品預行編目資料

實用IC封裝／蕭献賦著.--二版.--臺北市：
五南圖書出版股份有限公司，2023.02
面；　公分.

ISBN 978-626-343-754-8 (平裝)

1.CST: 積體電路　2.CST: 半導體

448.65　　　　　　　　112000658

5DJ0

實用IC封裝

作　　　者 ─ 蕭献賦(389.4)

編輯主編 ─ 王正華

責任編輯 ─ 張維文

封面設計 ─ 王麗娟

出 版 者 ─ 五南圖書出版股份有限公司

發 行 人 ─ 楊榮川

總 經 理 ─ 楊士清

總 編 輯 ─ 楊秀麗

地　　　址：106台北市大安區和平東路二段339號4樓

電　　　話：(02)2705-5066　　傳　　真：(02)2706-6100

網　　　址：https://www.wunan.com.tw

電子郵件：wunan@wunan.com.tw

劃撥帳號：01068953

戶　　　名：五南圖書出版股份有限公司

法律顧問　林勝安律師

出版日期　2015年6月初版一刷（共四刷）

　　　　　2023年2月二版一刷

　　　　　2025年1月二版二刷

定　　　價　新臺幣550元

經典永恆・名著常在

五十週年的獻禮——經典名著文庫

五南，五十年了，半個世紀，人生旅程的一大半，走過來了。

思索著，邁向百年的未來歷程，能為知識界、文化學術界作些什麼？

在速食文化的生態下，有什麼值得讓人雋永品味的？

歷代經典・當今名著，經過時間的洗禮，千錘百鍊，流傳至今，光芒耀人；

不僅使我們能領悟前人的智慧，同時也增深加廣我們思考的深度與視野。

我們決心投入巨資，有計畫的系統梳選，成立「經典名著文庫」，

希望收入古今中外思想性的、充滿睿智與獨見的經典、名著。

這是一項理想性的、永續性的巨大出版工程。

不在意讀者的眾寡，只考慮它的學術價值，力求完整展現先哲思想的軌跡；

為知識界開啟一片智慧之窗，營造一座百花綻放的世界文明公園，

任君遨遊、取菁吸蜜、嘉惠學子！